Flurin Filli

DER STEINBOCK

Haupt
NATUR

Flurin Filli

DER STEINBOCK

Leben auf schmalem Grat

Haupt Verlag

Inhalt

Vorwort

Als Flurin Filli zu uns nach München an das Wildforschungsinstitut der Universität kam, hatte er eine Doktorarbeit über Feldhasen im Sinn. Dann wandte er sich aber dem Steinbock zu. Ich hatte keine Zweifel, dass er eine solide Forschung zum Feldhasen hinbekommen hätte, war er doch beim Ethologen Hans Kummer und Bernhard Nievergelt an der Universität Zürich durch eine harte Schule gegangen. Flurin hatte auch in die Disziplin Philosophie hineingeschnuppert.

Hier legt Flurin nun eine Steinbock-Monografie vor. An Büchern über den Steinbock gibt es heute keinen Mangel, sie sind zahlreicher als jene über das andere Wappentier der Berge, die Gämse.

Monografien über Tierarten erfinden das Rad nicht neu, sie wiederholen sich in vielem. Die Verwandten des Alpensteinbocks fehlen auch hier nicht. Abstammung und Ausbreitung in den Eiszeiten zeigen anschaulich die neun Steinbockarten in Asien, Afrika und Europa.

Der Leser erfährt die Unterschiede in den Hufen des Felskletterspezialisten Steinbock und jenem des Allroundalpinisten Gämse. Vor meinen Augen sehe ich das von uns handaufgezogene Steinbockkitz, wie es, von meinem ihm eigentlich vertrauten Hund überrascht, aufgeschreckt immer an denselben Absatz an der Hauswand sprang, welcher so schmal war, dass das Kitz nur mit jeweils einer Klauenschale darauf Halt finden konnte – die andere Schale ragte in die Luft.

Die Ausrottungsgeschichte und die Rettung des Steinbocks dürfen in keiner Monografie fehlen. Sie lesen sich hier wie eine reiche Kriminalgeschichte.

In Monografien setzt jeder Autor persönliche Akzente. Die Monografie *Le Bouquetin des Alpes* aus dem Jahr 1962 des Chirurgen Marcel Curturier, einem leidenschaftlichen Naturforscher und Wilderer aus Grenoble, ist anatomielastig. Flurin Filli setzt mit den neueren Forschungen und Entwicklungen andere Akzente. Er beginnt mit dem Klima. Als in der Mittelsteinzeit die Gletscher des Würm weitgehend abgeschmolzen waren, lebten in den Hügeln südlich der Alpen Steinböcke – zur Freude der mesolithischen Jäger. Der Steinbock wurde dort mit der Erwärmung und Rückkehr des Waldes von Rothirsch und Wildschwein abgelöst. In der gegenwärtigen Klimaerwärmung schiebt die steigende Waldgrenze den Steinbock-Lebensraum in den Alpen nach oben. Satellitenbilder zeigen, dass sich die Vegetation über der Waldgrenze stark verändert. Flurin Filli: «Wir können davon ausgehen, dass die Folgen des Klimawandels sich nicht überall gleich auswirken. Es wird Populationen geben, die diese Veränderungen verkraften können, und andere werden darunter leiden.»

Die vorliegende Monografie schildert die neuen genetischen Studien und erwähnt die Forscher selbst. Iris Biebach vom Institut für Evolutionsbiologie und Umweltwissenschaften der Universität Zürich hat in den letzten Jahren bahnbrechende Erkenntnisse gewonnen. Flurin, früher zuständig für die Forschung im Schweizerischen Nationalpark, sitzt mitten im Forschernetzwerk.

Das genetische Problem des Alpensteinbocks ist primär, dass der Genpool der Populationen mehrere genetische Flaschenhälse (Verengungen) durchlaufen hat. Es begann mit einer geringen genetischen Startvielfalt der Alpenpopulation, der beinahe vollständigen Ausrottung, dem Diebstahl von Individuen im Aostatal zum Aufbau eines Zoobestandes in der Schweiz, der Gründung von Kolonien in den Schweizer Bergen mit einigen dieser Zootiere, der weiteren Gründung von Populationen mit Steinböcken aus den ersten Schweizer Kolonien, auch in Österreich, und dem weiteren Aufbau von Populationen mit Gründertieren aus bereits mehrfach gegründeten Populationen.

Die molekulargenetischen Methoden sind heute so weit, dass Iris Biebach die chronologische Abfolge der Populationsgründungen gar nicht kennen müsste, sie kann sie aus der genetischen Struktur der Populationen erschließen.

Eine Konsequenz der geringen genetischen Vielfalt ist die erhöhte Krankheitsanfälligkeit. Ein für die Immunabwehr wichtiger Genkomplex (*Major histocompatibility complex*, MHC) spielt dabei eine wichtige Rolle. Eine Population mit vielen MHC-Varianten ist gegen Krankheiten besser gewappnet.

In einem letzten Abschnitt widmet sich Filli dem Steinbockmanagement. Er möchte es, wie er sagt, aus der Ecke der Zoologie herausholen. Dazu zitiert er die *grande dame* des frühen Managements, Mary Parker Follett, die schon in den Anfängen des industriellen Managements ihren in die Maschinen und

Pläne verliebten Ingenieuren sagte: *«Management is getting things done through people»*.

Flurin versteht Steinbockmanagement als Prozessgestaltung auf ein Ziel hin, in der Triade Steinbock-Lebensraum-Mensch. Zielbestimmend sind die beteiligten Menschen, die in *Stakeholder* (Interessenvertreter) zu bündeln sind. Er konkretisiert das am Beispiel der Störungen, die heute im Lebensraum der Steinböcke anzutreffen sind: Wandern, Klettern, Gleitschirmfliegen und der Einsatz von Drohnen oder Hubschraubern, bis zum Skibergsteigen. In der Schweiz gibt es im Managementumfeld die erforderlichen rechtlichen Möglichkeiten zur Schaffung von Ruhezonen.

Monografien fungieren als Brücke naturwissenschaftlicher Erkenntnis und kultureller Bedeutung. Für den Biologen Flurin Filli ist es nicht schwer, die Lebenswelt des Steinbocks zu beleuchten, und er schafft es auch, dem Leser die kulturelle und historische Dimension dieses faszinierenden Alpentieres nahezubringen.

Prof. Dr. Wolf Schröder
März 2026
Riegsee, Bayern

Der Alpensteinbock und seine Verwandten

Arten entwickeln sich in einer sich verändernden Umwelt. Die am besten angepassten vermehren sich besser und überleben (Darwin 1859). Damit dies möglich ist, muss die genetische Basis breit sein. Kennt man die Entwicklungsgeschichte einer Art und ihrer Verwandten, schafft dies Verständnis für die Art und ihre Bedürfnisse.

Steinböcke sind Paarhufer (Artiodactyla) und gehören zur Familie der Hornträger (Bovide) sowie zur Gattung der Wildziegen *(Capra)*. Die Wildziegen bilden zusammen mit den Schafartigen die Subfamilie der Caprini. Diese hatten im Miozän (vor 23 Millionen bis 5 Millionen Jahren) einen gemeinsamen Vorfahren, der einem Mähnenspringer *(Amotragus lervia)* ähnelte (Habibi 1994). Die Gattung *Capra* stammt wahrscheinlich von einem tahrähnlichen Vorfahren *(Hemitragus jemlahicus)* ab (Schaller 1977). Ihr Ursprung liegt zwischen dem Himalaya und Kleinasien (Geist 1987) und im Pleistozän (vor 2,5 Millionen bis 11 000 Jahren) differenzierte sie sich aus (Schaller 1977, Thenius 1980, Geist 1987).

Sowohl die Ziegenartigen als auch die Schafartigen verbreiteten sich von den zentralasiatischen Gebirgen aus nach Westen wie nach Osten. Nach Nordwesten scheinen die Gebirge den Ziegenartigen besser zu passen, während die Schafartigen sich besser in Richtung Osten verbreiteten und auch die Beringsee überquerten. In den Rocky Mountains bildeten sie verschiedene Unterarten aus. Da sich gemäß der Gletschertheorie von Geist (1971) immer die Stärkeren weiter ausbreiten, haben die Arten, die am weitesten vom Ursprungsort entfernt leben, die größten Hörner. Die Entwicklung zeigt, wie bei anderen Huftierarten, eine Weiterentwicklung des Körpers und der Hörner mit zunehmender Entfernung vom Ursprungsort und mit zunehmenden arktischen oder alpinen Einflüssen (Geist 1971). Die Ziegenartigen zogen immer weiter nach Westen und in die verschiedenen Gebirge hinein, sodass die Unterarten in den höchsten Gebirgen die längsten Hörner haben (Geist 1971). Sie entwickelten sich zu Raufutterfressern, während die Schafartigen Gras- und Strauchfresser wurden (Habibi 1994).

Diese Entwicklung während der Eiszeiten und dazwischen erforderte ein hohes Anpassungsvermögen. Steinböcke wichen während der Eiszeiten vor den Gletschern zurück (Schaller 1977) und hielten sich im Vorland der Gebirge sowie in den Lösssteppen auf (Thenius 1980). So hatte der Alpensteinbock während der Würmeiszeit, der letzten großen Vergletscherung, sein größtes Verbreitungsgebiet. Er erreichte Süditalien, die Balkanhalbinsel bis hinunter nach Griechenland und die Karpaten. Zeitweise besiedelte er auch die nördlichen Steppengebiete bis in das heutige Belgien und die Niederlande. Aus dem mittleren Pleistozän, während der Eiszeiten, gibt es Steinbockfunde im heutigen Bulgarien, auf einer Höhe zwischen 40 und 1280 Metern (Zlator 2022). Aus dem gleichen Gebiet und der gleichen Zeit stammen Funde, die heute der Bezoarziege *(Capra aegagrus)* und dem Westkaukasischen Steinbock *(Capra caucasica)* zugeordnet werden.

In diesen von Moränenmehl geprägten Steppen fand sich wenig Vegetation. Die Temperaturen waren niedrig, und durch das in den Gletschern gebundene Wasser herrschte ein arides Klima. Erst im Holozän (nach der letzten Eiszeit) stellt sich in Europa die rezente Fauna ein (Thenius 1980). Steinböcke sind also eine an extreme Standorte angepasste Gattung (Geist 1987). Heute kommen sie isoliert über mehrere Gebirgsstöcke hinweg in verschiedenen Unterarten vor (Thenius 1980). Die verschiedenen Arten wichen den Gletschern aus und suchten eisfreie, felsige Strukturen; so gelangten die Steinböcke bis nach Äthiopien. Am Ende der Eiszeiten wurden sie durch die beginnende Wiederbewaldung voneinander isoliert (Nievergelt 1981). Steinböcke sind sehr anpassungsfähige Gebirgsbewohner und leben in unterschiedlichen Höhenlagen. Der Iberische Steinbock *(Capra pyrenaica)* und der Nubische Steinbock *(Capra nubiana)* kommen in kargen Gebirgen ab Meereshöhe bis auf 3000 Metern vor (Schaller 1977). Der Iberische Steinbock bewohnt jedoch in einigen Gebieten auch Eichen- und Fichtenwälder (Couturier 1962).

Das frühe Vorkommen des Alpensteinbocks war stark geprägt durch den Wechsel von Kalt- und Warmzeiten. Nur in den Warmzeiten konnte er die Alpen in ihrer ganzen Ausdehnung besiedeln. Während der Eiszeiten wich er ins Tiefland aus. An menschlichen Siedlungsplätzen im schweizerischen Mittelland und im Jura sind noch viele Steinbockknochen vom Ende der letzten Eiszeit zu finden; für die Zeit danach geht ihr Anteil zurück. Der Steinbock lebte seither wieder im Gebirge. Funde aus römischen Lagern zeigen aber, dass er auch weiterhin ein begehrtes Jagdwild war.

Die Verwandten des Alpensteinbocks

Zurzeit gibt es neun verschiedene Steinbockarten. Sie alle besiedeln heute karge und felsige Lebensräume in Asien, Afrika und Europa (siehe Karte). Durch die Entwicklung während der Eiszeiten sind die verschiedenen Unterarten isoliert worden, was die Artbildung vermutlich beschleunigt hat. Es gibt nur wenige Gebiete, in denen zwei Wildziegenarten zusammen vorkommen. Die Steinbockarten können sich untereinander verpaaren, was in freier Wildbahn jedoch selten der Fall ist.

Der gemeinsame Vorfahre der Wildziegen könnte einem Mähnenspringer ähnlich gesehen haben.

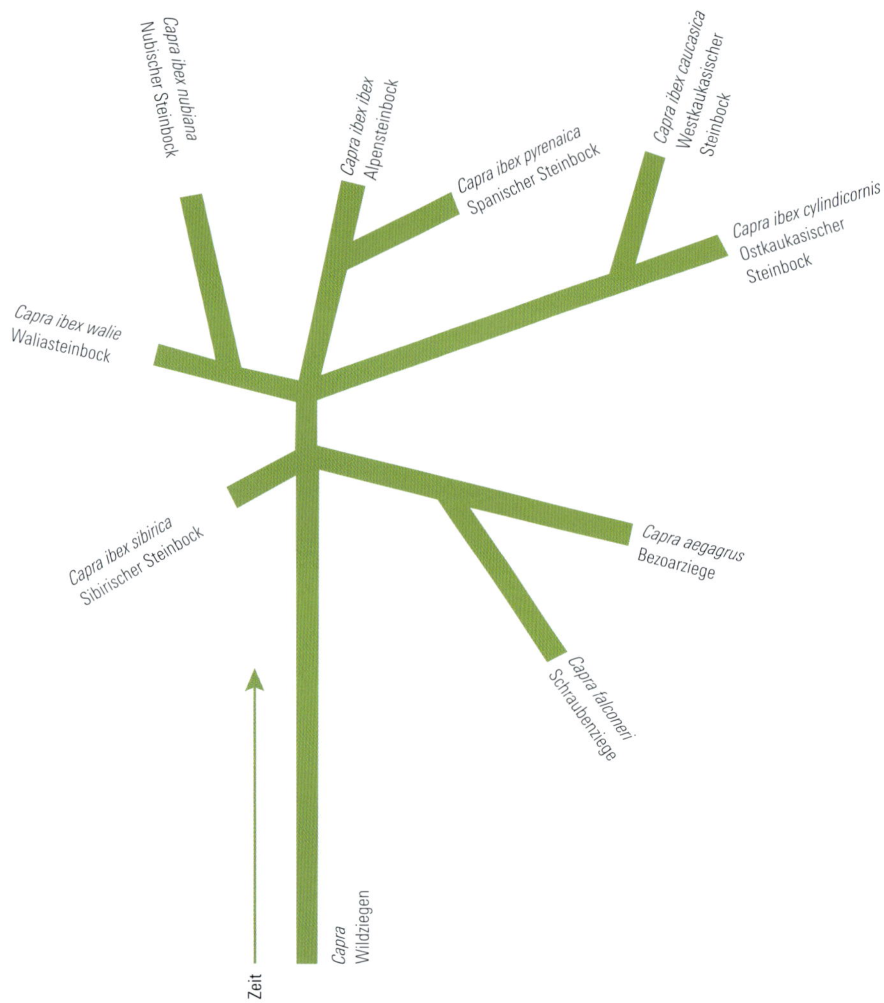

Stammbaum der Ziegenartigen; je kürzer die Verbindungslinie zwischen zwei Arten, desto näher sind sie miteinander verwandt (neu gezeichnet nach Zoologisches Museum Zürich).

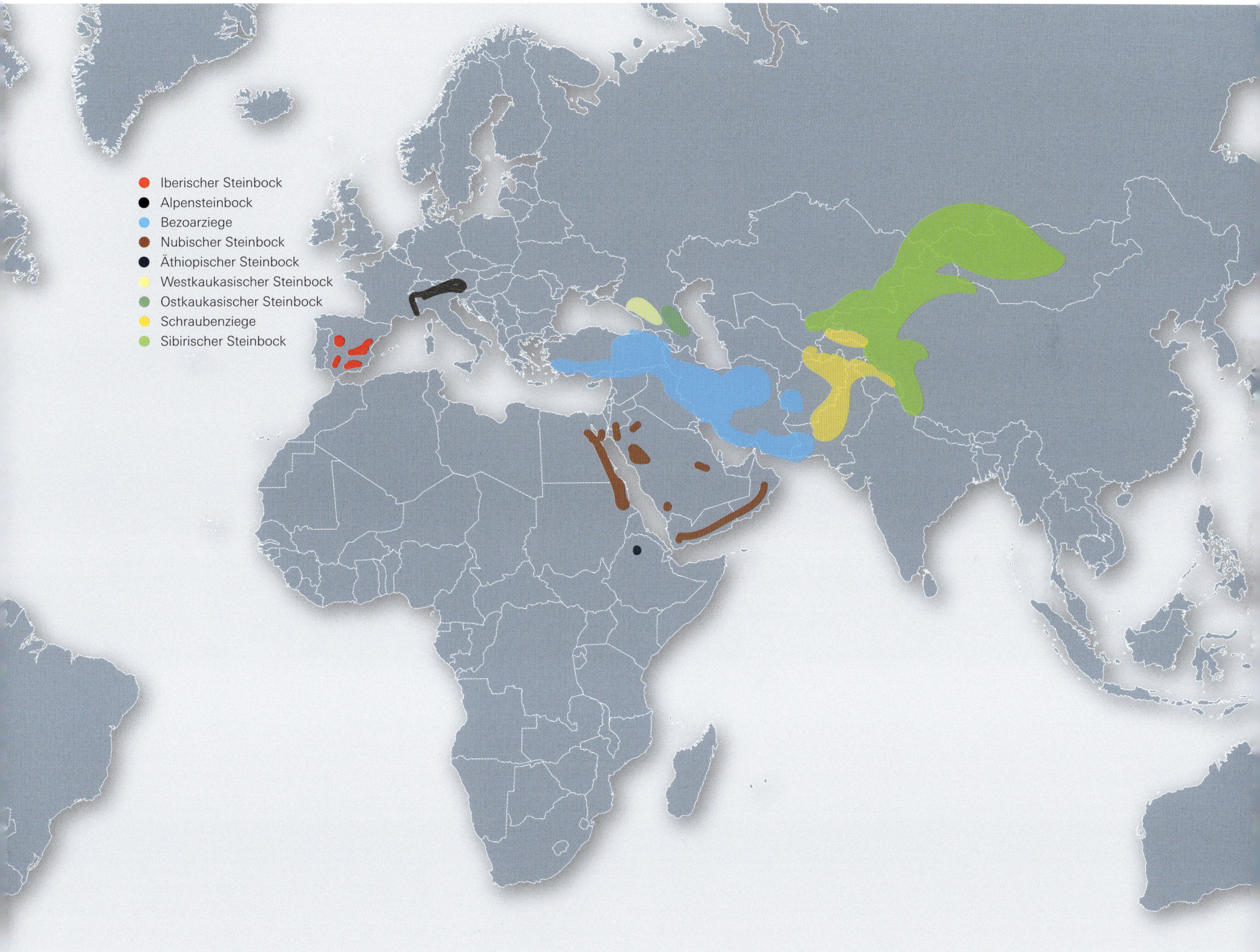

Die Verbreitung der verschiedenen Steinbockarten in Europa, Asien und Afrika (Quelle: Zoologisches Museum Zürich).

Der Sibirische Steinbock *(Capra sibirica)*

Sibirische Steinböcke leben in Gebirgen im südlichen Russland, in der westlichen Mongolei sowie im nördlichen Indien und in Afghanistan. Man trifft sie in allen Höhen von 500 bis zu 5500 Metern. Sie bevorzugen offene, alpine Weiden und Felsen. Sind entsprechende Fluchtfelsen vorhanden, können sie sich auch weiter von Gebirgen entfernen, doch man findet sie nur selten in bewaldeten Gebieten. An heißen Tagen suchen sie gerne die Nähe von kühlenden Gletschern auf (Fedosenko und Blank 2001, Reading et al. 2007, Peterson 2016, Bragin et al. 2017). In schneereichen Gebieten bleiben sie in höheren Lagen und fressen im Winter in Lawinenschneisen oder an anderen schneefreien, windexponierten Stellen. Erst im Frühling steigen sie in tiefere Gebiete ab, um die ersten grünen Pflanzen zu fressen (Schaller 1977, Bhatnagar 1997). Im Winter und im Frühling sind die Geschlechter beisammen; es gibt im Unterschied zu anderen Steinbockartigen generell nur eine schwache Geschlechtertrennung. Im Juni, wenn die Geißen ihre Kitze setzen, ziehen sie sich in unwegsames, steiles Gelände zurück, wo sie bis zum Herbst bleiben (Schaller 1977, Reading et al. 2007, Bhatnagar und Manjrekar 2015). Sibirische Steinböcke ernähren sich in erster Linie von Gräsern, Kräutern und Zwergsträuchern. Böcke können bis zu 16 Kilo Futter pro Tag aufnehmen.

Die Streifgebiete können rund 44 Quadratkilometer (Böcke) und 20 Quadratkilometer (Geißen) betragen. Im Winter und im Frühling halten sich die Tiere teilweise auf kleinen Flächen in südexponierten Lagen auf; im Sommer werden größere Flächen begangen – dies vor allem, um die spärlich vorhandene Nahrung optimal zu nutzen (Bhatnagar und Manjrekar 2015).

Sibirischer Steinbock *(Capra sibirica)*

Der Äthiopische Steinbock *(Capra walie)*

Der Äthiopische Steinbock lebt im Gebirge des Semien-Nationalparks in Äthiopien. Er bevorzugt felsige Gebiete und afroalpine Graslandschaften und hält sich gerne in ostexponierten Hängen auf, da diese mehr Regen erhalten. Die thermische Behaglichkeit ist ein wichtiger Faktor. Da die Kitze Schutz vor Raubtieren benötigen, suchen säugende Geißen Lebensräume in steilen und extrem unzugänglichen Klippen auf (Nievergelt 1981). Sie bevorzugen Gebiete mit wenigen oder gar keinen Störungen, daher findet man sie eher in abgelegenen Gegenden (Hurni und Ludi 2000). Die Nahrung besteht aus Gräsern und Kräutern. Der Äthiopische Steinbock pflanzt sich das ganze Jahr über fort, aber die meisten Geburten erfolgen im September und Oktober. Durch diese evolutive Anpassung werden die Möglichkeiten in diesem afrikanischen Lebensraum optimal ausgenützt. Es zeigt sich an diesem Beispiel, dass die Ziegenartigen sich sehr gut an extreme Lebensräume angepasst haben.

Äthiopischer Steinbock *(Capra walie)*

Der Nubische Steinbock *(Capra nubiana)*

Der Nubische Steinbock lebt auf der arabischen Halbinsel in Gebirgen und Tälern mit ausreichend großen Felsen sowie den dazugehörenden Hochebenen. Diese Gebiete haben zum Teil Jahresniederschlagsmengen von nur 70 Millimetern, und die Tagestemperatur kann bis auf 40 °C steigen. Natürliche Wasserquellen und Flussläufe sind aus diesem Grund sehr wichtig. Die Geschlechter leben getrennt. Geißen mit Kitzen suchen bevorzugt nahrungsreiche Gebiete auf, während Geißen ohne Kitze sich auch weiter entfernt von sicheren Gebieten aufhalten. Beide Geschlechter sind vor allem in der Morgen- und Abenddämmerung aktiv; tagsüber halten sie sich bevorzugt in nordexponierten Lagen auf. Nubische Steinböcke können täglich Wanderungen von bis zu sechs Kilometern zu guten Nahrungsquellen zurücklegen. In Tallagen fressen sie bevorzugt Akazien, auch wenn genügend Gräser vorhanden sind; in Gebirgslagen fressen sie vor allem Gräser (Habibi 1994).

Nubischer Steinbock *(Capra nubiana)*

Der Iberische Steinbock *(Capra pyrenaica)*

Der Iberische Steinbock lebt auf der Iberischen Halbinsel in Regionen zwischen 200 und 3000 Metern. Der Lebensraum besteht in der Regel aus Zwergstrauchheiden, Ginsterflächen, Schutthalden und alpinen Matten. Diese können baumfrei oder mit Kiefern bewachsen sein (Engländer 1986). Die Böcke gehen in höhere Lagen als die Geißen, doch im Sommer sind beide Geschlechter in nordexponierten Hängen zu finden. Sie ernähren sich von jungen Sträuchern und Bäumen; in alpineren Gebieten nimmt der Grasanteil zu. Wenn es im Sommer warm ist, sind die Iberischen Steinböcke vermehrt in der Nacht aktiv. Im Winter dagegen, bei tieferen Temperaturen, verlagert sich die Aktivität in den Tag hinein. Außerhalb der Brunft, die in den Monaten November und Dezember stattfindet, leben beide Geschlechter getrennt (García-González et al. 2022).

Iberische Steinböcke leben oft auch in unmittelbarer Nähe zum Menschen. Sie besiedeln leicht neue Gebiete. Unter Umständen können sie Schäden an Obst-, Mandel- und Olivenbäumen verursachen.

Iberischer Steinbock *(Capra pyrenaica)*

Der Westkaukasische Steinbock *(Capra caucasica)*

Zwischen den einzelnen Unterarten des Westkaukasischen Steinbocks gibt es sichtbare Unterschiede. Die Hörner der Böcke wandeln sich von einer dem Alpensteinbock ähnlichen Form im Westen hin zu einer geschraubten Form im Osten (Weinberg et al. 2022). Das Verbreitungsgebiet der Art liegt auf einer Höhe zwischen 800 und 4000 Metern. Die Tiere sind in offenen Wäldern und steilen Gebieten zu finden. Einzelne Populationen leben in Laubwäldern. Im Winter suchen Westkaukasische Steinböcke bevorzugt südexponierte Hänge auf. Während strenger Winter bevorzugen sie sonnige Hänge, wobei ein beachtlicher Teil unterhalb der Baumgrenze bleibt. Im Sommer dagegen leben die Tiere in Gebieten mit unterschiedlicher Exposition (Kotov 1968). Böcke und Geißen halten sich in verschiedenen Lebensräumen auf, wobei die Geißen sich vermehrt im Wald bewegen. Die Wanderungen zwischen Sommer- und Wintereinständen können bis zu fünf Kilometer betragen (Weinberg et al. 2022). Westkaukasische Steinböcke fressen alle möglichen Pflanzen: Im Herbst und im Winter ist der Grasanteil hoch, im Frühling und Sommer steigt der Kräuteranteil merklich. Im Winter dienen auch Bäume als Nahrung (Weinberg et al. 2022). Wenn es im Sommer heiß ist, wird vor allem nachts gefressen.

Die Brunft dauert von Mitte November bis Anfang Januar; die Kitze werden zwischen Mai und Juli geboren. Schneereiche Winter verringern den Anteil der Jungtiere erheblich (Trepet 2014).

Westkaukasischer Steinbock *(Capra caucasica)*

Der Ostkaukasische Steinbock *(Capra cylindricornis)*

Die Ostkaukasischen Steinböcke leben im östlichen Kaukasus in Höhen zwischen 1000 und 4000 Metern. Obwohl die Berge an sich höher sind, steigen die Tiere selten auf über 3000 Meter. Sie leben auf subalpinen und alpinen Weiden, in Felsen und Geröllhängen. Dichte Wälder meiden sie im Gegensatz zu offenen Wäldern größtenteils. Im Winter suchen sie jedoch auch dichtere Wälder auf (Weinberg 1984). Die Böcke halten sich oft in höheren Lagen als die Geißen auf. Im Winter werden bevorzugt südexponierte Hänge aufgesucht, im Sommer alle Expositionen (Weinberg 1984, Zalikhanov 1967). Im November, kurz vor der Brunft, bilden sich gemischte Gruppen aus erwachsenen Böcken und Geißen. Diese lösen sich bis Mitte Januar oder spätestens Anfang Februar wieder auf, und die erwachsenen Böcke und Geißen gehen bis zur nächsten Brunftzeit getrennte Wege (Weinberg 1984).

Ostkaukasischer Steinbock *(Capra cylindricornis)*,
Geiß und Kitz

Die Bezoarziege *(Capra aegagrus aegagrus)*

Die Bezoarziegen leben in lichten Bergwäldern oder baumlosen Gebieten im westlichen Asien. Ihre ursprüngliche Verbreitung reichte von Anatolien bis nach Pakistan. Die Topografie ist durchweg steil (Weinberg und Lovari 2022), allerdings neigen Böcke im Großen Kaukasus dazu, außerhalb der Brunftzeit höhere Lagen zu wählen als Geißen (Magomedov et al. 2014, Weinberg 1999). Südhänge werden im Sommer gemieden, im Winter und Frühjahr dagegen bevorzugt (Shams et al. 2010). Ansonsten bleiben Bezoarziegen das ganze Jahr über im gleichen Gebiet (Weinberg und Lovari 2022). Ihre Nahrung variiert sehr stark nach Gebiet und Jahreszeit und wird stark von den Niederschlägen beeinflusst (Weinberg 1984, 1999). Die Tiere ernähren sich von Gräsern, Kräuter und Sträuchern; zum Teil klettern sie auch auf niedrige Bäume wie Eichen und Wacholder. Je nach Jahreszeit können Gräser und Kräuter den Hauptteil der Nahrung ausmachen. Im Herbst und Winter nimmt der Anteil von Bäumen zu (Korshunov 1994).

Der Unterschied zwischen den Geschlechtern ist sehr ausgeprägt: Die Böcke sind deutlich größer als die Geißen. Sämtliche Hausziegen stammen von der Bezoarziege ab (Nievergelt 1986). Sie hybridisieren sich deshalb auch leicht mit ihnen.

Die Schraubenziege *(Capra falconeri)*

Die Schraubenziege lebt in zentralasiatischen Gebirgen mit steilen Felsen in Höhenlagen zwischen 600 und 3600 Metern. Sie bevorzugt offene Wälder mit Eichen, Nadelbäumen und Zwergstrauchheiden. Die Geißen halten sich in steileren Hängen auf als die Böcke. Dabei werden sowohl im Sommer als auch im Winter südexponierte Stellen bevorzugt. Die Distanzen zwischen Sommer- und Wintereinständen können bis zu 15 Kilometer betragen. Schraubenziegen sind tagaktiv, entwickeln die stärksten Aktivitäten allerdings am Morgen und am Abend. Sie ernähren sich von Gräsern und Kräutern; im Winter werden auch Blätter von Laubbäumen gefressen (Michel und Michel 2015). Zur Nahrungsaufnahme klettern sie auch auf Bäume.

Bezoarziege *(Capra aegagrus aegagrus)*

Rechte Seite: Schraubenziege *(Capra falconeri)*

Der Alpensteinbock

Der Alpensteinbock *(Capra ibex ibex)*, im Weiteren nur noch Steinbock genannt, ist die *Capra*-Art, die im Alpenraum ihr Refugium gefunden hat. Wie alle anderen Vertreter dieser Gattung sind auch Steinböcke hervorragend an das Leben im Gebirge angepasst. Vor allem die Böcke haben ein imposantes Erscheinungsbild: Sie sind größer und stämmiger gebaut als die Geißen. Die Schulterhöhe eines ausgewachsenen Bocks beträgt rund 95 Zentimeter, die Geißen haben eine Schulterhöhe von rund 75 bis 80 Zentimetern (Meile et al. 2003). Die Lebendgewichte können bei den Geißen 40 Kilo und bei Böcken bis 100 Kilo betragen. Die Böcke wachsen fast das ganze Leben; sie nehmen bis zu einem Alter von zehn Jahren an Gewicht zu. Im Alter bauen sie dann wieder Gewicht ab.

Die Geißen sind schon mit vier Jahren ausgewachsen. In diesem Alter beginnen sie mit der Reproduktion.

Fell- und Haarwechsel

Die Böcke sind im Sommerfell hellbraun bis grau und haben dunkle Beine. Junge Böcke ähneln noch den Geißen, aber je älter die Böcke werden und je schwerer und kräftiger ihr Körper wird, desto dunkler wird ihr Fell. Im siebten Jahr haben sie das dunkle Aussehen eines reifen Bocks (Meile et al. 2003). Der kurze Kinnbart entwickelt sich im Winterhaar der jungen Böcke (Couturier 1962) – er ist also kein Zeichen von Alter oder Dominanz. Die Geißen haben ein helles Fell, wobei eine dunkle Linie die weiße Bauchseite abgrenzt. Geißen und junge Böcke sind im Frühling aus der Ferne oft schwer zu unterscheiden.

Der Haarwechsel unterscheidet sich von dem bei anderen Arten: Das Sommerhaar fällt nicht aus und wird durch ein Winterfell ersetzt, sondern das Winterhaar wächst zwischen dem Sommerhaar (Couturier 1962) – so wird das Fell dichter. Diese Anpassung an einen kargen Lebensraum ermöglicht einen sparsamen Umgang mit den Ressourcen. Im Frühling wird das Winterhaar aus dem Fell gekratzt. Dafür reiben sich die Tiere an Bäumen und anderen Strukturen; die Böcke nehmen auch ihre langen Hörner zu Hilfe. Die Steinböcke sehen während dieser Zeit sehr strubbelig aus, und die Winterwolle ist im Gelände noch lange auffindbar.

Extremitäten und Hufe

Die Entwicklung der Extremitäten hat große Bedeutung für die Anpassungen an den Lebensraum und die Lebensweise. Die ursprünglichen Gliedmaßen der Wirbeltiere sind Oberarm/Oberschenkel, Speiche und Elle, Schienbein und Wadenbein,

Steinbock und Steingeiß mit Kitz. Die Böcke werden bis doppelt so schwer wie die Geißen.

Handwurzel/Fußwurzel, Mittelhand/Mittelfuß sowie Finger/Zehen. Ursprünglich sind an jeder Extremität immer fünf Finger oder fünf Zehen vorhanden (Pflumm 1996). Am Ende der Gliedmaßen befinden sich Nägel, die bei den Huftieren stark verhornen und sich zu Hufen entwickelt haben.

Die Schrittlänge und somit die Fortbewegungsgeschwindigkeit hängt stark von der Länge der Extremitäten ab. Diese ist bei Beutetieren wie den Huftieren besonders wichtig, um Beutegreifern zu entkommen. Im Laufe der Evolution haben sich die Extremitäten bei den Huftieren an diese Notwendigkeiten immer weiter angepasst. Die ursprünglichen Sohlengänger wurden zu hoch entwickelten Zehenspitzengängern. Dadurch ist die funktionale Länge der Extremitäten größer geworden: Der Oberarm beziehungsweise Oberschenkel wurde kürzer, dafür wurden Elle und Speiche beziehungsweise das Schien- und das Wadenbein länger. Die Gelenkstellung hat sich so verändert, dass größere Schritte möglich sind; das Kniegelenk wird gebeugt, das Fersengelenk hingegen nur mäßig.

Die größte Entwicklung hat am Ende der Extremitäten bei den «Händen» und «Füßen» stattgefunden: Die vielen Mittelhand- und Mittelfußknochen sind zu einem einzigen Knochen verwachsen (Pflumm 1996). Außerdem wurden die Hinterbeine länger. Durch diese Optimierung entstanden längere Hebel und es kann ein größeres Drehmoment erzeugt werden (Hildebrand und Goslow 2004). Die Muskulatur rückte zum Rumpf hin und konzentriert sich um Oberarm und Oberschenkel. Die Hüfte wurde zu einem Scharniergelenk. Bei der Schulter fällt das Schlüsselbein weg, wodurch das Gelenk beweglicher ist (Pflumm 1996). Die Wirbelsäule unterstützt die Bewegung der Extremitäten: Sie ist bogenförmig und nicht sehr beweglich, baut jedoch eine Spannung auf. Dadurch entsteht eine große Fortbewegungsgeschwindigkeit, die auch über längere Zeit aufrechterhalten werden kann.

Im Laufe der Evolution haben sich die Steinböcke an das Leben im Gebirge angepasst. Dies wirkte sich auf die Entwicklung der Extremitäten aus. Wurden sie zunächst für mehr Geschwindigkeit angepasst, erfolgte schließlich eine Weiterentwicklung zu besserem Klettern und Springen auf Kosten der Geschwindigkeit.

Ein starkes Mittelhand- und Mittelfußgelenk ermöglichen es den Huftieren, auf den Zehenspitzen zu laufen (Hildebrand und Goslow 2004), vor allem, in Analogie zur menschlichen Hand, auf den Mittel- und Ringfingern beziehungsweise den entsprechenden Zehen. Die Zehen- und Fingerknochen sind mit extrem starken Sehnen verbunden. Huftiere haben ein Fesselgelenk, welches verhindert, dass die Mittelhand oder der Mittelfuß kollabiert. Die Energie beim Aufprall wird aufgefangen

Im Frühling wird das Winterhaar aus dem Fell gekratzt, die Tiere sehen während dieser Zeit strubbelig aus. Man kann während dieser Zeit auch Steinbockhaar an Felsen oder Bäumen, an denen sie sich gerieben haben, finden.

Beweglichkeit im Fels. Die Afterklauen sind von großer Bedeutung für den Halt und die Stabilität im steilen Gelände.

Oben: Die harten Ränder der Schalen erlauben auch bei kleinen Vorsprüngen einen guten Halt.

Unten: Steinböcke finden auch in Mauern dank der Haftung der Hufe guten Halt.

und wie bei einer Feder für den nächsten Schritt genutzt. Die zurückgebildeten Zeige- und Kleinfinger sind die sogenannten Afterklauen, die etwas weiter hinten oder oben ansetzen.

Der äußerste Teil der Extremität besteht wie bei allen Paarhufern aus zwei verhornten Klauen oder Schalen. Die Hornschicht entsteht durch eine Hautschicht, die nach außen Horn bildet. Die vorderen Schalen sind größer als die hinteren, und die Innenseite der Schalen ist stärker als die Außenseite (Couturier 1962, Meile et al. 2003). Die Schalenspitzen ermöglichen es dem Steinbock, sich auf schmalsten Felsvorsprüngen abzustützen. Die Schalen umschließen jeweils eine weiche, elastische Sohle, die eine ideale Haftung bietet. So finden Steinböcke auch in Felswänden guten Halt. Die Hufspitzen können stark gespreizt werden, sodass die Afterklauen beim Aufstützen zum Einsatz kommen. Sie wirken beim Aufprall wie Stoßdämpfer. Dadurch wird der Halt bei Sprüngen und Situationen, die Balance benötigen, noch besser. Berechnungen der Bewegungen von Steinböcken an Staumauern weisen einen Reibungskoeffizienten zwischen Huf und Betonwand auf, der stärker ist als der von Gummi auf Betonflächen (Biancardi & Minetti 2017).

Der Steinbock setzt seine Hufe aber nicht nur für die Fortbewegung ein. Couturier (1962) schrieb ihnen eine Art Tastsinn zu. Mit den Hufen kann die Schneebeschaffenheit eingeschätzt werden. Außerdem werden sie genutzt, um Schnee und auch Erde wegzukratzen. Die Geißen brauchen die Hufe zudem, um ihre Kitze zu lenken.

Auch die Gämse *(Rupicapra rupicapra)* hat sich hervorragend an das Leben im Gebirge angepasst. Sie hat jedoch, im Gegensatz zum Steinbock, weniger bewegliche Hufe. Eine Haut zwischen den Hufen verhindert, dass diese weit gespreizt werden können, was für das Vorankommen in den Felsen ein Nachteil ist. Diese Haut ermöglicht es den Gämsen jedoch, wie mit Schneeschuhen über Schneefelder zu laufen und weniger einzusinken. Im Verhältnis zum Körpergewicht haben Gämsen auch längere Läufe als Steinböcke. Ebenso ist das Verhältnis zwischen Hufffläche und Körpergewicht bei den Steinböcken ungünstiger. Sie bringen pro Quadratzentimeter Hufffläche zweimal mehr Gewicht auf den Boden (Kofler 1983). Die Steinböcke sind im Vergleich zu den Gämsen Spezialisten für die Fortbewegung in den Felsen; dafür müssen sie im Schnee und in der Geschwindigkeit Nachteile in Kauf nehmen.

Drüsen

Steinböcke haben unter der Schwanzwurzel Analdrüsen, die der innerartlichen Kommunikation dienen, vor allem während der Brunft. Die Böcke haben zudem stark ausgebildete Talgdrüsen auf der Penisvorhaut (Deutz et al. 2017). Diese Drüsen bilden ein fettig-schmieriges Sekret, das für den starken «Bockgeruch» verantwortlich ist. Die Kitze geben wahrscheinlich beim Schwanzwedeln einen Duftstoff über die Analdrüse ab, an dem die Geißen ihren Nachwuchs erkennen (Meile et al. 2003). Böcke erkennen während der Brunft die beschlagsbereiten Geißen an Pheromonen, die mit dem Harn abgegeben werden. Während der Brunft geben die geschlechtsreifen Böcke Harn an die Hinterseite der Vorderbeine ab. Dem Harn ist nicht nur das Sekret der Geschlechtsdrüsen beigemischt, sondern er enthält auch Duftstoffe dieser Talgdrüsen. Mit diesen Düften sollen die Steinböcke beim Beschlagen die Geißen markieren (Meile et al. 2003).

Die Milchdrüsen der Geißen bilden und lagern die Milch für ihre Kitze. Steingeißen haben, im Unterschied zu anderen einheimischen Huftierarten, nur zwei Zitzen. Die Entwicklung der Milchdrüsen wird hormonell gesteuert. Sie entwickeln sich bei

Das Steinbockskelett ist so angepasst, dass auch steile Sprünge möglich sind.

der ersten Trächtigkeit, rund zwei Monate vor der Geburt. Etwas mehr als einen Monat vor der Geburt beginnt die Milchbildung. Die Milch staut sich vor der Geburt im Gesäuge. Im Herbst, gegen Ende der Säugeperiode, stellt sich die Milchproduktion ein und die Milchdrüsen bilden sich zurück. Baumann (2009) beobachte aber auch Geißen, die ihre Kitze bis in den Monat Februar hinein säugten.

Trotz genauerer Untersuchungen von Steinbockhäuten konnten bisher keine Hautdrüsen zur Schweißproduktion gefunden werden. Das Fehlen von Schweißdrüsen erschwert die Thermoregulation im Sommer. Steinböcke suchen aus diesem Grund bei hohen Temperaturen schattige oder windige Orte auf (siehe auch Nievergelt 1966).

Die Sinne

Über die Sinnesleistung der Steinböcke können aufgrund von Beobachtungen nur Vermutungen angestellt werden. Meile et al. (2003) attestieren dem Steinbock einen guten Gesichtssinn. Er kann Menschen auf rund einen Kilometer Entfernung wahrnehmen. Auch nachts sollen Steinböcke gut sehen können. Die Interpretation der Sichtleistungen aufgrund der Reaktion der Steinböcke ist jedoch kein gesichertes Ergebnis. Couturier (1962) meint, dass Steinböcke nicht so gut sehen können wie Gämsen, weil sie nicht so schnell wie diese fliehen. Die eher träge Reaktion lässt sich jedoch auch durch das allgemeine Verhalten der Steinböcke erklären: Sie reagieren auf Gefahren gelassen und suchen, wenn nötig, schützende Felsen auf.

Der Sehsinn muss auch anpassungsfähig sein, denn der Steinbock muss oft und schnell zwischen viel Licht, zum Beispiel im Schnee, in den Schatten wechseln können (Deutz et al. 2017). Das Farbsehen der Huftiere wurde vor allem bei Haustieren untersucht. Bei Hausziegen wurden Empfindlichkeiten im blauen und im gelb-grünen Bereich nachgewiesen. Dank der Empfindlichkeit im blauen Bereich braucht es weniger Licht zum Sehen. Steinböcke können also auch in der Nacht relativ gut sehen. Gut ausgeprägt ist auch der tagsüber wichtige gelbgrüne Bereich. Im langwelligen roten Bereich kann hingegen nicht differenziert werden (Peterhans 2015), was zur Folge hat, dass Steinböcke rot von grün nicht unterscheiden können.

Das Gehör der Steinböcke ist gut; sie nehmen feine Geräusche rechtzeitig wahr (Meile et al. 2003). Steinböcke müssen nicht nur gut hören, sondern Geräusche auch erkennen und interpretieren können. So berichtet Couturier (1962), dass sie den Lärm von Lawinen sehr früh wahrnehmen. Mit einem weiteren Beispiel untermauert er die feine Geräuschdifferenzierung. So soll ein Steinbock, während sich ein Parkwächter ihm im Lärm eines Baches genähert hat, jedes Mal reagiert haben, wenn der Parkwächter in seine Faust geblasen hat.

Bei entsprechender Windrichtung werden Menschen schon auf Distanzen von 500 Metern vom Steinbock gewittert (Couturier 1962, Meile et al. 2003, Deutz et al. 2017). Der Geruchssinn dient einerseits dem individuellen Erkennen untereinander, andererseits zur Feinderkennung.

Wir können annehmen, dass die Steinböcke sehr gute Sinne haben und die Eindrücke differenziert interpretieren. Sie dürften sehr rasch lernen, wie sie Eindrücke einzustufen haben, und entsprechend handeln. Aufgrund eigener Erfahrungen beim Besendern von Steinböcken kann nicht ausgeschlossen werden, dass sie auch Menschen individuell erkennen können.

Steinböcke können auch nachts gut sehen.

Die Kommunikation mit Lauten

Nähert man sich Steinböcken, stoßen sie Pfiffe aus, die wie ein «psitt» tönen. Diese kurzen, scharfen Töne werden durch Ausstoßen von Luft durch die Nase erzeugt (Baumann 2009). Dabei runzeln die Steinböcke die Stirn, ziehen die Nasenlöcher zurück und spreizen die Lippen, während der Kiefer geschlossen bleibt; dann kommen die Töne (Couturier 1962). Die Laute werden mehrmals wiederholt.

Steinböcke pfeifen bei Überraschungen, aber auch bei Lawinenniedergängen oder Steinschlag. Sie stoßen diese Töne auch bei Gefahr durch den Menschen aus. Nicht in allen Fällen folgt eine unmittelbare Flucht. Es dürfte sich in vielen Fällen um eine Übersprungshandlung handeln, wobei die Tiere sich nicht unbedingt zu einer Flucht entscheiden. Trotzdem machen sie andere Artgenossen auf die Gefahr aufmerksam. Auch die Gefahrenquelle weiß, dass sie wahrgenommen wurde. Baumann (2009) konnte das erste Pfeifen eines Kitzes schon Mitte August hören.

Kitze kommunizieren mit ihren Müttern über ein Meckern, das dem der Hausziegen ähnelt (Couturier 1962). Mit diesem Laut suchen die Kitze ihre Mütter. Adulte Steinböcke meckern kaum, mit Ausnahme von Böcken während der Brunft. Dieses Meckern ist jedoch nicht weit zu hören (Aeschbacher 1978).

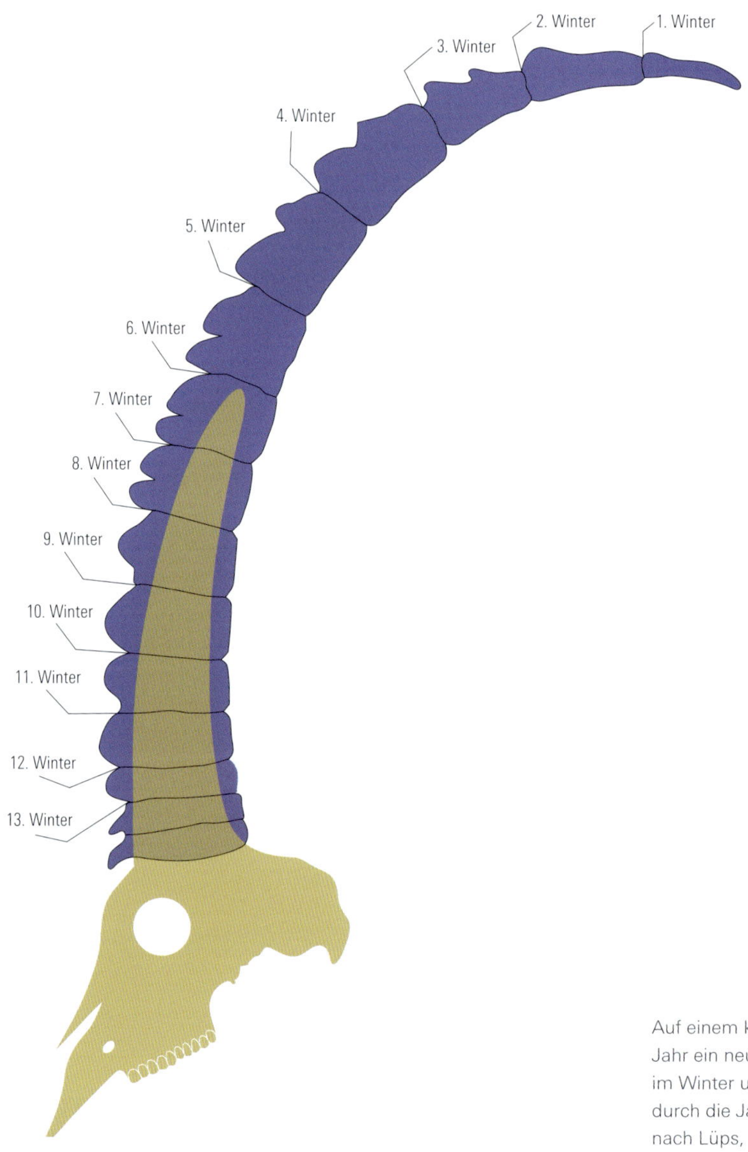

Auf einem knöchernen Zapfen wächst jedes Jahr ein neues Stück Horn. Das Wachstum wird im Winter unterbrochen, der Unterbruch wird durch die Jahresringe markiert. (Neu gezeichnet nach Lüps, 1995)

Laktierende Steingeiß von hinten, die zwei
Zitzen sind gut sichtbar.

Das Horn

Im Unterschied zu den Hirschartigen haben alle Boviden, zu denen auch die Steinböcke gehören, permanente Hörner. Bei allen Boviden bilden sich die Hörner auf knöchernen Zapfen, die im Laufe der Jahre stetig wachsen. Über diesen Zapfen bilden sich hornige Scheiden, die einen epidermalen Ursprung haben (Hildebrand und Goslow 2004). Sie bestehen wie Haare und Nägel aus Keratin. Die knöchernen Zapfen sind Fortsätze des Stirnbeins. Auf Röntgenbildern sind diese schon bei einem vier Monate alten Fötus als dunkle Flecken sichtbar (Meile et al. 2003).

Schon wenige Wochen nach der Geburt entwickelt sich das Horn zu einem sichtbaren Fortsatz. Im Laufe der weiteren Entwicklung entsteht ein massives knöchernes Gebilde, das im Inneren Hohlräume aufweist. Diese stehen mit der Stirnhöhle in Verbindung, sodass bei einem Hornbruch auch die Stirnhöhle verletzt oder gar geöffnet werden kann (Meile et al. 2003). Auf dem knöchernen Fortsatz liegt eine Haut, die nach außen Horn ablagert. Eine neue Hornlage wird jeweils unter der älteren, vorjährigen gebildet. Die Hornscheide wird so immer weiter weg von der Stirn verschoben.

Das Steinbockhorn wächst vom Frühling bis in den Herbst hinein, in der Regel von April bis Anfang November. Im Winter wird das Wachstum eingestellt, da das Hornwachstum in enger Verbindung mit dem zur Verfügung stehenden Nahrungsangebot steht. Erhöhte Temperaturen im Frühling, die zu einem vorzeitigen Abschmelzen der Schneedecke führen, haben eine frühere Entwicklung der Vegetation zur Folge. Dies verbessert die Nahrungsressourcen für die Steinböcke und begünstigt das jährliche Hornwachstum (Giacometti et al. 2002, Büntgen et al. 2014, Rainer et al. 2025). Kann während dieser Zeit nicht genügend Nahrung aufgenommen werden, wird die vorhandene Energie zum Überleben gebraucht. Wird das Wachstum unterbrochen, bilden sich deutliche Furchen, die für die Altersbestimmung herangezogen werden. Tiere in Wildparks haben aufgrund der permanenten Fütterungen keinen Nahrungsengpass im Winter. Sie weisen aus diesem Grund keine oder nur sehr unregelmäßige Jahresfurchen auf.

Die Böcke haben große, säbelartige Hörner. In der Regel bilden sich beim Bock zwischen zwei Jahresfurchen Schmuckwülste oder Knoten. Normalerweise werden zwei solcher Knoten pro Jahr gebildet. Diese werden im Alter immer schmaler und weniger deutlich ausgebildet. Ab dem neunten Lebensjahr bilden sich nur noch schmale Rippen. Im Kitzjahr werden noch keine Wülste ausgebildet; im Jährlingsjahr entsteht zuerst ein flacher, runder Wulst und dann ein deutlich ausgeprägter. Anhand dieser zwei Wulste können das Jährlingsjahr und die Furche des zweiten Winters bestimmt werden. Sie können auch im Feld mit entsprechender optischer Ausrüstung gut erkannt werden. Die Stärke des Hornwachstums der Böcke bildet auch deren Lebensbedingungen ab und verweist auf die Entwicklung der Population. Auch die jährlichen klimatischen Schwankungen werden aus den Jahresschüben ersichtlich (Schwarz 2016, Rainer et al. 2025).

Die Geißen haben kürzere, dolchartige Hörner. Bei ihnen bilden sich keine Schmuckknoten. Die Wachstumsschübe sind in den ersten Lebensjahren noch groß, werden aber mit Beginn der Geschlechtsreife klein. In der Regel kann man an der Größe des Jahreswachstums erkennen, ob eine Geiß in dem Sommer ein Kitz geführt hat oder nicht.

Die Gesamthornlänge wird vor allem durch das Wachstum in den ersten vier Lebensjahren bestimmt (Bergeron et al. 2008). Das jährliche Hornwachstum zwischen dem zweiten und dem sechsten Lebensjahr hat keinen Einfluss auf die Lebensdauer der Steinböcke.

Steinbockhörner können durch Unfälle verletzt werden oder sogar abbrechen. Da gut durchblutetes Gewebe betroffen ist, können Infektionen auch tödliche Folgen haben. Übersteht das Tier die Verletzung, kann es später ohne größere Behinderungen weiterleben. Die betroffenen Böcke haben jedoch wahrscheinlich einen Nachteil, wenn es um die Fortpflanzungsmöglichkeiten geht. Immer wieder können auch abnorme Hornbildungen, sogenannte Teufelshörner, beobachtet werden. In der Regel handelt es sich dabei um ein einseitig gekrümmtes Horn. Messner (2015) nimmt an, dass bakterielle Infektionen dafür verantwortlich sind. In Röntgenuntersuchungen konnten Knochenauflösungen des Stirnzapfens nachgewiesen werden. Es wird angenommen, dass kleine Verletzungen das Eindringen der Erreger ermöglichen.

Die Hörner der Böcke sind ein wichtiges sekundäres Geschlechtsmerkmal. Das Hornwachstum in Jährlingsjahr korreliert sehr stark mit dem Körpergewicht (Filli 2001). Auch das Wachstum in den folgenden Jahren hängt stark mit den Lebensbedingungen zusammen. Böcke, die im Alter zwischen fünf und elf Jahren eines natürlichen Todes gestorben sind, wiesen in einer Untersuchung von Hardenberg et al. (2004) in den Vorjahren ein unter-

Oben: Böcke wachsen bis ins hohe Alter, während bei den Geißen das Wachstum zugunsten der Fortpflanzung geringer bleibt.

Unten: Das Alter der Steinböcke kann an den Hörnern gut von der Seite abgelesen werden. Je älter die Böcke werden, desto schwieriger wird es.

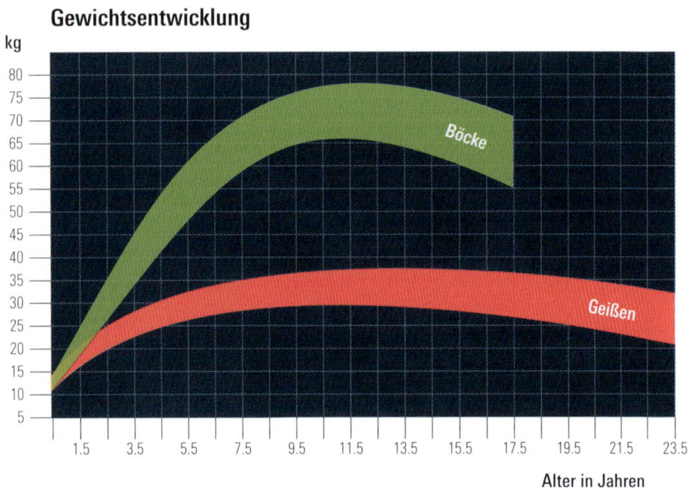

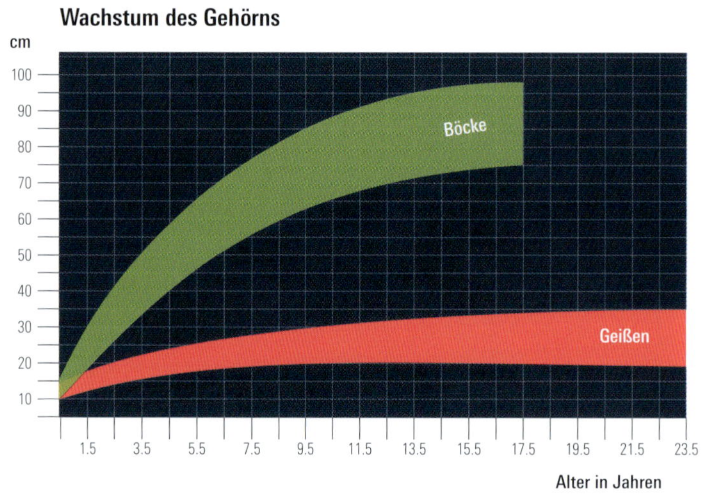

durchschnittliches Wachstum auf. Eine Auswertung von Horndaten aus dem Nationalpark Hohe Tauern ergab, dass Individuen, die aufgrund von Krankheit geschossen wurden, ein bis zwei Jahre davor ein unterdurchschnittliches Hornwachstum hatten. Anderes Fallwild zeigte keine Abweichungen (Schwarz 2016).

Fortpflanzung

Steinböcke gehören zu den Huftierarten mit dem größten Unterschied zwischen männlichen und weiblichen Tieren: Die Böcke sind etwa doppelt so groß wie die Geißen (Neuhaus und Ruckstuhl 2002, du Toit 2005). Dies ist wahrscheinlich eine Folge der Partnerwahl der Geißen und hat, aus Sicht der Evolution, innerhalb kurzer Zeit eine Anpassung an einen extremen Lebensraum ermöglicht. So wurde der Steinbock zu einer äußerst gut an ihren Lebensraum angepassten Art.

Die Entwicklung von großen männlichen und kleineren weiblichen Tieren hat einen evolutionären Hintergrund. Dabei spielt die soziale Dominanz der Böcke während der Brunft eine wichtige Rolle. Die Steinböcke sind polygyn, das heißt, ein Bock kann sich in der gleichen Brunftzeit mit mehreren Geißen fortpflanzen; dafür muss er jedoch Zugang zu diesen haben. Die Böcke konkurrieren um die Gunst der Geißen und versuchen, während einer kurzen Zeit möglichst viele Geißen zu monopolisieren und zu befruchten. Dies schaffen sie nur dann erfolgreich, wenn sie möglichst groß und imposant sind. Dabei gelten die Körpergröße, aber auch die Länge der Hörner als gutes Maß. Hier haben sozial dominante Böcke einen Vorteil. Die Böcke haben eine lineare soziale Hierarchie, bei der das Alter, die Körpermaße und die Hornlänge eine wichtige Rolle spielen. Bergeron et al. (2010) stellten bei Steinböcken in Gran Paradiso fest, dass schnell wachsende Böcke auch schnell einen höheren Rang erreichen. Diese Böcke werden auch von den Geißen bevorzugt. So kommen in der Regel große und dominante Böcke zur Fortpflanzung.

In diesem Zusammenhang lässt sich auch das fast lebenslange Horn- und Körperwachstum der Böcke erklären. Individuen, denen dies gut und ohne weitere Einschränkungen gelingt, haben den größten Fortpflanzungserfolg. Bergeron et al. (2010) fanden zudem heraus, dass ein schnelleres Wachstum keinen Einfluss auf die Lebensdauer der Tiere hatte. Somit entstehen durch schnelles Wachstum keine hohen Kosten, sondern nur Vorteile in der Fortpflanzungsmöglichkeit. Die Länge der Hörner verweist auch auf eine gute genetische Diversität des Bocks (Hardenberg et al. 2007).

Links: Gewichtsentwicklung der Böcke und Geißen. Die Böcke wachsen bis zu einem Alter von 10 Jahren, während die Geißen mit dem Beginn der Fortpflanzung das Körperwachstum einstellen. Im Alter nimmt das Körpergewicht wieder ab (neu gezeichnet nach Lüps 1995).

Rechts: Das Gehörn der Böcke wächst ein Leben lang, während bei den Geißen das Gehörn mit Beginn der Fortpflanzung nur noch unwesentlich wächst (neu gezeichnet nach Lüps 1995).

Die so entstehenden Unterschiede im Fortpflanzungserfolg beeinflussen die Entwicklung der dafür verantwortlichen Merkmale. Diese Form der Auslese heißt sexuelle Selektion (Suter 2017). Sie erfolgt durch die Partnerwahl bei der Fortpflanzung und unterscheidet sich von der natürlichen Selektion, die über Umweltfaktoren wirkt.

Die Geißen versuchen, in ihrem Leben möglichst viele Kitze erfolgreich aufzuziehen. Aus diesem Grund pflanzen sie sich sofort nach der Geschlechtsreife fort. Ab diesem Zeitpunkt wachsen sie nicht mehr wesentlich. Mit der unterschiedlichen Entwicklung der Körpergröße sind auch unterschiedliche Nahrungsbedürfnisse entstanden. Böcke können aufgrund ihrer Größe mehr Nahrung aufnehmen; dafür kann die Nahrung von geringerer Qualität sein. Geißen müssen hingegen im Sommer, während sie gleichzeitig ein Kitz führen, möglichst viele Energiereserven aufbauen, damit die Entwicklung der neuen Föten im Winter möglich ist. Dafür sind sie auf qualitativ hochwertige Nahrung angewiesen. Steinböcke leben daher den größten Teil des Jahres in nach Geschlechtern getrennten Gruppen.

Dieses Phänomen wurde früh beim Rothirsch *(Cervus elaphus)* entdeckt und untersucht. Clutton-Brock et al. (1982) stellten fest, dass die Segregation dort größer war, wo weniger Nahrung zur Verfügung stand. In alpinen Lebensräumen ist Nahrung immer eine knappe Ressource – dies mag die Entwicklung als Anpassung an die äußeren Umstände beschleunigt haben.

Die Hörner sind schon beim Embryo angedeutet und werden kurz nach Geburt sichtbar.

Steinkitze in einer Geröllhalde.

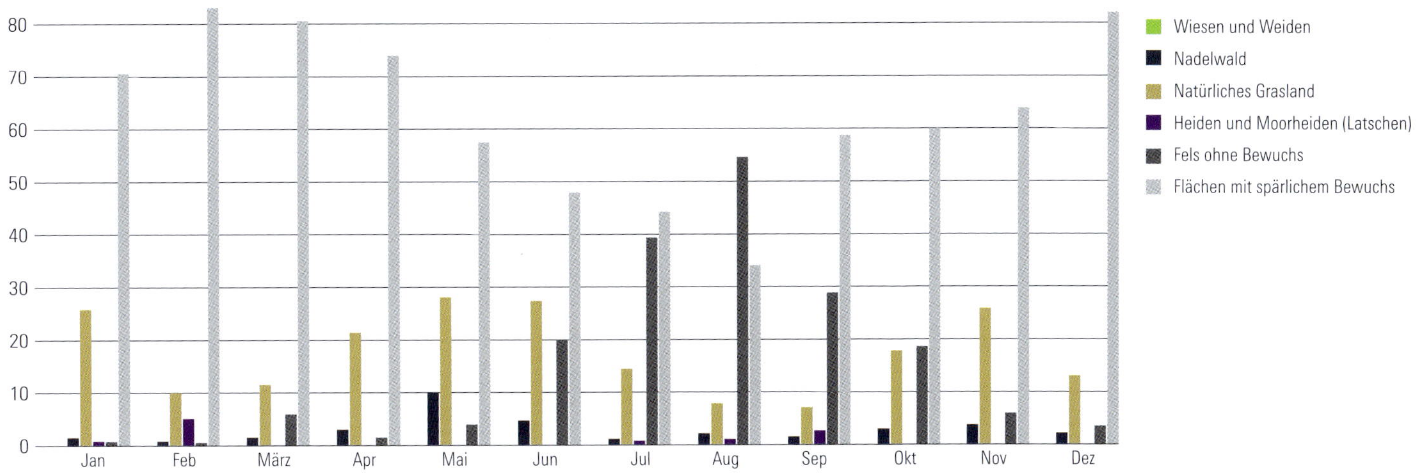

Der Lebensraum der Steinböcke

Die Vorstellungen von einem geeigneten Lebensraum für Steinböcke waren anfänglich stark von der letzten überlebenden Kolonie im heutigen Nationalpark Gran Paradiso geprägt (Nievergelt 1966, Giacometti 1988, Ratti 1994). Nievergelt (1966) hat als Erster die Steinbockkolonien in der Schweiz untersucht. Zunächst war dabei die Beobachtung die Methode der Wahl – heute können markierte, individuell erkennbare Tiere für die Forschung herangezogen werden. Die Tiere werden mit Ohrmarken oder Sendern ausgerüstet.

Wichtige Lebensraumelemente

Alpine Weiden werden von Steinböcken als Nahrungsquelle bevorzugt (Hofmann & Nievergelt 1972, Grignolio et al. 2003, Scillitani et al. 2012). Diese Flächen mit spärlichem Bewuchs liegen in der Regel über der Waldgrenze. In der Val Trupchun im Schweizerischen Nationalpark bevorzugen die Böcke eher die Weiden, während die Geißen Nahrung in der Nähe von Felsen suchen. Steinböcke lieben Weiden mit genügend Gras (Wiersema 1989). Im Frühling werden tiefere Lagen genutzt, vor allem, wenn die Steinböcke nach frischer Nahrung suchen. Wie andere Huftiere bevorzugen sie Nahrung mit hoher Qualität und folgen der «Grünen Welle» (Merkle et al. 2016, Semenzato et al. 2020). Dabei wandern die Tiere immer dem ersten «Grün» nach der Ausaperung (Schneeschmelze) nach und nutzen dabei die Vegetation, die am meisten Nährstoffe hat. Diese markante Bewegung kann unter Umständen eindrücklich sein, vor allem, wenn Steinböcke in tiefere Lagen ziehen. So locken die Steinböcke in Dorfnähe bei Pontresina jedes Jahr mehr Zuschauer an. Während dieser Zeit stehen die Böcke oft tiefer als die Geißen. Im Winter dagegen suchen Böcke und Geißen Weiden mit einem hohen Felsanteil auf (Abderhalden 2005).

Wald und Bäume als Nahrungsgründe werden von verschiedenen Autoren als nicht wichtig erachtet (Bächler 1935, Rauch 1937, Nievergelt 1966). Hofmann und Nievergelt (1972) beobachteten eine geringe Nutzung des Waldes in einem kleinen, begrenzten Gebiet am Rande des Schweizerischen Nationalparks. Abderhalden (2005) stellte anhand von individuell markierten und zum Teil besenderten Tieren ein Meiden des geschlossenen Waldes fest. Offener Wald wird jedoch im Sommer und vor allem im Winter regelmäßig aufgesucht. Lärchenwälder werden vor allem im Frühling genutzt, wenn es schneefreie Stellen gibt (Grignolio et al. 2003).

Genutzte Lebensraumstrukturen in den verschiedenen Monaten im Schweizerischen Nationalpark (Quelle: Greßmann et al. 2013).

Eine vergleichende Auswertung der Aufenthaltsorte besenderter Tiere aus dem Schweizerischen Nationalpark und dem Nationalpark Hohe Tauern zeigt, dass im Ersteren das ganze Jahr über Flächen mit spärlichem Bewuchs aufgesucht werden, während im Letzteren regelmäßig subalpine Weiden aufgesucht werden (Gressmann et al. 2013).

Felsen und Nahrungsquellen in deren Nähe oder Weiden mit Schutt und Felsen werden bevorzugt aufgesucht (Hofmann und Nievergelt 1972, Abderhalden 2005). Große Felskomplexe dagegen werden nicht gezielt aufgesucht. Vor allem säugende Geißen halten sich auch im Sommer häufig in der Nähe von Felsen auf (Grignolio et al. 2007, 2019); hier finden sie mit ihren Kitzen Schutz vor möglichen Beutegreifern. Im Nationalpark Hohe Tauern werden das ganze Jahr über Felsen und Steilwände mit Bewuchs aufgesucht (Gressmann et al. 2013). Bei einer Untersuchung im Nationalpark Gran Paradiso waren Felsen (30 Prozent) und Geröllhalden (22 Prozent) die am häufigsten frequentierten Lebensräume im Untersuchungsgebiet, obwohl sie wenig Nahrung bieten (Grignolio et al. 2003). Im Winter sind Felsen mit Vegetation bevorzugte Aufenthaltsorte (Abderhalden 2005). Diese bieten Schutz und sind im Winter auch ein sicherer Rückzugsort vor Lawinen. Hier finden die Steinböcke im Winter oft die einzigen schneefreien Stellen. Böcke und Geißen suchen gerne Gebiete mit einer Hangneigung zwischen 35 und 50° auf (Abderhalden 2005, Gressmann et al. 2016), da hier der frische Schnee im Winter schnell abrutscht. Genügend schneefreie Stellen sind eine wichtige Ressource im Lebensraum der Steinböcke (Wiersema und Schröder 1983).

Die wichtigsten Lebensraumelemente müssen nicht nur in ausreichender Menge vorhanden sein, sondern sollten auch nicht zu weit voneinander entfernt sein. Ein Vergleich zwischen dem Nationalpark Hohe Tauern und dem Schweizerischen Nationalpark hat gezeigt, dass die Ressourcen im Ersteren weiter verstreut sind (Plank 2013). So müssen die Tiere vor allem im Sommer weitere Wege gehen, um ihre Bedürfnisse zu befriedigen. Dies bedeutet einen Energieaufwand, der kompensiert werden muss. Zudem sollten die Wege auch ohne menschliche Störungen begehbar sein.

Man kann immer wieder Steinböcke auf Staumauern beobachten. Hier werden die besonderen Kletterfähigkeiten der Art deutlich. Staumauern sind aus Steinbocksicht nichts anderes als künstliche Felsen, an denen sie oft sogar noch Salze finden. An diesen künstlichen Felsen kann man gut die zurückgelegten Wege und die Steigung ermitteln. So kletterten Steinböcke an einer Staumauer in Italien im Zickzack bergauf und stiegen ziemlich geradlinig wieder ab (Biancardi und Minetti 2017). Die mittlere Steigung betrug bergauf 37 Prozent und beim Abstieg 46 Prozent. Jungtiere konnten eine Steigung von bis zu 155 Prozent bewältigen. Leichtere Tiere wie Geißen und junge Böcke können steileres Gelände besser bewältigen als schwere Böcke.

Beide Geschlechter suchen gerne süd- oder südwestexponierte Stellen auf (Nievergelt 1966, Abderhalden 2005); die Exposition spielt offenbar eine wichtige Rolle (Amon 1967). Obwohl die Thermoregulation für Steinböcke nicht einfach ist, werden nordseitige Gebiete in der Regel auch im Sommer gemieden (Abderhalden 2005). Lebensräume mit einem kleinräumigen Muster aus südexponierten Stellen und schattigen Rückzugsgebieten werden bevorzugt (Filli 1995). Vor allem die Kombination von steilen und sonnenbestrahlten Hängen sind im Winter ein gesuchter Lebensraum.

Typische Steinbocklebensräume in der Val Chamuera (oben) und am Augstmatthorn (Mitte). Auch im Jura finden Steinböcke die notwendigen Strukturen, so zum Beispiel am Creux du Van (unten). Entlang solcher Felsstrukturen sind sie wahrscheinlich nach der letzten Eiszeit wieder in den Alpenraum zurückgewandert.

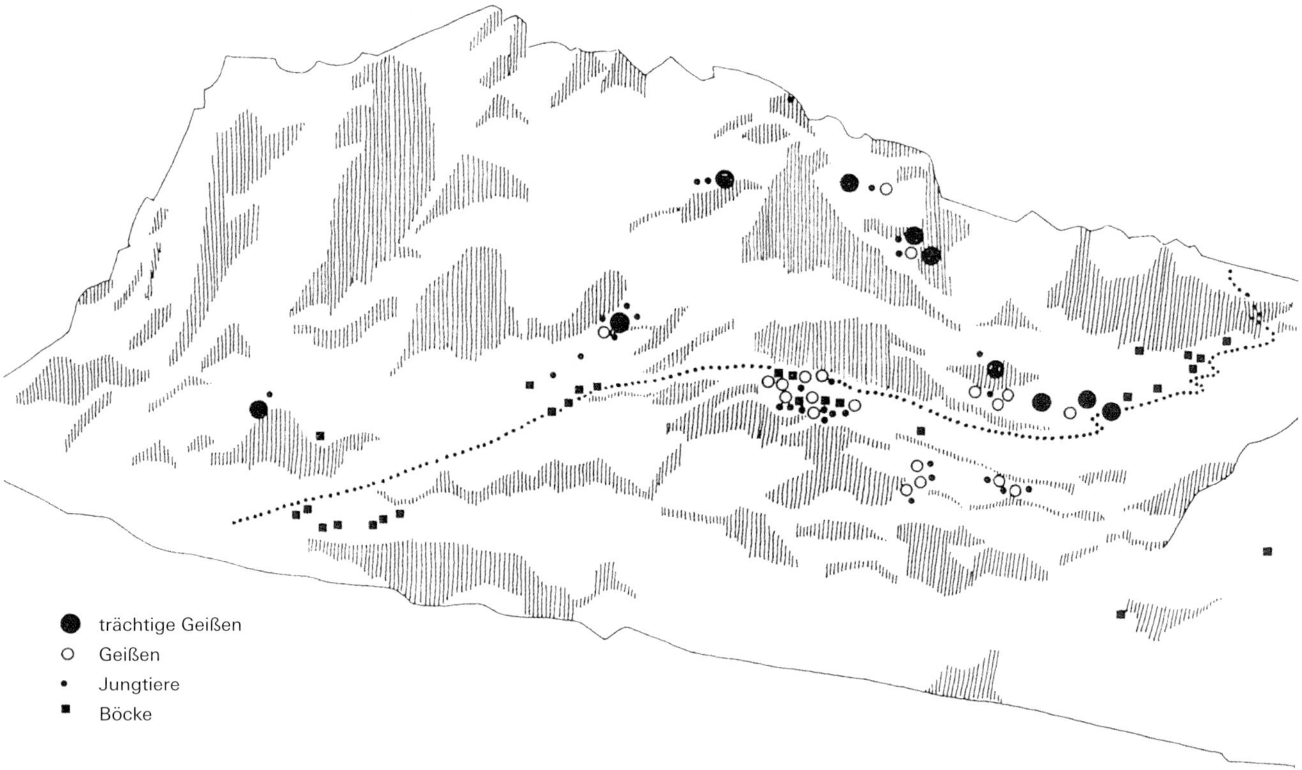

Unterschiedliche Standorte von Böcken und Geißen

Aufgrund der sexuellen Segregation sind die Aufenthaltsorte der Böcke und der Geißen unterschiedlich. Sie gehen außerhalb der Brunftzeit unterschiedliche Wege (Villaret et al. 1995, Bon et al. 2001). Im Winter ist diese Trennung geringfügig; im Sommer werden im gleichen Lebensraum unterschiedliche Habitate aufgesucht, sodass die Bedürfnisse der Geschlechter erfüllt werden.

Die Böcke nutzen Weiden stärker als die Geißen (Herfindal et al. 2019). Letztere meiden im Sommer Weiden mit einem geringen Felsanteil und halten sich lieber in Gebieten mit einem hohen Fels- und Schuttanteil auf. Im Sommer können auch Legföhren aufgesucht werden, die im Winter gemieden werden. Geißen suchen während der Setzzeit oft höher gelegene, steilere und unzugängliche Gebiete auf (Nievergelt 1966, Villaret et al. 1997), die ihnen genügend Schutz bieten (Grignolio et al. 2019).

Im Winter halten sich die Böcke eher in Gebieten mit einem lockeren Baumbestand und Weiden auf, während die Geißen südexponierte Stellen bevorzugen (Abderhalden 2005). Je nach Schneelage können Steinböcke in den lockeren Waldgebieten einfacher Nahrung finden.

Die Lebensräume der Böcke zeigen größere Höhenschwankungen auf als die der Geißen (Herfindal et al. 2019). In der Val Trupchun sind beide Geschlechter im Winter mehr oder weniger im gleichen Höhenbereich anzutreffen. Im Monat Juni aber, wenn die Temperaturen steigen, ziehen die Böcke in die Höhe, während die Geißen in tieferen Lagen in der Nähe von schützenden Felsen bleiben. Erst im November – kurz vor Brunftbeginn, wenn der erste Schnee kommt – ziehen die Böcke wieder in tiefere Lagen, wo sie auf die Geißen treffen (Herfindal 2013). Auch Villaret et al. (1997) beobachteten in den französischen Alpen, dass sich im Winter beide Geschlechter in felsigen Hängen in tieferen Lagen aufhielten. Die Geißen waren jedoch häufiger auf Felsen in höheren Lagen anzutreffen. Dieser Unterschied blieb das ganze Jahr über bestehen. Hier war die Wanderung der Geißen nach dem ersten Grün ausgeprägter als bei den Böcken.

Unterschiedliche Standortwahl von Böcken und Geißen am Wetterhorn, Kanton Bern (Quelle:Nievergelt: Der Alpensteinbock 1966)

Rechte Seite: Felsen spielen für die Sicherheit der Steinböcke eine wichtige Rolle.

Adeline Bonaglia

Mein Name ist Adeline Bonaglia, ich komme aus dem Tessin und habe einen MSc in Ökologie und Ethologie von der Universität Parma erworben. Meine Masterarbeit, die ich an der Universität Zürich durchgeführt habe, befasste sich mit dem Einsatz von Beschleunigungssensoren und maschinellem Lernen zur Klassifizierung des Verhaltens von Rehkitzen. Anschließend setzte ich meinen wissenschaftlichen Werdegang im Bereich der Wildtierökologie fort, insbesondere in der Bewegungsökologie, im Rahmen eines Praktikums im Schweizerischen Nationalpark. Diese Tätigkeit ermöglichte es mir, meine Kenntnisse in diesem Fachgebiet zu vertiefen und mein Doktoratsprojekt auszuarbeiten. Seit meiner Kindheit bin ich von der Natur begeistert, insbesondere von Tieren. In den letzten Jahren habe ich viel Zeit in den Bergen verbracht, um Steinböcke und ihr Verhalten zu beobachten.

Was bedeutet der Steinbock für dich?

Der Steinbock ist für mich weit mehr als nur ein Studienobjekt. Ich kann mir unsere Alpen ohne ihn kaum vorstellen. Jedes Mal, wenn ich einen Berg sehe, weiß ich, dass er lebt – denn auch wenn wir sie nicht immer sehen, sind Steinböcke, ebenso wie andere Arten, präsent und den natürlichen Elementen ausgesetzt, während sie die Herausforderungen des Lebens meistern. Ihr Verhalten sowie ihre Interaktionen mit Artgenossen und ihrer Umwelt faszinieren mich sehr. Aus dieser persönlichen Motivation und dem Wunsch, meinen wissenschaftlichen Weg mit der Erforschung dieser Art fortzusetzen, ist mein Forschungsprojekt entstanden.

Wie bist du zu deiner Forschungsfrage gekommen?

Das Hauptziel meines Projekts ist es, besser zu verstehen, welchen Einfluss Schnee und Lawinen auf das räumliche Verhalten und die Populationsdynamik von Steinböcken haben. Schnee stellt einen zentralen ökologischen Faktor für diese Art dar, die einen großen Teil – wenn nicht ihr gesamtes Leben – in hochalpinen Lebensräumen verbringt und im Winter großen Schneemengen ausgesetzt ist. Obwohl Lawinen bislang wenig erforscht sind, haben sie einen erheblichen Einfluss auf das Überleben der Steinböcke. Feldbeobachtungen und Anekdoten deuten jedoch darauf hin, dass der Steinbock eine wertvolle und überlebensnotwendige Fähigkeit entwickelt hat, Gefahren zu erkennen und entsprechend darauf zu reagieren. Zwanzig Jahre nach der ersten Pilotstudie zum Verhalten im Zusammenhang mit Schnee (SLF 2004, unveröffentlicht) konzentriert sich mein Projekt auf eine vertiefte Untersuchung dieser Aspekte im Leben der Steinböcke.

Was sind die Ergebnisse, die du erwartest?

Mit meiner Forschung möchte ich ein klareres Bild davon gewinnen, wie Alpensteinböcke Gefahren erkennen und ihr Verhalten an die herausfordernden Bedingungen des hochalpinen Winters anpassen. Diese Erkenntnisse können dazu beitragen, unser Verständnis für ihre verhaltensbezogene Anpassungsfähigkeit zu verbessern und fundiertere Strategien für den Naturschutz und das Wildtiermanagement zu entwickeln, wie zum Beispiel die Definition von Wildruhezonen. Gleichzeitig könnte das Verständnis ihrer Strategien zur Erkennung und Vermeidung potenziell gefährlicher Lawinensituationen neue Einblicke darin geben, wie Menschen mit diesen Risiken im alpinen Raum umgehen können.

Klima

Das örtliche Klima scheint für den Steinbock neben der Ausstattung des Lebensraums ein wichtiger Faktor zu sein. Trotzdem wird die Frage nach dem geeigneten Klima für die Art kontrovers diskutiert. Verschiedene Autoren vertreten die Ansicht, dass niederschlagsarme Gebiete von Vorteil seien (Nievergelt 1966, Amon 1967, Elsner-Schack 1982, Onderscheka und Hartl 1989) und dass windgeschützte Stellen eine weitere Rolle spielen würden (Nievergelt 1966, Elsner-Schack 1982, Ratti 1994). Ein submediterranes Klima scheint optimal zu sein (Wiersema 1989). Es gibt jedoch auch Hinweise, dass diese klimatischen Bedingungen keine wesentliche Rolle spielen. Choisy (1994) stellte in Frankreich zum Beispiel keinen Zusammenhang zwischen der Meereshöhe sowie den Niederschlägen und dem Erfolg einer Wiederansiedlung fest. In trockenen Gebieten kann Niederschlag auch eine positive Auswirkung haben. So gibt es beim Iberischen Steinbock eine positive Korrelation zwischen den jährlichen Niederschlägen und der Kitzrate sowie dem Überleben der Jungtiere (Esco und Aladdos 1991).

Sicher spielt also das Klima eine gewisse Rolle; diese muss aber im Zusammenhang mit dem Lebensraum und dem jeweiligen Gelände betrachtet werden. In Gebieten mit hohen Niederschlägen wie im Ostalpenraum können hohe Schneelagen durch die Topografie ausgeglichen werden (Deutz und Gasteiner 2017). Vor allem die Exposition und die Hangneigung spielen eine wichtige Rolle. Schneefreie Stellen im Winter sind wichtige Voraussetzung für einen guten Steinbocklebensraum (Wiersema und Schröder 1985). Hoher Schneefall beeinflusst die Entwicklung der Populationen (Jacobson et al. 2004, Lima und Berryman 2006). Bei einer hohen Schneedecke verkleinern

Steinböcke und Gämsen teilen sich über der Waldgrenze den Lebensraum.

die Geißen ihren Aktionsradius deutlich (Grignolio et al. 2004) und suchen tiefere Lagen auf. Bei großer Hitze im Sommer begeben sie sich dann wiederum in höhere und kühlere Lagen. In Populationen im Berner Oberland, wo die Steinböcke hohe Schneemengen nicht ausweichen können, wirkt sich dies negativ auf das Körperwachstum und die Konstitution der Tiere aus (Lüps et al. 2007).

Konkurrenz mit anderen Huftierarten

Der alpine Raum über der Waldgrenze wird auch von anderen wilden Huftierarten und im Sommer an verschiedenen Orten zusätzlich von Schafen genutzt. Steinböcke verlassen die von den Schafen genutzten Weiden (Ryser-Degiorgis et al. 2002). Sie suchen diese Weiden nur auf, um an Salzlecken zu gelangen.

In der Val Truchun im Schweizerischen Nationalpark nutzen Rothirsch, Gämse und Steinbock den gleichen Lebensraum. Die Überschneidungen sind groß. Die Lebensraumnutzung der Steinböcke wird daher durch die Populationsgröße von Rothirsch und Gämse beeinflusst, wobei die Auswirkungen je nach Art und Jahreszeit unterschiedlich sind. Vor allem weichen die Steinböcke auf die weniger attraktiven Geröllhalden aus (Anderwald et al. 2015). Das Populationswachstum der Steinbockkolonie wird hier von der Größe des Rothirschbestands negativ beeinflusst.

Streifgebiete

Anhand von individuell erkennbaren Tieren kann die Größe der von ihnen begangenen Streifgebiete berechnet und dargestellt werden. Da sich die Möglichkeiten, Daten zu erheben und auszuwerten, ständig verbessern und weiterentwickeln, können die einzelnen Werte nicht miteinander verglichen werden. Trotzdem geben die Ergebnisse solcher Auswertungen einen Einblick in die Nutzung des Lebensraums.

Die Daten für die Streifgebiete der Steinböcke in der Kolonie Albris wurden von Abderhalden (2005) noch mit konventioneller Telemetrie erfasst und ausgewertet. Sie wurden mit der Minimum-Convex-Polygon-Methode (MCP) berechnet. Die Böcke hatten mit 44,6 Quadratkilometern wesentlich größere Streifgebiete als die Geißen mit 9,11 Quadratkilometern. Dabei bewegen sich die Werte der Böcke zwischen 5,05 und 157,12 Quadratkilometern. Liegen große Distanzen zwischen Sommer- und Wintereinstand, können diese Werte sehr hoch werden. Dies ist vor allem bei dem hohen Wert der Fall, der den großen Durchschnittswert erklärt. Die Sommerstreifgebiete der Böcke waren im Mittel 3,91 Quadratkilometer und die Winterstreifgebiete 0,67 Quadratkilometer groß. Im gleichen Gebiet haben Geißen ein mittleres Sommerstreifgebiet von 3,67 Quadratkilometern und einen sehr kleinen Wintereinstand von nur 0,23 Quadratkilometern. Jüngere Böcke suchten nicht immer den gleichen Wintereinstand auf.

Bernhard Nievergelt (1935–2021)

Bernhard Nievergelt war ein bedeutender Schweizer Wildtier- und Naturschutzbiologe, der vor allem für seine Forschungen zum Alpensteinbock *(Capra ibex)* und zum Walia-Steinbock *(Capra walie)* internationale Anerkennung erlangte. Er leistete wegweisende Beiträge zur Wildtierökologie, zum Naturschutz und zur akademischen Lehre an der Universität Zürich.

Er wurde am 21. November 1935 in Zürich geboren und verbrachte dort seine Jugend. Nach dem Erwerb des Primarlehrerpatents begann er 1958 das Studium der Zoologie an der Universität Zürich, das er 1965 mit der Promotion abschloss. Seine Dissertation mit dem Titel *Der Alpensteinbock (Capra ibex L.) in seinem Lebensraum. Ein ökologischer Vergleich verschiedener Kolonien* erschien 1966 in der Schriftenreihe *Mammalia depicta* beim Parey-Verlag. Diese Arbeit über die Lebensraumnutzung, Sozialstruktur und Umweltanpassung des Alpensteinbocks verbesserte das populationsökologische Verständnis der Art maßgebend. Dank dieser Studie etablierte sich Bernhard Nievergelt früh als Steinbockexperte. Seine Analysen zur geschlechterabhängigen Lebensraumnutzung und dem dichteabhängigen Populationswachstum haben die zeitgemäße und artgerechte Ausgestaltung einer nachhaltigen Steinbockjagd in der Schweiz stark beeinflusst.

1969 begann Bernhard Nievergelt seine akademische Laufbahn am Zoologischen Museum der Universität Zürich. Ab 1975 war er Oberassistent in der Abteilung Ethologie und Wildforschung des Zoologischen Instituts, wo er die Arbeitsgruppe für Wildforschung leitete. 1982 habilitierte er mit einer umfassenden Studie über den Walia-Steinbock und wurde danach Privatdozent. 1992 erfolgte die Ernennung zum Titularprofessor für Wildforschung.

Seinen wildtierbiologischen Arbeiten lagen intensive ökologische Feldforschungen zugrunde. So auch für die Habilitationsschrift *Ibexes in an African Environment: Ecology and Social Systems of the Walia Ibex in the Simen Mountains, Ethiopia* (1981, Springer). Darin beschreibt Nievergelt die Ökologie, das Verhalten und die Sozialstruktur des Walia-Steinbocks *(Capra ibex walie)*, einer endemischen und stark bedrohten Steinbock-Unterart, die heute als eigenständige Art *(Capra walie)* klassiert ist. Für diese Untersuchung lebte Nievergelt für ein Jahr mit seiner Frau im Gich Camp in unmittelbarer Nähe des Untersuchungsgebiets im frisch gegründeten Nationalpark Semien im Norden Äthiopiens. Die Studie setzte einen methodischen Standard für autökologische Untersuchungen an Steinböcken und erweiterte das internationale Wissen über die Ökologie der Wildziegen maßgeblich.

Weitere Forschungsreisen führten Nievergelt nach Israel und in den Iran. Zudem betreute er die Forschungsarbeiten von Ruedi Hess und Kurt Bollmann am Sibirischen Steinbock, der Schraubenziege und der Bezoarziege in den Gebirgsregionen Pakistans. Die Resultate dieser Studien, die mehrheitlich aus schwer zugänglichen Gebieten stammen, flossen in die Erarbeitung des Aktionsplans für die Caprinae der IUCN (1997) ein und trugen zu einem besseren Schutz dieser Arten bei.

Nievergelt war nicht nur Forscher, sondern auch einflussreicher Lehrer und Vermittler sowie ein talentierter Zeichner und Maler. Er war eine bescheidene und feinfühlige Persönlichkeit, die nur selten internationalen Konferenzen besuchte. Viel lieber richtete er seine wissenschaftlichen Erkenntnisse bevorzugt über populäre Artikel, Bücher und öffentliche Vorträge an ein breites, nationales Publikum. Darüber hinaus engagierte er sich in verschiedenen Naturschutzverbänden und wirkte an der Entwicklung naturschutzfachlicher Konzepte mit, darunter am umfassenden Naturschutz-Gesamtkonzept für den Kanton Zürich, das bis heute eine Richtschnur für die Biodiversitätsförderung im Kanton Zürich ist.

Eines seiner großen Lebensthemen war die Rolle der angewandten Forschung und das ganzheitliche, interdisziplinäre Denken in der Ökologie und beim Schutz von Arten und Lebensräumen – immer mit dem Ziel, wissenschaftliche Grundlagen sinnvoll mit praktischer Naturschutzarbeit zu verbinden. Besonders interessierte er sich für die Rolle von Großschutzgebieten, Langzeitdatenreihen und räumlich expliziten Daten im Naturschutz. Dies ist sein Vermächtnis, das er als Präsident der Wissenschaftlichen Nationalpark-Kommission (1985 bis 1997) dem Schweizerischen Nationalpark hinterließ. In dieser Funktion initiierte und erarbeitete er neue Forschungskonzepte und -leitlinien und lud dafür die beteiligten Expertinnen und Experten zu Klausurtagungen ins Feld ein. Sein Ziel war es, mit diesen Feldbegehungen Grenzen aufzubrechen und ganzheitilche Sichtweisen auf offene Fragen zu entwickeln. Bernhard Nievergelt verstarb am 12. Februar 2021 im Alter von 85 Jahren.

Kurt Bollmann

Walter Abderhalden

Geboren am 30. Juni 1963, verbrachte ich Kindheit und Schule im Toggenburg, wo ich auch die Mittelschule (Wattwil) besuchte. Nach dem Studium der Forstwirtschaft an der ETH Zürich begann ich mein Berufsleben als Forstingenieur in Zernez. Der Einstieg in die Wildtierbiologie erfolgte mit einem großangelegten Forschungsprojekt zum Thema Wildverbiss. Mit dem Steinbockprojekt Albris-SNP ergab sich die Möglichkeit, eine Dissertation (Abderhalden 2004, Albert-Ludwigs-Universität) zur Raumnutzung des Alpensteinbocks zu erarbeiten. Seit der Gründung der ARINAS environment AG arbeite ich als deren Geschäftsführer, als Ökologe, Umweltbaubegleiter und Lawinenexperte.

Wie kam es zum Steinbockprojekt Albris-SNP?
Aufgrund der immer schwieriger werdenden Bejagung der Steinbock-Kolonie Albris-SNP gaben die Schweizerische Eidgenossenschaft, der Kanton Graubünden und der Schweizerische Nationalpark ein Projekt in Auftrag, welches insbesondere die Populationsdynamik, die saisonalen Migrationsbewegungen und die Lebensraumnutzug generell untersuchen sollte.

Was waren die größten Herausforderungen?
Eine erste Herausforderung war der länderübergreifende Einfang von Steinböcken zwecks individueller Markierung und Besenderung. Danach wurden die besenderten Tiere ganzjährig, Sommer und Winter und bei jedem Wetter, möglichst wöchentlich geortet. Die Ortung wurde, wenn immer möglich, mit einer Sichtbestätigung abgeschlossen. GPS-Sender gab es damals noch nicht. Diese Arbeit erforderte Ausdauer und Beharrlichkeit. Die Feldtage dauerten nicht selten von den frühen Morgenstunden bis in die Nacht hinein. Gutes Orientierungsvermögen, sicheres Bewegen im Gelände, zu Fuß und mit Ski und nicht zuletzt Kenntnisse in der Beurteilung der Lawinengefahr waren Grundvoraussetzungen.

Konnten Ergebnisse umgesetzt werden?
Dazu kann ich nicht sehr viel sagen. Ich gehe davon aus, dass die Erkenntnisse zur Populationsdynamik zu einer Verfeinerung der Abschussplanung beigetragen haben, während Ergebnisse zum Migrationsverhalten aufgrund der vier verschiedenen im Raum der Kolonie Albris/SNP zugrunde liegenden Jurisdiktionen (Schweiz/Jagdgebiet, Schweiz/Schweizerischer Nationalpark, Italien/Jagdgebiet (ohne Steinbockjagd), Italien/Parco Nazionale dello Stelvio) eher als Rahmenbedingungen hingenommen werden müssen.

Was hast du heute für eine Beziehung zum Steinbock?
Meine heutige Beziehung zum Steinbock ist frei von wissenschaftlichen Fragestellungen. Ich freue mich über jede Begegnung mit diesen faszinierenden Tieren bei Wanderungen oder auf der Jagd. Ein vorläufiger jagdlicher Höhepunkt war die dritte Steinbockjagd mit dem Abschuss einer 13-jährigen Geiß und eines 13-jährigen Bockes bei herrlichen vorwinterlichen Bedingungen.

Grundsätzlich war die Gebietstreue bei den Böcken im Vergleich zu den Geißen geringer. Die Streifgebiete von zehn besenderten Steinböcken im Nationalpark Hohe Tauern waren zwischen 21,3 und 60 Quadratkilometer groß (Gressmann et al. 2013). Ein Bock legte im Alter von fünf Jahren zwischen dem 17. Mai 2006 und dem 7. Juli 2007 eine Strecke von 570 Kilometern zurück. Solche Wanderungen werden immer wieder bei Böcken in diesem Gebiet beobachtet. Sie dienen wahrscheinlich der Erkundung und dem Abklären von Möglichkeiten für die Fortpflanzung. Dieser Bock hatte ein Jahresstreifgebiet von 1136 Quadratkilometern. Im Nationalpark Gran Paradiso dagegen hatten Böcke Jahresstreifgebiete von rund fünf Quadratkilometern (Parrini et al. 2003). Die Gebiete überlagerten sich in zwei folgenden Jahren mehr oder weniger, und die Böcke suchten auch während der Brunft die gleichen Gebiete auf. Die Jahresstreifgebiete von Geißen in diesem Nationalpark waren 1,8 Quadratkilometer groß. Die Größe wird vor allem durch Weiden und Felsen beeinflusst (Grignolio et al. 2003).

Beim Vergleich der führenden und nicht führenden Geißen fanden Grignolio et al. (2007) heraus, dass die Streifgebiete im Frühling ähnlich groß waren. Im Sommer aber haben nicht führende Geißen größere Streifgebiete als führende Geißen. Bei Ersteren waren es rund zwei Quadratkilometer, während Letztere kleinere Gebiete nutzten. Im Herbst glichen sich die Werte wieder an. Die Unterschiede im Sommer können mit der Laktation erklärt werden. Führende Geißen bleiben in der Nähe von schützenden Felsen, während die nicht führenden Geißen alpine Weiden aufsuchen, um ihre körperlichen Reserven aufzubauen.

Bei einem Vergleich von Streifgebietsgrößen bei Böcken im Nationalpark Hohe Tauern, im Schweizerischen Nationalpark und im Lechquellgebiet in Vorarlberg fand Puorger (2017) beträchtliche Unterschiede (Tabelle 1). Die Streifgebietsgrößen wurden mit der Local-convex-hull-Methode (LCH-Methode) berechnet und können nicht mit den zuvor genannten Größen verglichen werden. Im Winter beeinflusste die Schneemenge die Streifgebietsgrößen, während im Sommer die Verteilung der Ressourcen, vor allem Weiden und Felsen, von Bedeutung war.

	NPHT	SNP	Lechquell-gebiet
Winter	0,36 (+/– 0,25)	0,31 (+/– 0.26)	0,37 (+/– 0,28)
Frühling	1,44 (+/– 0,94)	0,97 (+/– 0.37)	1,19 (+/– 0,65)
Sommer	2,36 (+/– 1,0)	1,63 (+/– 0.88)	1,31 (+/– 0,88)
Herbst	2,38 (+/– 1,81)	1,31 (+/– 1.2)	1,8 (+/– 1,27)

Tab. 1: Streifgebietsgrößen von Steinböcken im Nationalpark Hohe Tauern (NPHT) im Schweizerischen Nationalpark (SNP) und im Lechquellgebiet. Die Streifgebiete wurden mit der Local-convex-hull-Methode berechnet (Daten: Puorger 2017).

Zu vergleichbaren Ergebnissen kam eine Studie an Böcken im Marmolada-Massiv im Südosten der italienischen Alpen (Scillitani et al. 2012). Auch hier bestimmten der Anteil an Grasland und die Hangneigung die Größe der Streifgebiete. Vor allem die Schneehöhe beschränkte den Aktionsradius der Böcke wesentlich.

Unpublizierte Auswertungen von Böcken und Geißen aus dem Schweizerischen Nationalpark zeigen den Verlauf der Streifgebietsgrößen über das ganze Jahr hinweg schön auf. Im Winter sind bei beiden Geschlechtern die Streifgebiete relativ klein; dabei bewegen sich die Böcke ein wenig mehr als die Geißen. In den Monaten Mai und Juni begehen die Böcke weitere Flächen. Es ist die Zeit, in der sie zuerst in tiefere Lagen gehen, wo gerade der Schnee schmilzt. Anschließend verlegen sie ihre Aktivitäten in höhere Lagen. Die Streifgebietsgrößen beider Geschlechter gleichen sich in den folgenden Monaten an. Im November gehen die Böcke in die Wintereinstände und suchen paarungsbereite Geißen. Im Vergleich von jüngeren und älteren Böcken haben die jungen Böcke Streifgebietsgrößen, die mit denen der Geißen vergleichbar sind.

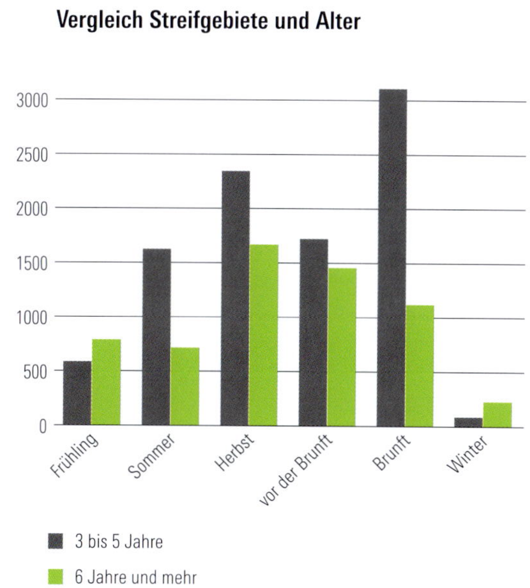

Die Streifgebietsgrößen unterscheiden sich bei den verschiedenen Altersklassen der Böcke (Daten NP Hohe Tauern).

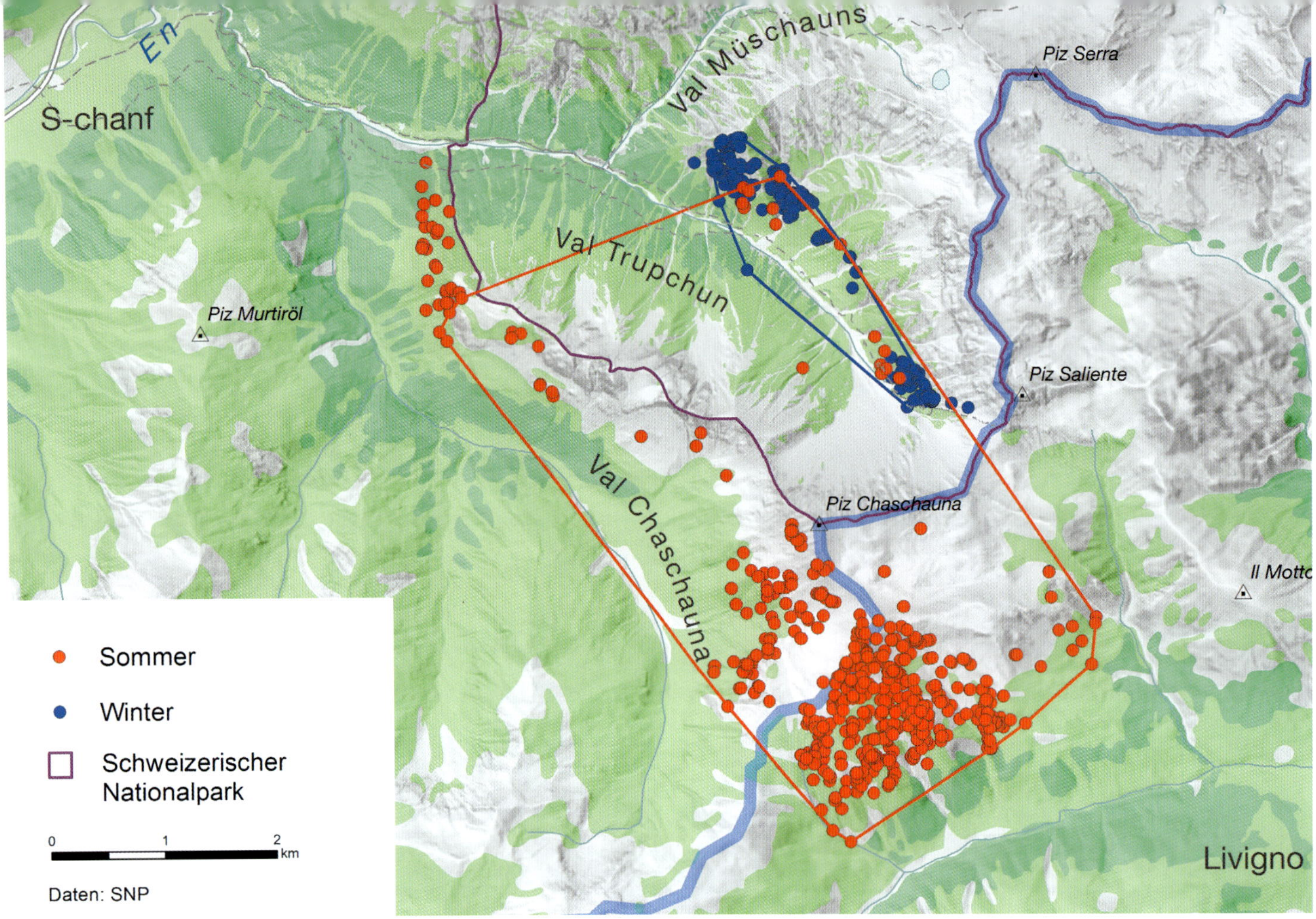

Jahreszeitliche Wanderungen

Ein interessanter Aspekt sind die Wanderungen zwischen Sommer- und Wintereinstand, die sich nicht überlagern. Dazu ergab eine alpenweite Auswertung aufschlussreiche Resultate. Auslöser für die Wanderungen sind im Frühling die Schneeschmelze und das erste Grün (Chevaux et al. 2024), wobei die Böcke stärker auf das erste Grün reagieren als die Geißen. Der Zeitpunkt der Wanderung vom Sommer- in den Wintereinstand wird von der Länge der Vegetationsperiode und dem ersten Schnee bestimmt. Gegen Ende der Vegetationsperiode enthalten die Gräser nicht mehr viele Nährstoffe, sodass es wenig braucht, um die Wanderung in den Wintereinstand auszulösen. Die kürzeste Distanz zwischen Sommer- und Wintereinstand beträgt 450 Meter, die längste 3 Kilometer. Für die Wanderungen suchen Steinböcke vor allem steile Gebiete aus (Chevaux et al. 2023). Große Höhenunterschiede werden gemieden. Steinböcke wählen für die Wanderungen Lebensraumstrukturen, in denen sie sich sicher fühlen. Sie suchen hier einen Kompromiss zwischen Energieaufwand und Sicherheit. Im Lechquellgebiet durchqueren Steinböcke für diese Wanderungen auch Talsohlen und Wälder (Puorger 2017). Auch im Gebiet Creux du Van im Schweizer Jura bewegen sich Steinböcke durch den Wald zu anderen Standorten. Einzelne Steinböcke sind sogar von der Population am Brienzer Rothorn in die Population am Pilatus eingewandert (Biebach und Keller 2022). Dafür mussten sie ebenfalls bewaldete Gebiete durchqueren.

Der Vergleich der Streifgebiete eines Bocks im Sommer (rot) und Winter (blau) zeigt deutlich, dass die Beweglichkeit im Winter durch den Schnee stark eingeschränkt ist. (Daten Schweizerischer Nationalpark).

Rechte Seite oben: Bei den Wanderungen zwischen Sommer und Wintereinstand können auch Wälder durchquert werden. Das geschieht allerdings selten.

Rechte Seite unten: Wanderung eines Steinbocks im Nationalpark Hohe Tauern. Die zurückgelegte Strecke im Gebiet des Großglockners betrug 570 km (Daten Nationalpark Hohe Tauern/tiris/kagis/sagis).

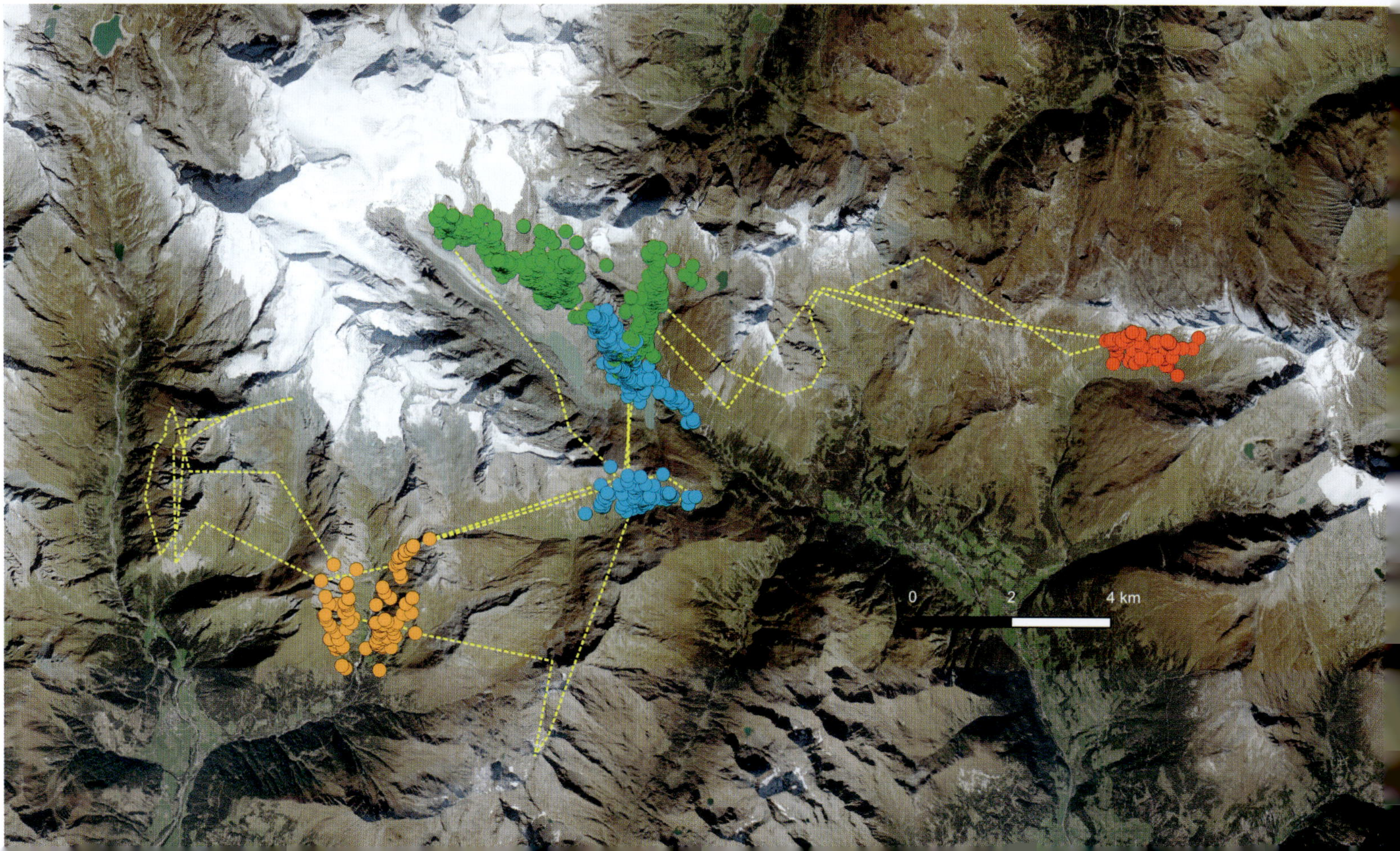
0
2
4 km

Das Leben der Steinböcke

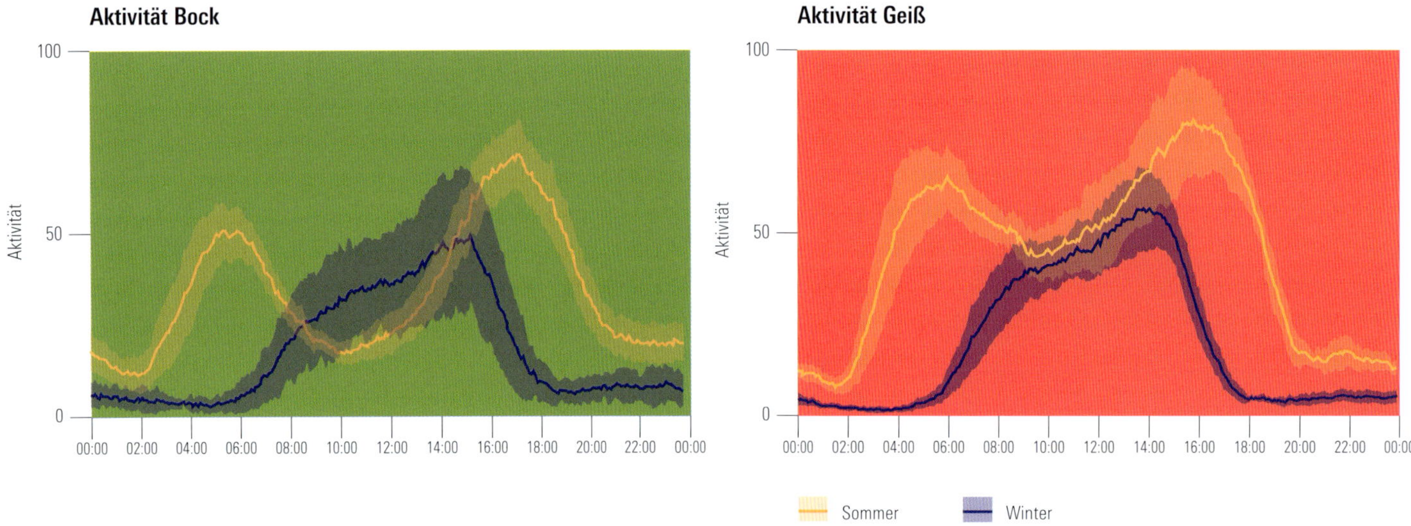

Aktivitätsmuster

Bis vor wenigen Jahren waren Untersuchungen zum Verhalten der Steinböcke sehr aufwendig und schwierig. Es erfordert sehr viel Ausdauer und Idealismus, die Tiere in unwegsamem Gelände zu beobachten. Heute können ihre Aktivitäten dank moderner Technik mittels Telemetrie erfasst und ausgewertet werden. Aktivitätsdaten besenderter Steinböcke im Schweizerischen Nationalpark haben ergeben, dass sowohl Geißen als auch Böcke im Sommer während des Tages zwei größere Aktivitätsphasen haben: in den Morgenstunden und in den späten Nachmittagsstunden. Dieses Verhalten ist bei den Geißen ausgeprägter als bei den Böcken. Während der Nacht zeigen beide Geschlechter wenig Aktivität. Die Abbildung oben zeigt den Aktivitätsverlauf für beide Geschlechter im Schweizerischen Nationalpark.

Es handelt sich um summierte Daten, das heißt, die einzelnen Individuen können sich durchaus anders verhalten. Beobachtungen am Rande des Schweizerischen Nationalparks zeigen ein vergleichbares Bild. Die Steinböcke (Böcke und Geißen) ästen vermehrt in den frühen Morgenstunden und am späteren Nachmittag. Die Äsungszeiten waren immer mit einer Bewegung zur Weide hin und wieder zurück verbunden. Dafür war das Verhalten des Liegens und damit verbunden auch das des Wiederkäuens von 9 bis 15 Uhr häufiger zu beobachten (Hofmann und Nievergelt 1972). Dies wurde durch Beobachtung von individuell markierten Tieren im Schweizerischen Nationalpark und der angrenzenden Kolonie Albris (Abderhalden 2005) bestätigt. Dort wurden bei den Böcken ebenfalls zwei Aktivitätsperioden gefunden. Die zwei Aktivitätsspitzen waren bei den Geißen allerdings ausgeglichener.

Ausgewachsene Böcke verbringen mehr Zeit mit liegen, stehen und laufen, dafür weniger Zeit mit äsen als die Geißen (Neuhaus und Ruckstuhl 2002). Bei den Geißen fanden sich Unterschiede zwischen säugenden und nicht säugenden Tieren. Die Ersteren ästen mehr als die Letzteren. Beim Fressen nahmen die säugenden auch mehr Bisse als die nicht säugenden Geißen. Die Böcke fraßen weniger lang, gingen dafür aber größere Wege. Die hier beobachteten Unterschiede zwischen den Böcken und den Geißen können mit der sexuellen Segregation erklärt werden. Böcke können pro Äsungsperiode mehr Nahrung aufnehmen als Geißen. Zudem können sie aufgrund ihrer Körpergröße auch mit weniger nährstoffreicher Nahrung zurechtkommen.

Im Winter sind sowohl die Böcke als auch die Geißen im Schweizerischen Nationalpark den ganzen Tag über aktiv (Ab-

Steinböcke und Steingeißen sind im Sommer in den Morgen- und Abendstunden aktiver, sie vermeiden hingegen Aktivität bei höheren Temperaturen in den Mittagsstunden. Im Winter sind sie in der Nacht und am Morgen weniger aktiv, werden hingegen mit der steigenden Tagestemperatur zur Tagesmitte aktiver (Daten Schweizerischer Nationalpark).

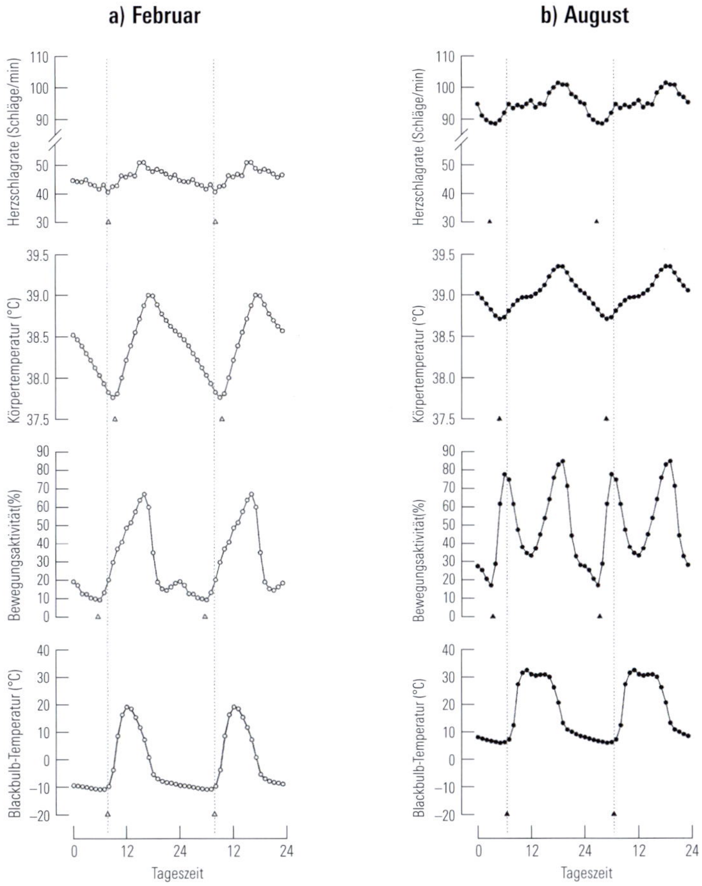

Die gleichzeitige Darstellung der Mittelwerte der Herzschlagrate, der Körpertemperatur und der Bewegungsaktivität sowie der gefühlten Umwelttemperatur im Februar und August zeigt den Zusammenhang dieser Parameter. Zur Verdeutlichung des Kurvenverlaufs sind die Daten desselben Tages auf der Zeitachse zweimal abgebildet. Die Dreiecke unterhalb der einzelnen Diagramme geben für die jeweiligen Messparameter die statistisch berechneten täglichen Minimalwerte an. Die gepunktete vertikale Linie kennzeichnet den Umkehrzeitpunkt der gefühlten Temperatur an und entspricht dem Sonnenaufgang. Im Winter lassen sich die Steinböcke von der Morgensonne aufwärmen und werden dann aktiv. Im Sommer vermeiden die Steinböcke während den warmen Tagesstunden große Aktivitäten (Signer et al. 2010).

bildung oben). Diese Feststellungen decken sich mit den Beobachtungen von Abderhalden (2005) und Signer et al. (2011). Die Geißen scheinen wiederum aktiver zu sein als die Böcke. Beide Geschlechter richten sich vermutlich an der Sonneneinstrahlung oder der Temperatur aus. Beobachtungen der Steinböcke im März zeigen eine hohe Aktivität am Nachmittag. Diese verlagert sich im April in Richtung Mittag und die späteren Vormittagsstunden (Hofmann und Nievergelt 1972). Während der Nacht sind die Steinböcke nicht aktiv.

Die Tagestemperatur hat einen großen Einfluss auf die Aktivität der Steinböcke. Diese nimmt ab einem Schwellenwert von 13 bis 14 °C ab (Semenzato et al. 2020); eine andere Studie legt den Schwellenwert bei 15 bis 20 °C fest (Aublet et al. 2009). Dies ist ein Hinweis darauf, dass die Steinböcke Hitze, wie bereits beschrieben, nicht gut regulieren können. Sie weichen dann in höhere Lagen aus oder an Stellen, an denen sie sich aufgrund der Temperatur besser aufhalten können.

Ein Vergleich von Aktivitätsdaten besenderter Steinböcke im Nationalpark Gran Paradiso und im Schweizerischen Nationalpark zeigt, dass sowohl Böcke als auch Geißen mit steigender Tagestemperatur ihre Aktivitäten in die Nacht verlegen (Brivio et al. 2024). In hellen Nächten sind die Steinböcke aktiver als in dunkleren, und in Nächten mit Niederschlag sind sie wiederum weniger aktiv. Bei den Geißen nehmen die nächtlichen Aktivitäten im Gegensatz zu den Böcken den ganzen Sommer über zu. Auch Aublet et al. (2009) beobachteten eine sommerliche Abnahme der Fressaktivität während des Tages, dafür eine Zunahme in den Morgenstunden. Vom sogenannten Hitzestress sind die größeren und älteren Steinböcke stärker betroffen als die jüngeren. Ob sie empfindlicher auf höhere Temperaturen reagieren oder aufgrund ihres geringeren Energiebedarfs flexibler sind, ist eine offene Frage.

Anpassung an den Winter

Die Steinböcke leben das ganze Jahr im alpinen Gebiet. Im Winter suchen sie steile und bevorzugt südexponierte Hanglagen auf und müssen sich dem beschränkt vorhandenen Nahrungsangebot anpassen. Um speziell die Herausforderungen des Winters zu bewältigen, sind neben körperlichen und verhaltensbiologischen Anpassungen auch besondere physiologische Anpassungen notwendig. Claudio Signer hat den Stoffwechsel von Steinböcken im Raum Pontresina untersucht – es war die erste Untersuchung dieser Art bei einer komplett wild lebenden Huftierart (Signer et al. 2010). Mit einem speziellen Telemetriesystem konnten die physiologischen Daten von insgesamt elf Böcken und elf Geißen erhoben werden.

Telemetrie

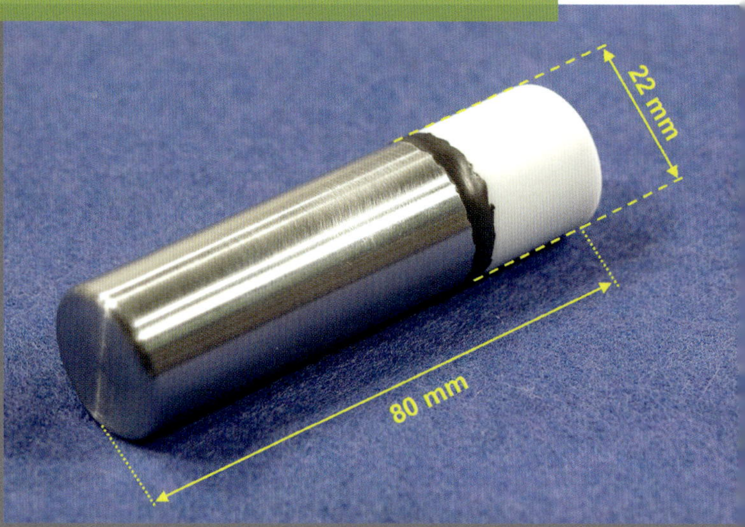

Zur Untersuchung der Winterphysiologie der Steinböcke wurde ein nicht invasives Telemetriesystem eingesetzt. Dabei wird dem Tier ein Pansensender verabreicht, der im Netzmagen zu liegen kommt. Dort befindet er sich nahe am Herz und kann so zuverlässig Herzschläge aufzeichnen.

Die Bauweise der verwendeten Pansensender basiert im Prinzip auf Fremdkörpermagneten, wie sie bei wiederkäuenden Nutztieren häufig verwendet werden. Der zylindrische Sender ist 8 Zentimeter lang und hat einen Durchmesser von 2,2 Zentimetern sowie ein Gewicht von 100 Gramm. Er misst neben dem Herzschlag auch die Körperkerntemperatur und sendet diese Daten ans Halsband des besenderten Tieres, wo sie abgespeichert werden. Im Halsband werden mit Beschleunigungssensoren zudem Bewegungsdaten erhoben.

Für das Erfassen von Klimadaten stand im Untersuchungsgebiet eine Meteostation zur Verfügung. Deren Daten wurden durch Daten eigener Messinstrumente im Steinbocklebensraum komplettiert. Mit einer schwarzen Kupferkugel (einer sogenannten «Black Bulb») wurde die von den Tieren effektiv gefühlte Umgebungstemperatur auf einer Höhe von 1,2 Metern über dem Boden gemessen. Mit dieser Methode werden bei der gefühlten Umgebungstemperatur auch die Sonneneinstrahlung und der Wind berücksichtigt.

Die Herzschlagrate ist ein gutes Maß für die Stoffwechselrate: Sie zeigt, wie viel Energie für die physiologischen Prozesse im Körper benötigt wird. Die mit dem Telemetriesystem erhobenen Herzschlagraten der Steinböcke ergaben ein ausgeprägtes jahreszeitliches Muster: Während die Tagesmittelwerte im Sommer bei rund 100 Schlägen pro Minute lagen, sanken sie im Winter markant ab auf nur noch etwa 40 Schläge pro Minute (Signer et al. 2011). Mit dem reduzierten Stoffwechsel sank auch die im Netzmagen gemessene Körperkerntemperatur im Winter signifikant ab. Zudem wird im Winter die Bewegungsaktivität verringert und die Tiere zeigen im Vergleich zum Sommer deutlich veränderte Aktivitätsmuster. Steinböcke reduzieren bei unwirtlichen Bedingungen ihren Energiehaushalt und verlassen sich darauf, dass ihr gut isoliertes Winterfell vor Unterkühlung schützt. Hilfreich ist hierbei auch der gedrungene Körperbau, der einen übermäßigen Verlust an kostbarer Körperwärme verhindert.

Pansensender (dunkelgrün) im Netzmagen; er liegt direkt neben dem Herzen.

Pansensender

Claudio Signer

Claudio Signer ist Wildtierbiologe und hat in seiner Dissertation die Winterökologie des Alpensteinbocks untersucht. Heute arbeitet er als Dozent bei der Forschungsgruppe Wildtiermanagement der Zürcher Hochschule für Angewandte Wissenschaften ZHAW, wo er neben der Tätigkeit in der Lehre verschiedene Forschungsprojekte mit Schwerpunkt Wildhuftieren durchführt. Gemeinsam mit Mitarbeitenden der Forschungsgruppe hat er zudem einen Lehrauftrag an der ETH Zürich.

Wie kam es zur Forschungsfrage «Anpassungen an den Winter»?

Als ich nach dem Biologiestudium temporär beim Amt für Jagd und Fischerei Graubünden (AJF) tätig war, begann ich mich nach Möglichkeiten für eine Dissertation umzusehen. Mein Fokus lag zuerst beim Schneehasen, über welchen damals noch zahlreiche Wissenslücken bestanden. In dieser Zeit hat mein späterer Doktorvater Prof. Walter Arnold das AJF angefragt, ob sie Interesse und Möglichkeiten hätten für ein gemeinsames Projekt zur Untersuchung der saisonalen Physiologie beim Alpensteinbock. Die Thematik hat mich fachlich, methodisch und auch alpinistisch sehr gereizt. Und anscheinend brachte ich die notwendigen Voraussetzungen mit, um diese Forschungsarbeit in einer Kooperation zwischen dem AJF, der Veterinärmedizinischen Universität Wien und dem Bundesamt für Umwelt BAFU durchzuführen.

Welche Erkenntnisse lassen sich aus der Forschungsarbeit für die Praxis gewinnen?

Die Untersuchungen zeigen eindrücklich, mit welchen komplexen Strategien sich der Alpensteinbock seinen rauen Lebensbedingungen angepasst hat. Gewonnen haben wir daraus die Erkenntnis, dass nicht nur typische Winterschläfer im Winter energetisch auf Sparflamme laufen und dass die Stoffwechselregulation von Wildtieren wie dem Steinbock stark an die vorherrschenden klimatischen Bedingungen geknüpft ist. Dank der ausgeklügelten Überwinterungsstrategien können Steinböcke die teilweise extremen Winter bewältigen. Neben den physiologischen Anpassungen braucht es dazu aber auch optimale Lebensräume. Diese gilt es durch entsprechende Maßnahmen zu schützen, nötigenfalls mit der Ausscheidung von Wildruhezonen zur Vermeidung übermäßiger Störung.

Inwiefern beschäftigst Du Dich heute mit dem Steinbock?

Mein Fachwissen zum Steinbock kann ich verschiedentlich einbringen, beispielsweise in der Lehre, in der Öffentlichkeitsarbeit und auch in der Fachwelt. Wenn man sich über einen längeren Zeitraum intensiv mit einer Tierart auseinandersetzt, entsteht eine tiefe Verbundenheit. Noch immer liebe ich es, die Steinböcke in ihren wilden, alpinen Lebensräumen zu beobachten und gerne gebe ich diese Faszination weiter an Studierende, andere interessierte Personen und vor allem auch an meine Kinder. Nach einigen Jahren ohne eigene Steinbock-Forschungsprojekte konnten wir von der ZHAW gemeinsam mit der Jagdverwaltung des Kanton Wallis im Jahr 2023 ein umfangreiches Forschungsprojekt zur Untersuchung der Raumnutzung in sämtlichen Walliser Steinwildkolonien starten.

Was bedeutet der Steinbock für Dich?

Es ist einfach faszinierend, mit welcher stoischen Ruhe Steinböcke den rauen Umweltbedingungen trotzen und ein erfolgreiches Leben in der Extreme führen. Die Wiederansiedlung des Alpensteinbocks in weiten Teilen seines ursprünglichen Verbreitungsgebiets ist ein Paradebeispiel für den erfolgreichen Artenschutz. Ohne diese Rettung hätten wir zweifelsfrei eines der ikonischsten Tiere der Alpen verloren.

Ein Vergleich (Abbildung S. 53) der Herzschlagrate, der Körpertemperatur, der Bewegungsaktivität und der gefühlten Umgebungstemperatur (Black Bulb) im Winter (Februar) und im Sommer (August) zeigt, dass die tageszeitlichen Schwankungen der Körpertemperatur im Winter größer sind als im Sommer. Die Steinböcke kühlen in den Winternächten regelrecht aus, und zwar deutlich stärker als in den Sommernächten. Während das morgendliche Wiederaufwärmen im Sommer mit einer stark erhöhten Bewegungsaktivität einhergeht, sind die Steinböcke im Winter am Morgen ausgesprochen passiv. Dafür besteht im Winter ein direkter Zusammenhang zwischen der gefühlten Umgebungstemperatur (Black-Bulb-Temperatur) und der Körpertemperatur. Dies deutet darauf hin, dass sich Steinböcke nach den kalten Winternächten von der Sonne passiv aufwärmen lassen, ohne dafür eine hohe Bewegungsaktivität zu benötigen. Das energiesparende «Sonnenbaden» wird durch die ausgeprägte Wahl südexponierter Stellen stark begünstigt. Voraussetzung für dieses ausgeklügelte Verhalten sind jedoch klimatisch optimal geeignete und ungestörte Lebensräume, die den Tieren im Winter zur Verfügung stehen müssen.

Das Leben in der Gruppe

Vor allem Böcke halten sich oft in größeren Gruppen auf. Mit zunehmendem Alter werden sie größer und schwerer als die Geißen, womit sich auch ihre Ansprüche an die Nahrung verändern. Die jungen Steinböcke beginnen, sich von den Geißverbänden zu lösen, und schließen sich Böcken an (Villaret et al. 1995) – in der Regel tun sie das im Alter von rund drei Jahren (Nievergelt 1967). Die Rudel sind nicht immer nach Geschlechtern getrennt – man kann hie und da auch ältere Böcke zusammen mit Geißen sehen (Nievergelt 1967). Je größer die Böcke im Vergleich zu den Geißen werden, desto weniger Zeit verbringen sie mit der Nahrungsaufnahme. Die räumliche Trennung der Geschlechter ermöglicht nicht nur eine unterschiedliche Nutzung von Nahrungsressourcen, sondern auch eine Optimierung des Zeitbudgets (Ruckstuhl und Neuhaus 2005).

Gruppen ausgewachsener Böcke zeigen am meisten synchrones Verhalten. Gemischtgeschlechtliche Gruppen und Geißenrudel sind weniger stark synchronisiert (Ruckstuhl und Neuhaus 2001). Innerhalb einer Gruppe haben Böcke unterschiedlichen Alters aufgrund ihrer divergierenden Körpergrößen auch unterschiedliche Ansprüche. Zwei- bis dreijährige Männchen passen die Zeit, die sie fressend verbringen, der Gruppe an, in der sie sich befinden. Kleinere Böcke fressen selektiver als die größeren (Brivio et al. 2014).

Innerhalb einer Gruppe wird das Verhalten koordiniert – dabei geben die älteren Böcke den Takt an. Die jungen Böcke zeigen zwar häufigere Richtungswechsel, geht es aber um eine räumliche Verschiebung, so orientieren sie sich an den älteren Tieren. Verschiebungen werden durch dominante Individuen ausgelöst (Catania 1995).

In diesen Gruppen lernen sich die Böcke kennen und legen die Hierarchie fest. Diese Rangeleien um die soziale Ordnung treten das ganze Jahr über auf, allerdings häufiger im Frühling und im Sommer (Brivio et al. 2010). Durch die so festgelegten Hierarchien werden Rangeleien während der Brunft und im Winter vermieden, was vor allem Energie spart. Die Böcke leben in dauernd wechselnden Gruppierungen. Brambilla et al. (2022) fanden heraus, dass sich so im Laufe der Zeit praktisch alle Böcke eines Gebiets mehr oder weniger kennenlernen. Jüngere Böcke profitieren von den Erfahrungen der älteren (Schütz et al. 1995) und können so ebenfalls unnötige Energieverluste vermeiden.

Die Steinbockbrunft

Der Brunftzeitpunkt

Die Brunft ist für die Steinböcke die zentrale Zeit im Jahr. Hier entscheidet sich fast alles, was für ihr Überleben wichtig ist. Wird zu viel Energie vergeudet, kann dieser Fehler nicht mehr gutgemacht werden. Die Geißen suchen den Richtigen für die Fortpflanzung. Sie investieren viel in ihren Nachwuchs und gehen dabei auch ein hohes Risiko ein – daher sind sie wählerisch. Die Böcke hingegen möchten sich mit möglichst vielen Geißen paaren. Dabei muss alles zeitlich gut abgestimmt sein, denn die Kitze sollen bestenfalls Anfang Juni, nach rund fünf bis sechs Monaten Tragzeit zur Welt kommen.

Nachdem beide Geschlechter im Sommer getrennt voneinander unterwegs waren, finden sie sich gegen Ende November in den Wintereinständen zusammen. Es handelt sich in der Regel um süd-südwestexponierte steile Hänge mit mehr oder weniger großem Anteil an Felsen. In diesen Hängen rutscht der Schnee früh ab; die Steinböcke können sich gut fortbewegen und Nahrung finden. Die eigentliche Steinbockbrunft beginnt Anfang Dezember und dauert bis Mitte Januar. Der Höhepunkt liegt in der zweiten Dezemberhälfte. Dieser Brunftzeitpunkt ist heikel, denn in der Regel liegt schon Schnee. Die einzelnen Tiere sollten sich nicht allzu sehr verausgaben, denn sie müssen anschließend den Winter überstehen und haben nun keine Möglichkeit, ihre Fettreserven nochmals aufzufüllen. Darum versuchen alle Beteiligten, mit einem ruhigen Verlauf den größtmöglichen Fortpflanzungserfolg zu erzielen. Obwohl die Steinböcke zu einem ungünstigen Zeitpunkt brunften, haben die Böcke im Vergleich zu anderen Huftierarten nach der Brunft eine erstaunlich hohe Überlebensrate.

Partnerwahl – die Geißen entscheiden

Wie überall im Tierreich wählen auch bei den Steinböcken die weiblichen Tiere den Partner. Die entscheidenden Kriterien hierfür sind Alter und Stärke der Böcke. Sie legen bis ins hohe Alter an Gewicht zu, und das Steinbockhorn wächst ein Leben lang. Das Wachstum der Hörner wird von der genetischen Veranlagung und von den Umweltbedingungen beeinflusst. Gut veranlagte Böcke wachsen in den ersten Lebensjahren stärker und haben längere Hörner als ihre Altersgenossen. Unter guten Bedingungen werden die potenziellen Möglichkeiten für das Wachstum voll ausgeschöpft. Krankheiten oder schlechte Nahrung hemmen das Wachstum der Hörner. Die Hörner der Böcke scheinen ein Abbild der genetischen Qualität des Bockes zu sein (Hardenberg et al. 2007).

Die Böcke können sich ab dem zweiten Lebensjahr fortpflanzen. Auch die Geißen sind ab dem zweiten Lebensjahr geschlechtsreif (Giacometti und Ratti 1994), das heißt, sie können mit drei Jahren ihr erstes Kitz führen. Sind die Bedingungen gut, sodass es genügend Futter und Platz gibt, ist der Anteil junger Geißen mit Kitz hoch – die Population wächst.

Verhalten der Böcke

Die Rangordnung unter den Böcken wird schon im Sommer geklärt. Kämpfe finden dann statt, wenn die Individuen in Bezug auf das Körpergewicht und die Hornlänge praktisch identisch sind (Bergeron et al. 2010). In der Regel kann man noch im Monat November vereinzelt aggressives Verhalten unter den Böcken beobachten. Dieses verringert sich aber vor der Brunft auf ein Minimum (Willisch und Neuhaus 2009). Kommt es während der Brunft doch noch zu einer aggressiven Auseinandersetzung zwischen zwei Böcken, so handelt es sich in der Regel um zwei Exemplare, die sich wahrscheinlich vorher nicht kannten. Gleich starke Böcke, die den Sommer im selben Rudel verbracht haben, ziehen zur Brunft oft nicht in den gleichen Einstand. So vermeiden sie die Konkurrenz untereinander. Die Böcke verteidigen keine Territorien. Diese Art der Brunft wird als Kommunalbrunft bezeichnet (Aeschbacher 1978), das heißt, mehrere Böcke, in der Regel drei bis vier, werben um eine Geiß. Es handelt sich dabei um Böcke unterschiedlichen Alters, wobei einer klar der dominante und ältere ist. Die weiteren männlichen Tiere sind jünger.

Die Böcke ändern für die Brunft ihr Verhalten. Den Sommer über ist es von Vorteil, groß, stark und vor allem für andere Artgenossen abschreckend zu sein. Jetzt aber ist es wichtig, dass die Geißen nicht verschreckt werden. Die brunftigen Steinböcke strecken den Schwanz in die Höhe. Die weiße Unterseite hat eine beschwichtigende Wirkung. Zudem verstreuen Talgdrüsen am After ein Sekret, das die einzelnen Böcke individuell erkennbar macht. Die zentrale Haltung im Brunftritual ist eine Streckhaltung, bei der die langen Hörner in der Rückenlinie verschwinden. Der dominante Bock bewacht die Geiß und versucht, durch Flehmen und Zungenflippern ihre Paarungsbereitschaft zu ermitteln. Er nähert sich ihr mit einem kurzen, ruckartigen Schwingen eines Vorderlaufs in ihre Richtung. Die anderen Böcke beobachten das Geschehen – sie sind jünger und lauern auf ihre Chance. Starke, alte Böcke sind schwer und vor allem bei hoher Schneelage nicht so mobil, die jüngeren Böcke dagegen leichter und wendiger. Es scheint, als würden sie mit der Situation spielen und den dominanten Bock nach Möglichkeit reizen. Die jüngeren Böcke sind im ersten Teil der Brunft aktiv, die älteren Böcke, die wahrscheinlich auch den Deckakt vollziehen, erst in der zweiten Hälfte der Brunftzeit.

Wird ein Bock zu zudringlich, wehrt die Geiß sich, indem sie mit ihren spitzen Hörnern schlägt. Ist sie hochbrunftig, hebt auch sie ihren Schwanz und die weiße Unterseite wird sichtbar. Die meisten Befruchtungen finden in der zweiten Dezemberhälfte statt (Giacometti und Ratti 1994).

Beobachtet man die Steinbockbrunft, hat man den Eindruck, die Geißen seien gar nicht daran beteiligt. Sie äsen und ruhen, als wenn nichts wäre; es gibt keine Unterschiede in ihrem Verhalten vor, während und nach der Brunft (Brivio et al. 2010). Auswertungen der Aktivitätsmuster der Geißen im Schweizerischen Nationalpark zeigen, dass die Summe der Aktivitäten der Geißen während der Brunft in etwa gleich bleibt zu der während anderer Zeiten. Nur wenn das Geschlechterverhältnis auf den Brunftplätzen stark zugunsten der Böcke verschoben ist, bewegen sich die Geißen mehr (Tettamanti und Viblanc 2014). Kommen solche Situationen während der Brunft oft vor, verbrauchen die Geißen zu viele Fettreserven, die später für die Entwicklung des Fötus und das eigene Überleben fehlen.

Strategien der Brunft

Die Steinböcke haben unterschiedliche Strategien für die Brunft. Während ältere, ausgewachsene Böcke im Alter von neun bis elf Jahren in der Regel eine Bewachungsstrategie bevorzugen, wählen jüngere eine Lauerstrategie (Willisch und Neuhaus 2009, Apollonio et al. 2013). Christian Willisch beobachtete, dass Böcke, die Geißen bewachen, sich mehr mit Energie verbrauchenden Aufgaben beschäftigen, während die jüngeren Böcke mit der Lauerstrategie weniger Energie aufwenden. So lässt sich auch die sehr hohe Überlebensrate bei den Steinböcken erklären: Während der Brunft verschwenden sie erst im Alter viel Energie. Die jüngeren Individuen haben also nach der Brunft noch genügend Reserven, um den Winter zu überleben.

Böcke können ihr Verhalten auch ändern: Kommt etwa ein älterer Bock zur Brunftgruppe, so übernimmt er ohne aggressive

Die Hierarchie zwischen den Böcken
wird im Sommer festgelegt.

In dieser Streckhaltung versucht der Bock seine Hörner gegenüber der Geiß zu verstecken und so nicht abschreckend zu wirken.

Rechte Seite oben: Das Zungenflippern des Bocks ist Teil seines Werbeverhaltens.

Rechte Seite unten: Links: Zu Beginn der Brunft sind auch die jüngeren Böcke aktiv, während in der Hochbrunft die älteren Böcke das Zepter übernehmen (Daten Schweizerischer Nationalpark). Rechts: Während die Böcke während Brunft sehr aktiv sind, ist bei den Geißen keine höher Aktivität sichtbar (Daten Schweizerischer Nationalpark).

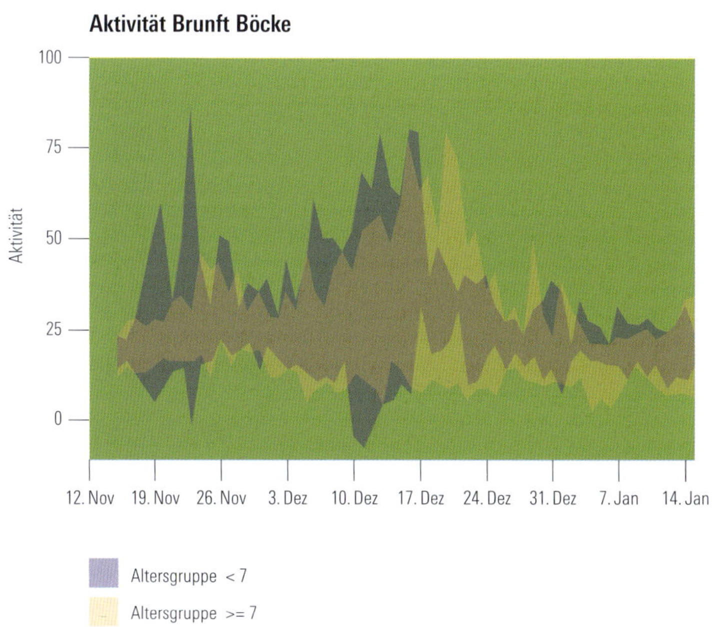

Aktivität Brunft Böcke
100
75
50
25
0
Aktivität
12. Nov
19. Nov
26. Nov
3. Dez
10. Dez
17. Dez
24. Dez
31. Dez
7. Jan
14. Jan
Altersgruppe < 7
Altersgruppe >= 7

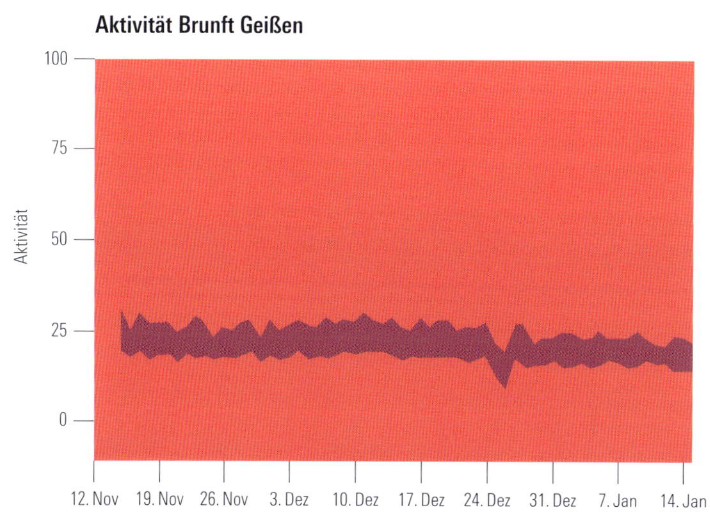

Aktivität Brunft Geißen
100
75
50
25
0
Aktivität
12. Nov
19. Nov
26. Nov
3. Dez
10. Dez
17. Dez
24. Dez
31. Dez
7. Jan
14. Jan

Christian Willisch

Aufgewachsen in Täsch (VS), lernte Christian Willisch schon früh die Gebirgswelt der Alpen und die heimischen Wildtiere kennen. Er studierte an der Universität Bern Biologie mit Schwerpunkt Zoologie. In seiner Diplomarbeit befasste er sich mit dem Brunftverhalten der Gämsen, während seine Dissertation an der Universität Neuenburg die Fortpflanzungsökologie der Alpensteinböcke zum Thema hatte. Christian Willisch verfügt über langjährige Erfahrung in der Planung und Durchführung anwendungsorientierter Forschungsprojekte zu heimischen Wildtieren. Aktuell ist er als Dozent für Wildtierökologie an der Hochschule für Agrar-, Forst- und Lebensmittelwissenschaften der Berner Fachhochschule tätig.

Was symbolisiert der Steinbock für dich?
Die Beobachtung von Alpensteinböcken löst bei mir immer Freude aus. Ich bewundere, wie diese Tiere es schaffen, ganzjährig im alpinen Lebensraum zu überleben – besonders im Winter. Sie haben etwas Stoisches und trotzen mit ihrem robusten Körperbau den widrigsten Umweltbedingungen. Vor allem fasziniert mich ihr Verhalten. Sie sind neugierig und man sieht es ihnen an, wenn sie über ihre Umwelt «nachdenken». Zudem sind sie unglaublich sozial. Selbst Böcke, die sich vor der Brunft erbitterte Kämpfe liefern, halten sich das Jahr über meist friedvoll in Gruppen auf und streifen gemeinsam umher. Das ist schon sehr eindrücklich.

Was waren die wichtigsten Ergebnisse deiner Forschungsarbeit?
Aus wissenschaftlicher Sicht als besonders relevant beurteile ich meine Untersuchungen zum Fortpflanzungsverhalten der männlichen Steinböcke während der Brunft und wie das mit ihrer Lebensweise abgestimmt ist. Die Feststellung, wonach die Böcke mehrheitlich bereits vor Beginn der eigentlichen Paarungszeit die Dominanzverhältnisse untereinander ausmachen, und sich danach daranhalten, war eine recht außergewöhnliche Erkenntnis, die so bei anderen polygynen Wildhuftieren noch nicht gemacht wurde. Die Konsequenz ist, dass alljährlich nur wenige ausgewachsene Böcke in der Lage sind, sich gegenüber ihren Konkurrenten zu behaupten und sich mit der Mehrheit der Geißen einer Region zu verpaaren. Die Lebensweise der Böcke ist somit perfekt darauf ausgerichtet, das Erwachsenenalter zu erreichen, möglichst groß, schwer und dominant zu werden, um so in nur wenigen Jahren möglichst viele Nachkommen zu zeugen. Für den Schutz dieser Tierart und ihrer Lebensweise sind das sehr wichtige Fakten, die aufzeigen, dass es immer eine genügende Anzahl an ausgewachsenen, alten Böcken in der Population braucht.

Beschäftigst Du dich heute noch mit Steinböcken?
Ja, und zwar im Rahmen verschiedener Projekte. Als sehr wichtig erachte ich dabei die Fortführung der Arbeiten in der Studienpopulation «Cape au Moine» bei Les Diablerets, wo 2005 die wissenschaftlichen Untersuchungen zum Fortpflanzungsverhalten der Alpensteinböcke startete. Wir haben diese Tiere seither ohne Unterbruch überwacht und einen dramatischen Bestandsrückgang festgestellt. Derzeit sind wir zusammen mit dem Kanton Waadt daran, die Ursachen dafür zu eruieren, um allfällige Gegenmaßnahmen zu ergreifen.

Was ist die große Herausforderung für den Schutz der Steinböcke?
Ich sehe hier besonders zwei Punkte, die beide mit dem Menschen und seinem Verhalten zu tun haben. Zum einen und unmittelbar die Nutzung der alpinen Landschaft, dem Lebensraum der Steinböcke, durch den Mensch. Diese hat in den vergangenen Jahrzehnten lokal bis regional teils massiv zugenommen. Das hat Auswirkungen auf die dortigen Wildtiere, so auch die Steinböcke. Beispielsweise sehen wir, dass die Tiere durch die steigende Freizeitnutzung zunehmend unter Druck geraten und in ihrer Lebensweise beeinträchtigt werden. Wo solche Entwicklungen stattfinden, müssen wir genau hinschauen, und gegebenenfalls Maßnahmen ergreifen, um negative Auswirkungen auf die Tiere zu verhindern oder einzudämmen. Zum anderen werden die Steinböcke auch durch die menschgemachte Klimaerwärmung beeinflusst. Wir beobachten, dass gerade Wildhuftiere besondere Mühe haben mit großer Sommerhitze umzugehen. Bis zu einem gewissen Grad können sie physiologisch oder durch Verhaltensanpassungen darauf reagieren, z.B. indem sie der Hitze räumlich oder tageszeitlich ausweichen. Dem sind allerdings Grenzen gesetzt. Es ist daher nicht unwahrscheinlich, dass die Klimaerwärmung direkt oder auch indirekt Konsequenzen für die Fortpflanzung und das Überleben der Alpensteinböcke haben wird. Populationen in tiefergelegenen, voralpinen Lebensräumen werden früher und stärker davon betroffen sein als jene in höhergelegenen Regionen. Längerfristig kann nicht ausgeschlossen werden, dass manche Vorkommen aufgrund der steigenden Temperaturen und damit einhergehender Habitatveränderungen verschwinden werden.

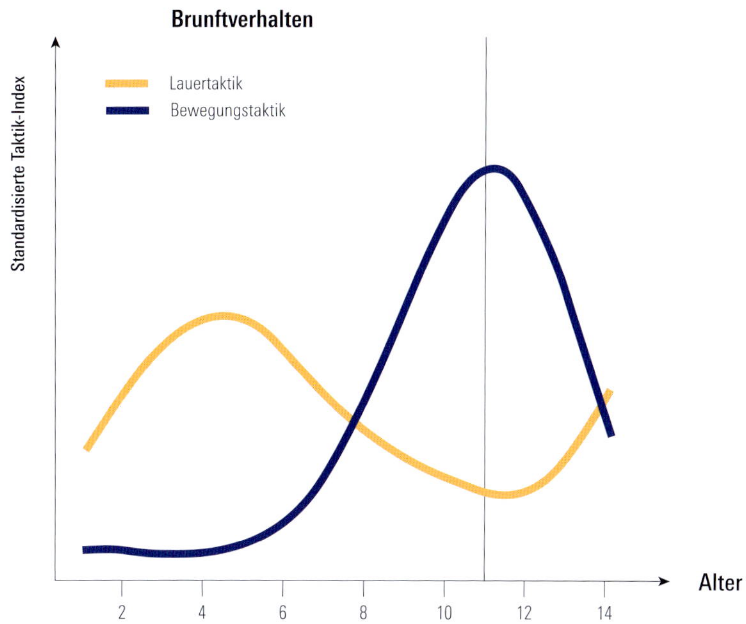

Interaktion die Rolle des Bewachers. Der bisherige Bewacher übernimmt dann die Lauerstrategie. Die Geißen sind rund 24 Stunden empfänglich; diese Phase in der Brunft nennt man Östrus. Sollte der Deckakt nicht erfolgreich sein, folgt drei Wochen später ein nächster Östrus. Die ersten Deckakte konnten teilweise schon Anfang Dezember nachgewiesen werden, die meisten finden jedoch in der Zeit zwischen Mitte und Ende des Monats statt (Giacometti und Ratti 1994). Vereinzelt erfolgen auch noch gegen Ende Januar Deckakte. Diese Kitze kommen allerdings erst spät im Sommer zur Welt und haben im nächsten Winter nur geringe Überlebenschancen.

Auswertungen von Aktivitätsdaten von Steinböcken zeigen, dass sowohl Böcke wie auch Geißen an wenigen Tagen im Dezember eine erhöhte Aktivität zeigen. Vor allem wenden sie nicht weniger Zeit für die Nahrungsaufnahme auf, wie es bei anderen

Die jüngeren Böcke bevorzugen während der Brunft eine Lauertaktik und warten auf eine allfällige Möglichkeit sich fortzupflanzen. Die älteren Böcke bewachen die Geißen und versuchen, sich so ihre Fortpflanzungsmöglichkeit zu sichern (Willisch und Neuhaus 2009).

Arten beobachtet wird. Die Zeit, die sie für die Brunft aufwenden, wird mit weniger Ruhezeit kompensiert (Brivio et al. 2010).

Eine interessante Beobachtung machte Abderhalden (2005) im Rahmen seiner Steinbockforschungen in der Kolonie Albris bei Pontresina Anfang der 1990er-Jahre. Steinböcke im Alter von sechs bis acht Jahren unternehmen vor und während der Brunft zum Teil ausgedehnte Wanderungen. Dabei suchen sie nach Möglichkeiten, sich an anderen Orten fortzupflanzen. Diese Wanderungen können teilweise recht ausgiebig sein; sie erfolgen jedoch in der Regel immer innerhalb des schon bewohnten Gebirgsstocks. Diese Erkundungen neuer Fortpflanzungsmöglichkeiten sind für die genetische Durchmischung wichtig.

Tragzeit und Geburt des Nachwuchses

Ist die Geiß einmal erfolgreich gedeckt, entwickelt sich der Fötus am Anfang nur langsam. Die Tragzeit beträgt in der Regel 165 bis 170 Tage (Couturier 1961). Marco Giacometti hat die Entwicklung ungeborener Steinkitze untersucht. Nach 50 Tagen ist der Fötus fünf Zentimeter lang und etwa sieben Gramm schwer (Meile et al. 2003). Wie bei anderen Föten von Säugetieren ist das junge Steinkitz zu diesem Zeitpunkt schon erkennbar. Anfang April, nach etwas mehr als 100 Tagen Tragzeit, hat der Fötus ein Gewicht von rund 500 Gramm. Jetzt weicht im Lebensraum an vielen Stellen der Schnee; die Geiß findet auch wieder mehr Nahrung und genügend Kraft, sodass sich der Fötus entwickeln kann. Einen Monat vor der Geburt hat das Steinkitz erst die Hälfte seines Geburtsgewichts; bei der Geburt wiegt es dann rund drei Kilogramm. Die Geiß trägt bei der Geburt ein Mehrgewicht von rund 4,5 Kilogramm. In der Regel setzen Steinbockgeißen jeweils ein Kitz. Willisch und Neuhaus (2012) beobachteten eine Zwillingsgeburt auf 62 Geißen. Die Entwicklung der Steinkitze wird stark von den Witterungs- und Nahrungsbedingungen beeinflusst (Nievergelt 1966).

Anfang Juni, rund sechs Monate nach der Brunft, kommen die Steinkitze zur Welt. In der Regel werden sie in der 15. oder 16. Woche des Jahres gesetzt (Baumann 2009). Couturier (1962) hat eine Geburt schon am 20. Mai beobachtet, und es können vereinzelt auch später noch Kitze zur Welt kommen. So beobachtete Abderhalden (2005) noch Anfang Juli frisch gesetzte Steinkitze.

Für die Geburt ziehen sich die Geißen zurück. Sie wählen dafür steile Felswände, in denen sie vor Gefahren geschützt sind. Nach der Geburt fressen die Geißen die Nachgeburt. So werden einerseits keine Fressfeinde angelockt, andererseits gehen wertvolle Proteine nicht verloren. Die Steinkitze sind Folgertypen: Sie folgen der Geiß nach wenigen Tagen. Im Vergleich dazu sind Reh- und Rothirschkitze Verstecktypen: Die Mütter verstecken die Jungen und suchen sie regelmäßig auf (Kamal et al. 2024). Dies ist eine optimale Strategie für stark strukturierte Lebensräume mit wechselndem Nahrungsangebot, die eine flexible Nutzung ermöglicht. Bei der Wahl des Geburtsorts tappen junge Geißen in eine Falle, weil das junge Kitz diesen zunächst nicht verlassen kann. Couturier (1962) hat beobachtet, dass ein Kitz seinen Geburtsstandort zwei Wochen lang nicht verlassen konnte. Baumann (2009) hat gesehen, wie ein Kitz beim Verlassen seines Geburtsstandorts abgestürzt ist. Mit zunehmender Lebenserfahrung der Geißen werden auch gute Geburtsplätze gefunden.

Geschlechtsreife Böcke drehen sich hie und da während der Brunft und nehmen ihren ausgeschachteten Penis ins Maul.

Die Nahrung

Pflanzliche Nahrung ist in der Regel reichlich vorhanden. Pflanzen sind an einem Ort «sesshaft» und müssen nicht erbeutet werden. Aus dieser Perspektive betrachtet, sollten Pflanzen eigentlich die ideale Nahrung für Tiere sein. Tatsächlich hat es jedoch auch Nachteile, sich von Pflanzen zu ernähren – die Qualität und das Angebot sind nicht das ganze Jahr über gleich gut. Vor allem im Gebirge können die Schwankungen extrem sein: Im Sommer herrscht ein reiches Angebot, und im Winter ist dann praktisch nichts mehr da.

Pflanzen wehren sich gegen das Gefressenwerden, indem sie zum Beispiel Siliziumkristalle einbauen. Diese wirken beim Fressen durch Tiere abrasiv, das heißt, die Zähne werden durch die Pflanzen abgeschliffen. Zudem werden Bitterstoffe produziert, die unangenehm schmecken. Aus Sicht der Verdaulichkeit der Nahrung ist es für Wirbeltiere einfacher, sich von Fleisch zu ernähren, denn tierische Zellen haben keine eigentlichen Zellwände (Suter 2017). Pflanzenzellen dagegen haben starke, stabile Zellwände aus Zellulose, die Wirbeltiere nicht direkt aufschließen können. Für dieses Problem gibt es im Tierreich verschiedene Lösungsansätze. Eine der ausgeklügeltsten Lösungen ist der Wiederkäuermagen der Huftiere, ein Spitzenprodukt der Evolution (Hofmann 2007).

Im Laufe der Evolution haben sich bei den Wirbeltieren verschiedene Systeme zur Verdauung pflanzlicher Nahrung entwickelt. Eine wichtige Rolle spielen dabei Mikroorganismen, die im Verdauungsapparat den Nahrungsbrei verarbeiten. Mit der Zeit hat sich gleich hinter dem Mageneingang eine große Ausbuchtung gebildet, die auch beim Menschen vorhanden ist. Bei pflanzenfressenden Nagetieren ist diese Ausbuchtung, Fundus genannt, wesentlich größer. Bei den Wiederkäuern ist daraus ein kompliziertes, großes Gebilde entstanden (Hofmann 2007),

Steingeißen äsen selektiver als Böcke.

das aus drei Vormägen, dem Pansen, dem Netzmagen und dem Blättermagen, besteht. Dahinter folgt der eigentliche Magen, der Labmagen.

Wiederkäuende Tiere brechen die gewünschten Pflanzenteile mit Lippen, Zunge oder Zähnen ab, kauen sie kurz und schlucken sie. Die Pflanzen erreichen in kurzer Zeit den Vormagen, den Pansen. Die Kieferstruktur hat sich im Laufe der Evolution für diesen Vorgang hervorragend angepasst. Die oberen Schneidezähne sind verschwunden; stattdessen gibt es nur noch eine Hornplatte. Die unteren Schneidezähne sind optimal auf das «Abschneiden» der Pflanzen angepasst, und die Eckzähne sind zu den Schneidezähnen gerückt.

Die verschiedenen Arten haben sich beim Fressen auch unterschiedliche Methoden angeeignet. So picken Rehe ihre Nahrung, während Kühe diese mit der Zunge fassen und sie so abbeißen. Der Steinbock greift die Pflanzen mit der Zunge, drückt sie mit den Schneide- und Eckzähnen des Unterkiefers gegen die Hornplatte und reißt sie aus. Sie werden nur kurz zerkaut und gelangen unmittelbar in den Pansen. So kann innerhalb kürzester Zeit viel Nahrung aufgenommen werden. Durch Kontraktionen des Magens werden die frisch gefressenen Pflanzenteile mit schon im Pansen vorhandenem Futterbrei vermischt. Der Pansen kann bei Steinböcken ein Fassungsvermögen zwischen 12 und 20 Litern pro 50 Kilogramm Körpergewicht haben (Deutz et al. 2017).

Die weitere Zerkleinerung der aufgenommenen Nahrung erfolgt später, wenn sich der Steinbock an einen sicheren Ort zurückgezogen hat. Dann beginnt die eigentliche Verdauung der Pflanzen. Die groben Nahrungsteile werden als sogenannter Bolus portionsweise zum Wiederkäuen in den Mundraum gewürgt. Dafür haben sich die Backenzähne zu optimalen Mahlwerkzeugen entwickelt, die sich bestens für das Zerkleinern der Pflanzenteile eignen. Wiederkäuer haben mehr oder weniger stark ausgebildete Speicheldrüsen, mittels denen während des Wiederkäuens der Nahrungsbrei eingespeichelt wird. Schließlich gelangt der verarbeitete Brei wieder in den Pansen, wo Mikroorganismen die weitere Verarbeitung übernehmen. Sie bauen die Zellulose ab, wodurch der Brei besser gären kann. Dadurch erreichen Wiederkäuer eine feinere Partikelgröße als andere herbivore Säugetiere (Suter et al. 2017). Die Gärprodukte – kurzkettige Fettsäuren, Aminosäuren und Ammoniak – werden zur Energiegewinnung über die Pansenzotten aufgenommen und teilweise auch von den Mikroorganismen zur eigenen Vermehrung genutzt. Ein großer Teil des Energiebedarfs wird schon hier gedeckt (Deutz et al. 2017).

Bei den Wiederkäuern wird die Nahrung aufgeschlossen, bevor sie den Magen erreicht. Dabei wird auch Methan produziert, das durch Rülpsen aus dem Verdauungstrakt entlassen wird. Im Netzmagen wird die verkleinerte Nahrung sortiert. Die großen Stücke kommen zurück in den Pansen, die feinen Teile durchlaufen den weiteren Verdauungsprozess. Im Blättermagen mit seiner großen Oberfläche wird dem Brei das Wasser entzogen. Im Labmagen und im anschließenden Dünndarm erfolgt die enzymatische Verdauung. Schließlich werden im Darmtrakt die Nährstoffe resorbiert. Ein Teil der Mikroorganismen gelangt mit dem Nahrungsbrei vom Pansen in den Darmtrakt und wird hier mitverdaut; dieser Vorgang liefert wertvolle Proteine. Im Winter sind die Pansenzotten verkleinert und der zur Verfügung stehenden Nahrungsmenge angepasst. Diese Umstellung erfolgt im Herbst innerhalb kürzester Zeit und ist eine große Anpassungsleistung.

In der Säugezeit würde Milch den Gärprozess im Magensystem stören. Daher bildet sich, während die Kitze gesäugt werden, eine Schlundrinne, sodass die Milch direkt durch die drei Vormägen in den Labmagen gelangt. Die Umstellung von Muttermilch auf pflanzliche Nahrung beginnt wenige Wochen nach der Geburt und ist in der Regel nach einem halben Jahr abgeschlossen.

Steinböcke haben eine Gallenblase. Dort wird die in der Leber gebildete Galle gesammelt und gelagert. Fressen Steinböcke fettreiche Pflanzen, verlangsamt sich die Verdauung, die Leber scheidet die gespeicherte Gallenflüssigkeit aus und optimiert so die Verdauung.

Die räumliche Kapazität für die Nahrungsaufnahme steigt linear mit der Körpergröße. Der Energiedarf steigt jedoch weniger stark an. Die Differenz kann von den Tieren auf zwei verschiedene Arten genutzt werden:

- Bei gleichbleibender Qualität der Nahrung muss weniger Nahrung aufgenommen werden.
- Bei gleicher Menge aufgenommener Nahrung kann diese auch von schlechterer Qualität sein.

Dieses Prinzip wurde schon früh von Jarman (1974) und Bell (1970) beobachtet und ist heute als Jarman-Bell-Prinzip bekannt. Es ist nicht nur im Vergleich verschiedener Arten bestätigt worden, sondern auch innerhalb dimorpher Arten wie dem Steinbock. Ausgewachsene Böcke verbringen weniger Zeit mit Äsen als ausgewachsene Geißen (Neuhaus et al. 2002). Brivio et al. (2014) zeigten am Beispiel des Steinbocks, dass das Prinzip sogar innerhalb eines Geschlechts wirkt: Kleinere, jüngere Böcke grasten aufgrund ihres Energiebedarfs selektiver als größere, ältere Böcke. Anhand von Direktbeobachtungen der Nahrungsaufnahme von Gämsen und Steinböcken konnte Raillard (1985) das Jarman-Bell-Prinzip bei Steinböcken und Gämsen bestätigen.

Hofmann (1989) teilte die Wiederkäuer Europas nach der Qualität der aufgenommenen Nahrung ein. Zusätzlich berücksichtigte er den Aufbau des Wiederkäuermagens und die

Ausbildung der Speicheldrüsen. Er verortete die Wiederkäuer auf einem Gradienten zwischen selektiven Laub- und Kräuterfressern und Grasfressern – es wird angenommen, dass Gras eine schlechtere Futterqualität hat als Kräuter. Auf dieser Einordnung beruhen die Bezeichnungen «Konzentratselektierer» oder «Selektierer» für die kräuterfressenden Wiederkäuer und «Raufutterfresser» für die Grasfresser. Steinböcke werden im Bereich Mischäser bis Raufutterfresser eingeordnet. Die nah verwandten Hausziegen werden ebenfalls als Mischäser eingestuft; ihnen wird jedoch mehr konzentrierte Nahrung zugetraut. Diese Betrachtungsweise hilft teilweise beim Verständnis der Nahrungsaufnahme, vernachlässigt aber das Verhalten und die Lebensweise der Arten. Für afrikanische Arten ist das Spektrum unter Berücksichtigung ihrer Lebensweise erweitert worden. Dabei gehören kleine Arten ohne großen Sexualdimorphismus zu den selektiven Arten. Sie leben paarweise und verteidigen ein Territorium. In Mitteleuropa entspräche dies dem Reh. Mittelgroße Arten wie der Steinbock sind oft Mischäser mit jahreszeitlich bedingt größerem Anteil konzentrierter Nahrung. Bei diesen Arten ist der Sexualdimorphismus groß (Fryxell et al. 2014). Diese Einteilungen sind nie vollständig; sie helfen jedoch, das Verhalten der Tiere zu verstehen.

Wichtig für den Steinbock ist, dass er innerhalb kurzer Zeit viel Nahrung aufnehmen kann. Dies gilt zumindest für die Böcke, die darauf mit ihrer Körpergröße hervorragend angepasst sind. Die Steingeißen sind kleiner und aufgrund der Laktationszeit sowieso auf nährstoffreiche Nahrung angewiesen. Daher wenden Geißen, die ein Kitz führen, auch mehr Zeit für Äsen auf als nicht führende Geißen (Neuhaus et al. 2002).

Ten Houte de Lange (1978) untersuchte am Piz Albris, was Steinböcke fressen. Er beobachtete, wo die Tiere fressen, und prüfte anschließend, welche Pflanzen verbissen waren und welche nicht. Dabei verglich er die verbissenen Arten mit dem vorhandenen Angebot. Er stellte fest, dass von 200 vorkommenden Arten 99 verbissen waren. Davon waren 60 Prozent Grasartige, 38 Prozent Kräuter und 2 Prozent Zwergsträucher sowie Bäume. Es zeigte sich, dass Steinböcke nicht nur Grasfresser sind, sondern gezielt bestimmte Pflanzenarten bevorzugen, während andere nicht angerührt werden. Dabei dürfte der Nährstoffgehalt der Pflanzen eine wichtige Rolle spielen.

Untersuchungen von Panseninhaltsproben ergaben bei den Steinböcken der Kolonie Albris einen hohen Anteil an Gräsern, der im Winter 84 Prozent betrug. Diese Feststellung wurde in einer weiteren Untersuchung von Panseninhaltsproben aus mehreren Steinbockkolonien aus dem Kanton Graubünden bestätigt. Klansek et al. (1995) fanden einen Grasanteil von über 80 Prozent. Ein wesentlicher Teil der Gräser ist im Herbst (58,2 Prozent) und im Winter (71,9 Prozent) trocken – in diesen Jahreszeiten ist nur ein geringer Teil der Nahrung grün. Dennoch wird anscheinend diese grüne Nahrung gesucht und gefunden.

Eine etwas spezielle Steinbockkolonie lebt im Hochlantsch in der Steiermark. Im Gegensatz zu den Kolonien im Kanton Graubünden bewegt sich diese Kolonie nicht über die Waldgrenze hinaus. Hier besteht in der schneefreien Zeit ein Drittel der Nahrung aus Gräsern (Kofler 1981), 20 Prozent aus Laubbäumen und 10 Prozent aus Kräutern. Wenn Schnee liegt und die Grasmatten von Schnee bedeckt sind, machen Nadelbäume über 60 Prozent der Nahrung aus. Auf einem Silikatrasen in Davos beobachtete Leoni (1985), dass männliche Steinböcke vor allem Grasartige fressen. Die Steingeißen dagegen hatten ein ähnliches Nahrungsspektrum wie Gämsen, das heißt, sie nahmen einen höheren Anteil Kräuter auf. Analysen von Steinbockkot im Schweizerischen Nationalpark (Zingg 2009) ergaben ebenfalls einen hohen Anteil an Gräsern (69,5 Prozent). Kräuter waren die zweithäufigste vertretene Pflanzengruppe mit 24,3 Prozent und Nadelbäume bildeten einen Anteil von 4,9 Prozent. Im Winter und im Frühling waren Sauergräser und Nadelbäume relativ stark vertreten; im Sommer war der Kräuteranteil relativ hoch, während die Nadelbäume fehlten.

Nahrung im Jahresablauf

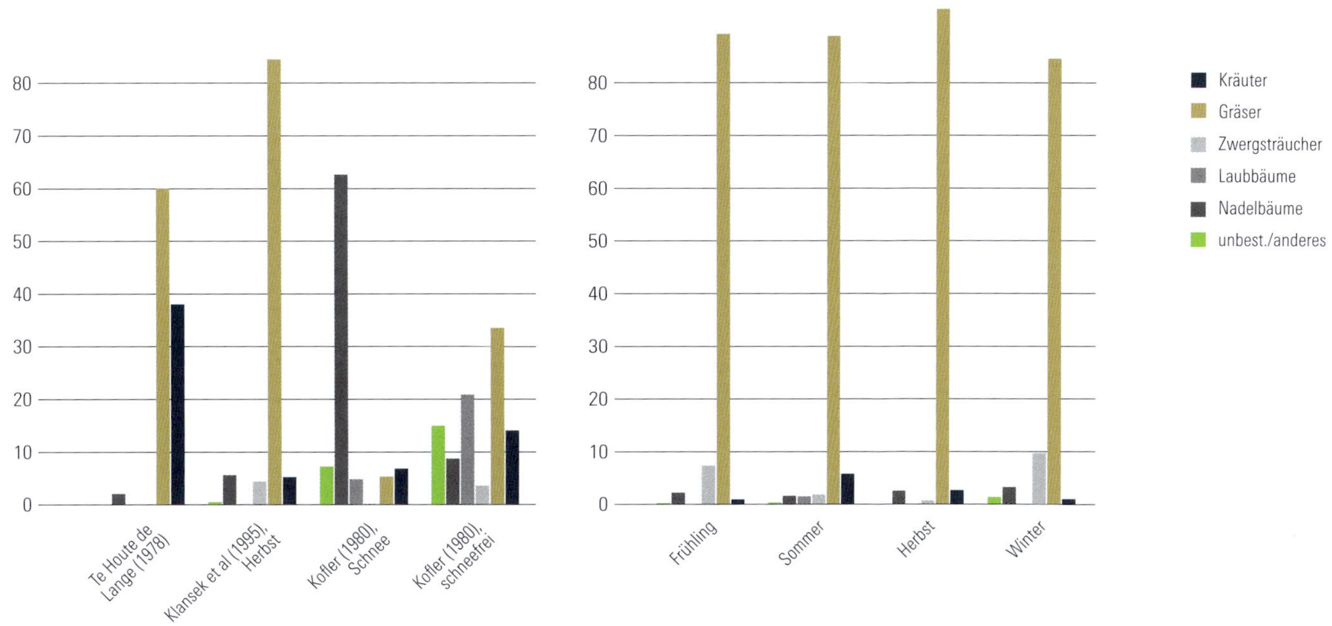

Verhältnis frische/trockene Gräser

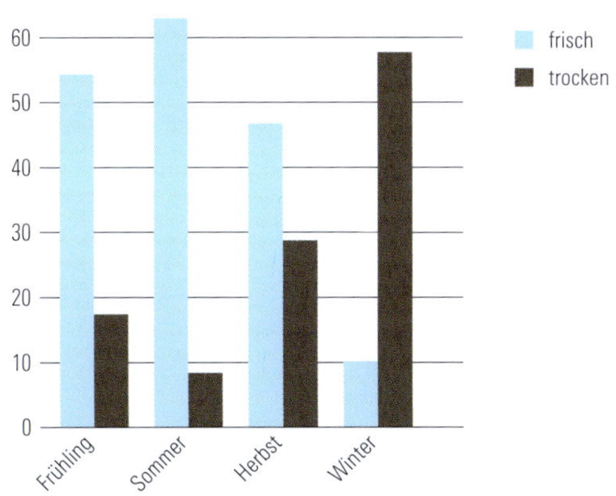

Oben: Ein Vergleich der Nahrungszusammensetzung der Steinböcke aus verschiedenen Studien. Gras macht den Hauptteil der Nahrung aus, mit Ausnahme des Winters in der Studie von Kofler (1980) aus dem Hochlantsch (Steiermark).

Unten: Eine Untersuchung im Gebiet Albris zeigt, dass Gräser in allen Jahreszeiten den Hauptteil der Nahrung ausmachen. Im Herbst und im Winter ist der Anteil der frischen Gräser gering (Klansek et al. (1995).

Linke Seite oben: Die Gaumenplatte am Oberkiefer ermöglicht das optimale Abbeißen von Gras.

Linke Seite unten: Böcke weiden gerne auf nährstoffreichen Weiden.

Oben: Die nahrungsökologische Klassierung europäischer Wiederkäuer (Abbildung neu gezeichnet nach Hofmann 1989).

Pia Anderwald

Pia Anderwald hat an der Uni Zürich Biologie studiert und anschließend ihre Doktorarbeit über die Populationsgenetik und Nahrungsökologie nordatlantischer Zwergwale an der Uni Durham in England gemacht. Ihr Postdoc führte sie an die Westküste von Irland, wo sie die Auswirkungen des Baus einer Unterwasser-Gaspipeline auf die lokale Meeressäugerfauna untersuchte. Seit 2012 ist sie wissenschaftliche Mitarbeiterin beim Schweizerischen Nationalpark und arbeitet vorwiegend mit Huftieren, Rotfüchsen und Kleinsäugern, mit Fokus auf Nahrungs- und Verhaltensökologie, Physiologie und zwischenartlichen Beziehungen, je nach Tiergruppe.

Was bedeutet der Steinbock für dich?

Der Steinbock ist ein integraler Bestandteil des alpinen Ökosystems, der sowohl in zwischenartlichen Interaktionen mit anderen Huftieren (vor allem der Alpengämse) als auch für die Vegetation eine wichtige Rolle spielt. Für den Schweizerischen Nationalpark hat er durch seine Geschichte eine besondere Bedeutung.

Auf Wanderungen beobachte ich Steinböcke sehr gerne, da sie immer so eine Ruhe ausstrahlen. Die Böcke erwecken den Eindruck, als ob sie nichts erschüttern könnte. Damit bilden sie einen interessanten Gegenpol zu den Gämsen, die im Vergleich immer etwas hektisch wirken.

Was sind Deine aktuellen Forschungsfragen?

Da ich mich besonders für zwischenartliche Interaktionen interessiere, untersuche ich, welche Einflüsse Steinbock, Gämse und Rothirsch aufeinander haben, d.h., ob es räumliche oder zeitliche Verdrängungseffekte zwischen den drei Arten gibt. Da sich der Rothirsch als konkurrenzstarke Art im Zuge des Klimawandels immer höhere Lagen als Lebensraum erschließen kann, ist sein Einfluss auf die beiden eigentlichen Gebirgshuftierarten von speziellem Interesse.

Welche Rolle spielt der Steinbock im alpinen Ökosystem?

Durch seine Nahrungswahl, Düngung durch Kot und Urin sowie der Störung der Vegetation durch Tritt kann er die Zusammensetzung der Pflanzengesellschaften auf alpinen Weiden beeinflussen. In zwischenartlichen Beziehungen mit Gämse und Rothirsch scheint er eher unterlegen zu sein, wie man es für eine Art mit extremer Spezialisierung an einen bestimmten Lebensraum erwarten würde. Als Beutetierart für große Beutegreifer wie den Wolf scheint er im Vergleich zu Rothirsch und Gämse nur eine sehr untergeordnete Rolle zu spielen.

Eine wichtige Bedeutung kommt dem Steinbock beim Schutz alpiner Ökosysteme durch sein Charisma und seine Beliebtheit bei der Bevölkerung als «Flaggschiffart» zu.

Im Vergleich aller Untersuchungen deutet vieles darauf hin, dass ach Steinböcke ihre Nahrungswahl, wenn möglich, optimieren und ihr Verhalten entsprechend anpassen können. Dies wird durch direkte Beobachtungen untermauert. So grasten männliche Steinböcke auf Flächen mit hoher Nahrungsqualität selektiver als bei geringerer Nahrungsqualität (Brivio et al. 2014). Wichtig sind daher nicht nur die aufgenommenen Pflanzen, sondern auch ihr Nährwert. Untersuchungen anhand von Panseninhaltsproben ergaben, dass der Proteingehalt der Nahrung mit 17 Prozent im Durchschnitt relativ gering war. Im Winter sank dieser dann auf nur noch 12,7 Prozent (Tataruch et al. 1991). Eine später durchgeführte Untersuchung im selben Gebiet zeigte vergleichbare Werte. Im Sommer war der Rohproteinanteil mit 24,5 Prozent am höchsten; im Winter betrug er nur noch 12,1 Prozent. Der Rohfaseranteil schwankte in den verschiedenen Jahreszeiten zwischen 22 und 28 Prozent (Tataruch und Onderscheka 1996).

Im Schweizerischen Nationalpark sind mithilfe von Fernerkundung räumliche Karten produziert worden, die die Verteilung der Pflanzenbiomasse und deren Stickstoffgehalt darstellen. Dies erlaubt Untersuchungen von Fragen, die über die einzelnen Pflanzen hinausgehen, zum Beispiel danach, wie Biomasse und Stickstoffgehalt die Verteilung der Rothirsche, Gämsen und Steinböcke beeinflussen. Das Ergebnis war hochinteressant. Die Gämsen waren in Gebieten mit einer geringen Biomasse und einem niedrigen bis mittleren Stickstoffgehalt der Pflanzen anzutreffen. Die Rothirsche hielten sich in den Gebieten mit einer hohen Biomasse auf. Die Standorte der Steinböcke hingegen zeichneten sich durch einen hohen Stickstoffgehalt der Pflanzen aus, variierten jedoch hinsichtlich der vorhandenen Biomasse (Schweiger et al. 2015).

Steinböcke haben im Laufe der Evolution die Fähigkeit erworben, in unwirtlichen Gebirgen die Ressourcen optimal zu nutzen. Sie können sich dem vorhandenen Futterangebot optimal anpassen. Eine wichtige Rolle spielen dabei auch die Mikroorganismen im Pansen. Sie können eine Dichte von 10^8 bis 10^{11} Individuen pro Gramm des Inhalts erreichen (Nagaraja 2016) und spielen eine zentrale Rolle beim Rohfaser- beziehungsweise Zelluloseabbau. Ein Teil der Mikroorganismen ist bei allen Wiederkäuern gleich, dennoch beeinflussen die Nahrung und die Wirte ihre Zusammensetzung (Henderson et al. 2015). Dadurch können Arten wie zum Beispiel der Steinbock die Ressourcen optimal nutzen. Die Zusammensetzung der Mikroorganismen im Steinbock ist je nach Jahreszeit verschieden (Nanetti et al. 2024). Diese feine Abstimmung sorgt dafür, dass die Steinböcke die aktuell verfügbare Nahrung bestmöglich nutzen können.

Bestandsentwicklung

Populationen sind nicht immer gleich groß. Geburten und Zuwanderung führen zu einem Wachstum, während Tod und Auswanderung zu einer Abnahme führen. Diese vier Faktoren haben Auswirkungen auf die Entwicklung der Population. Ein weiterer entscheidender Faktor ist die Kapazität des Lebensraums. Diese bestimmt, wie viele Individuen einer Art in einem bestimmten Gebiet leben können. Dabei sind verschiedene Aspekte ausschlaggebend. Sicher spielt das Nahrungsangebot eine zentrale Rolle. Bei Arten, die auf bestimmte Ausstattungsmerkmale im Lebensraum wie zum Beispiel Bruthöhlen angewiesen sind, kann deren Fehlen limitierend wirken. Da die Ressourcen nicht unbegrenzt vorhanden sind, zeigen Populationen großer Säugetiere ein sogenanntes logistisches Wachstum, das heißt, das Wachstum wird von einer Kapazitätsgrenze eingeschränkt.

Ein wichtiger Faktor, der das Wachstum einer Huftierpopulation begrenzen kann, ist Nahrungsmangel. Je größer die Population wird, desto mehr muss auf schlechtere Nahrung ausgewichen werden, oder es ist sogar nicht genügend Nahrung für alle da. Die Kondition der Individuen wird schlechter, das heißt, die Fettreserven werden im Verhältnis zur Körpergröße geringer. Die Folge ist ein langsameres Körperwachstum der Jungtiere, das sich auf die gesamte Population auswirkt. Die Körpermasse ausgewachsener Tiere – im Fachjargon die Konstitution – wird kleiner. In der Regel folgt auf eine Nahrungsverknappung eine höhere Mortalität, vor allem bei Jungtieren. Einzelne Individuen wandern aus. Solche Vorgänge können auch mit mathematischen Modellen beschrieben werden. Es gibt jedoch wenige Möglichkeiten, diese Vorgänge bei größeren Säugetieren anhand von wissenschaftlichen Kriterien zu belegen. Die Wiederansiedlung der Steinböcke im Alpenraum ist für die Überprüfung solcher Theorien bestens geeignet. Die Entwicklung der eingebürgerten Steinböcke ist mit großem Interesse verfolgt und dokumentiert worden. Für viele Populationen liegen hervorragende Zählergebnisse vor. Zudem gibt es kaum Austausch zwischen den einzelnen Populationen (Aeschbacher et al. 2013).

Steingeiß mit ihrem Nachwuchs.

Nachfolgende Doppelseite:
Steingeißen mit ihren Kitzen in felsigem Gelände.

Populationswachstum

Wachstum von Populationen

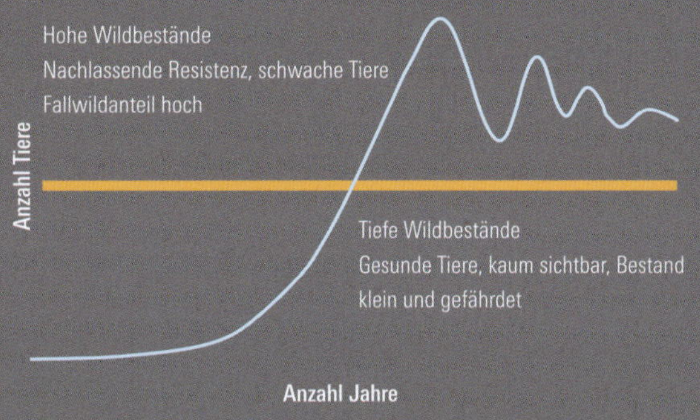

Das Wachstum von Populationen wird mit mathematischen Formeln beschrieben, deren Herleitung oft nicht einfach ist. Hier werden kurz die wichtigsten Punkte zusammengefasst. Vertiefte Informationen gibt die entsprechende Fachliteratur, zum Beispiel Lande et al. (2003), Suter (2017) oder Baur (2021).

Klammern wir die Ein- und Auswanderung aus, können wir das Wachstum eines Bestandes *(N)* von einem Jahr *(t)* zum folgenden Jahr *(t+1)* leicht beschreiben: Wachstumsrate $\lambda = N_{(t+1)} - N_{(t)} =$ Geburten–Todesfälle.

Ist die Wachstumsrate *(λ)* positiv, gibt es mehr Geburten als Todesfälle und die Population wächst unaufhaltsam unbegrenzt an. Man nennt dies exponentielles Wachstum. Die Wachstumsrate *(λ)* wird für einen bestimmten Zeitabschnitt berechnet (bei großen Säugetieren in der Regel ein Jahr). Dieser wird in unendlich viele kleine, kontinuierliche Abschnitte zerlegt. So wird die jährliche Zuwachsrate bestimmt, wobei $r = ln\lambda$ ist. Das Wachstum der Population wird in diesem Fall als Differenzialgleichung dargestellt (Baur 2021, Suter 2017). So können Populationen theoretisch unendlich groß werden.

Dieses Modell beruht auf vielen theoretischen Voraussetzungen, die in der freien Natur so nicht gegeben sind. Zudem treten in den meisten Fällen beschränkende Faktoren auf wie etwa ein eingeschränktes Nahrungsangebot oder eine geringe Anzahl von Brutplätzen. Bei einer wachsenden Population werden diese Ressourcen immer mehr beschränkt und die Individuen konkurrieren darum. In der Folge sinkt die Geburtenrate und die Todesrate erhöht sich. Weniger oder kaum Tiere wandern ein; dafür steigt die Auswanderung an. Das Wachstum der Population verlangsamt sich und der Bestand passt sich an die für die Umwelt tragbare Kapazität *K* an, was mit der folgenden Gleichung beschrieben werden kann: $\frac{dN}{dT} = tN\left(\frac{K-N}{K}\right)$ (Baur 2021).

Diese Erklärung wird logistisches Wachstumsmodell genannt. Es beruht ebenfalls auf verschiedenen Annahmen. Bei den großen Säugetieren wird dabei das Verhalten ausgeklammert. Tiere können lernen oder ihr Verhalten bei zunehmender Populationsgröße ändern. So reagieren vor allem große Grasfresser unterschiedlich auf die zunehmende Dichte. Dabei spielen vor allem die Altersstruktur und das unterschiedliche Verhalten der einzelnen Altersklassen eine Rolle. Um diese zu beschreiben, werden die demografische Varianz s_d^2 und die Umweltvarianz s_e^2 eingeführt (Saether 2006). Diese Parameter sind schwer zu bestimmen; dafür braucht es eine sehr gute Datengrundlage (Lande et al. 2004). Für die Beschreibung der Dichteregulation kann der Faktor Theta *(q)* in die Gleichung eingebaut werden (Diserud und Engen 2000). Das logistische Wachstumsmodell wird so zu einem thetalogistischen Wachstumsmodell $E\left(\frac{\Delta N}{N} N\right) = r_0[1-(N/K)^\theta]$. Hohe Werte von θ deuten auf eine maximale Dichteregulation um die Kapazitätsgrenze herum hin, das heißt, die Dichteregulation beginnt erst spät zu wirken. Kleine Werte bedeuten, dass die Dichteregulation schon bei geringer Dichte zu wirken beginnt (Lande et al. 2003). Die Umwelt- und Dichtevarianz sowie die dichteabhängige Reaktion des Bestandes an der Kapazitätsgrenze sind die Ursachen für die Bestandsschwankungen.

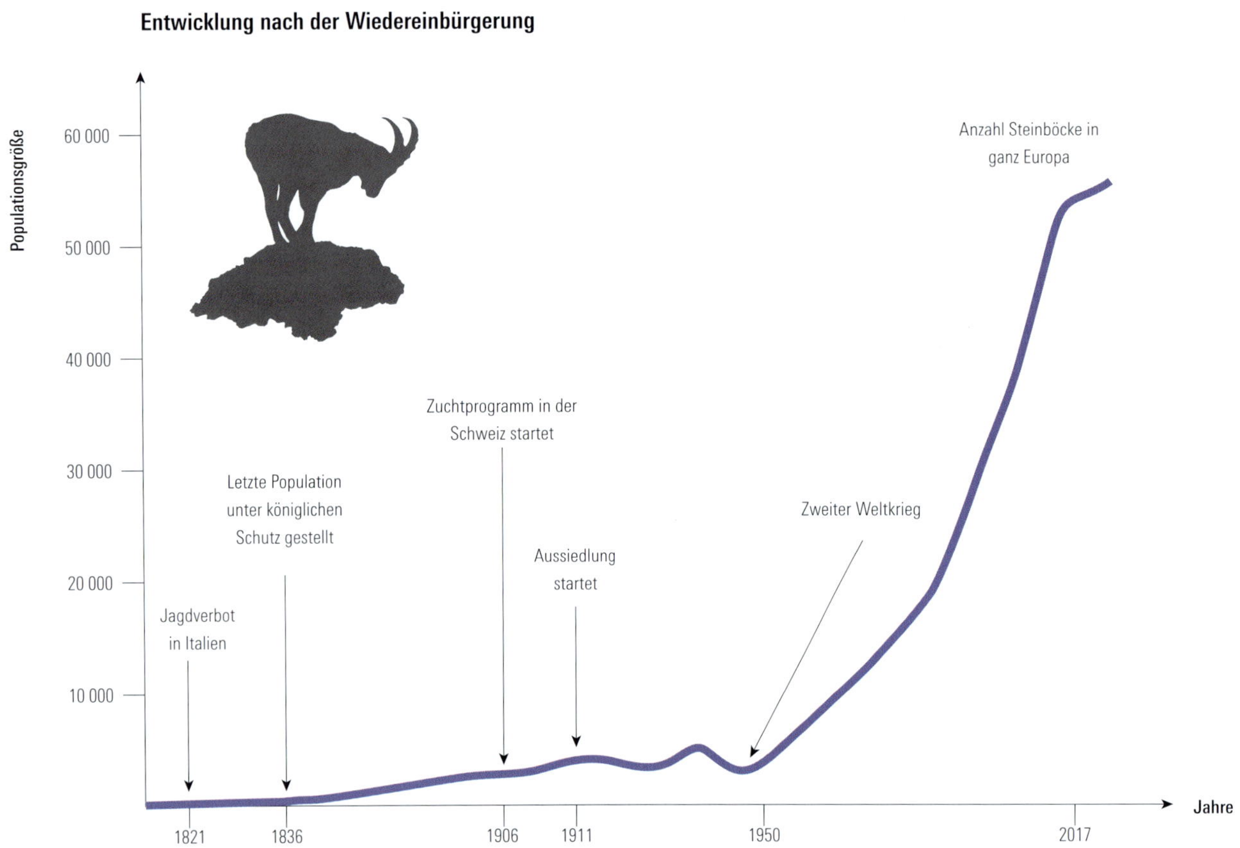

Am Anfang wachsen Populationen langsam. Während dieser Zeit sind die Individuen gesund und weniger anfällig für Krankheiten. Man sieht wenige Tiere, und zufällige Ereignisse könnten den Bestand gefährden. Hat der Bestand einmal die Kapazitätsgrenze erreicht, werden die Tiere schwächer und sind anfälliger für Krankheiten. Der Fallwildanteil ist dann groß. Die Entwicklung der Körpergröße, auch Konstitution genannt, gibt einen Hinweis auf das Verhältnis der Bestandsgröße zum Lebensraum. Der aktuelle körperliche Zustand, Kondition genannt, ändert sich mit den Jahreszeiten. Bei großen Beständen sind die Konditionswerte auch niedriger als bei geringen Beständen.

Die im 20. Jahrhundert neu gegründeten Steinbockpopulationen entwickelten sich in den meisten Fällen sehr gut. Sie zeigten, wie zu erwarten war, anfänglich ein fast ungebremstes Wachstum; später pendelte sich der Bestand bei der Kapazitätsgrenze ein. Saether et al. (2002) beschrieben die Entwicklung der Population im Schweizerischen Nationalpark mithilfe eines thetalogistischen Wachstumsmodells. Die Wachstumsrate betrug 0,14 und die Dichteregulation fand hauptsächlich in der Nähe der Kapazitätsgrenze statt. Die Umweltvarianz korrelierte stark mit dem Wetter im Winter. Die berechneten Parameter (Tab. 2) liegen unter den Werten für wiederangesiedelte Steinbockpopulationen (Loison et al. 2002). Die Gründe dafür können vielfältig sein und konnten nicht weiter ermittelt werden.

Entwicklung des Steinbockbestands im Alpenraum (nach Brambilla et al. 2020).

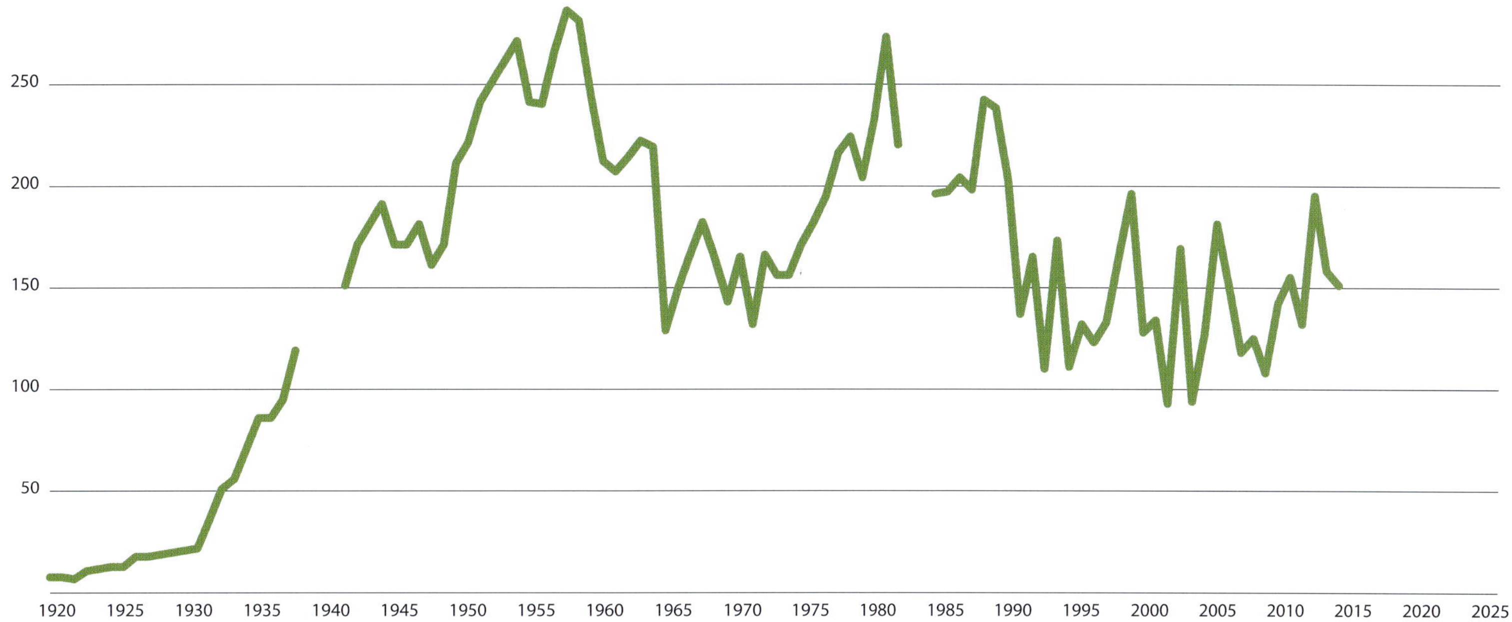

Die Bestandsentwicklung des Steinbocks im Schweizerischen Nationalpark zeigt eine Entwicklung, die einer theoretischen Kurve entspricht. Der Bestand wächst am Anfang stark an und pendelt sich später auf einem bestimmten Niveau ein (Daten: Schweizerischer Nationalpark).

Tab. 2: Die Bestandsentwicklung bestimmende Parameter in der Population des Schweizerischen Nationalparks (Schätzwerte) (Saether et al. 2002)

Parameter	**Schätzwert**
r: spezifische Wachstumsrate	0,14 +/– 0,03
K: Kapazitätsgrenze	212 +/– 22
: Faktor für Dichteregulation	1,54 +/– 0,004
$_{e}^{2}$: Umweltvarianz	0,021 +/– 0,004
$_{d}^{2}$: demografische Varianz	0,205

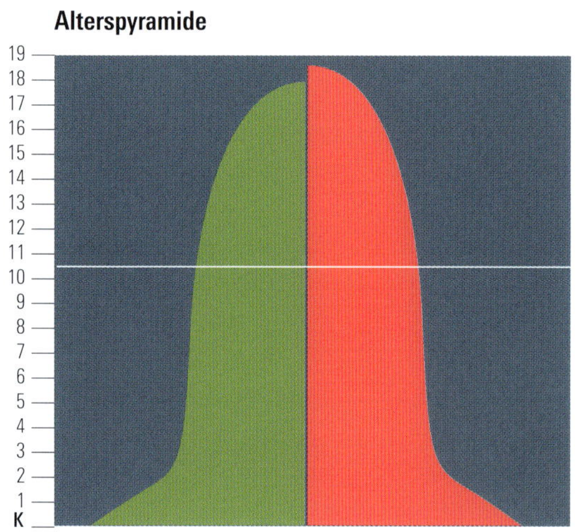

Eine vergleichbare Auswertung der Bestandsentwicklung von 28 Steinbockpopulationen aus der gesamten Schweiz ergab ein differenzierteres Bild (Saether et al. 2007). Die vorhandenen Zählreihen waren unterschiedlich lang; sie reichten von zehn Jahren (Kolonie Churfirsten) bis über sechzig Jahre (Kolonien Albris und Le Pleureur). Als Erstes wurde der Zählfehler ermittelt. Dieser war in allen Populationen gering, sodass die Zählreihen in der Auswertung berücksichtigt werden konnten. Die unterschiedliche Länge der Zählreihen verursacht eine gewisse Ungenauigkeit in den Aussagen.

Die Dichteabhängigkeit wirkte in 15 von 28 Populationen. Das heißt, der Steinbockbestand ist noch nicht in allen Populationen an die Kapazitätsgrenze gestoßen. Die Wachstumsrate zeigt ebenfalls eine große Spannbreite, nämlich von 0,028 am Schwarzmönch (BE) bis zu 0,69 in der Population Macun (GR) oder 0,566 am Augstmatthorn (BE). Die Umweltvarianz, also der Einfluss der Umwelt, war in den meisten Populationen gering. Weitere Analysen der Zählreihen zeigten, dass das Wetter im Winter den Zuwachs der meisten Populationen beeinflusst (Grotan et al. 2008). Zusätzlich wirkt sich der Niederschlag im Frühsommer auf die Entwicklung der Bestände aus. So kann es zu Verlusten von Individuen im Winter oder erhöhter Mortalität der Kitze im Frühsommer kommen. Diese Ergebnisse stimmen auch mit den Beobachtungen von Nievergelt (1967) überein. Er stellte fest, dass mit zunehmender Größe der Population die Nachwuchsrate kleiner wurde. Zusätzlichen Einfluss auf das Wachstum der Steinbockpopulation können auch konkurrierende Huftierarten wie der Rothirsch haben (Anderwald et al. 2015). Die Steinbockpopulation des Schweizerischen Nationalparks etwa reagiert negativ auf eine höhere Anzahl übersommernder Rothirsche im Gebiet.

Solche Auswertungen mithilfe mathematischer Modelle helfen die Bedeutung einzelner Einflussfaktoren zu verstehen (Robin et al. 2017). Ihnen liegen aber immer Annahmen zugrunde, die man auch bei der Interpretation der Resultate beachten muss. So hat zum Beispiel Caughley (1970) eine wegweisende Arbeit zur Dichteregulation bei Huftieren publiziert. Er hat die Einbrüche in den Beständen des in Neuseeland eingeführten Tahrs untersucht. Nach anfänglichem starkem Wachstum sind die Bestände infolge von Nahrungsmangel eingebrochen. Die Vegetation in Neuseeland war aufgrund ihrer Evolution ohne große Grasfresser nicht auf diesen Beäsungsdruck eingestellt und musste sich erst anpassen. Daraus resultierte die Annahme, dass ein großer Beäsungsdruck auf zu hohe Herbivorenbestände zurückzuführen ist und dass in der Folge vermutlich das ganze Ökosystem zusammenbrechen kann. Forsyth et al. (2006) haben das Caughley-Modell anhand verschiedener Datenreihen geprüft, die unter anderem in der Steinbockpopulation des Schweizerischen Nationalparks erhoben wurden. 1970 fanden 96 Tiere in einer Lawine den Tod, was einen Einbruch im Bestand zur Folge hatte. Dieser Einbruch ist mit den geprüften Modellen als Folge einer Übernutzung der Vegetation interpretiert worden, was keinen kausalen Zusammenhang ergibt.

Für das Wachstum der Population ist in erster Linie der Fortpflanzungserfolg der Geißen wichtig. Untersuchungen der Steinböcke in Albris (Tataruch et al. 1991) anhand von Uteri über das ganze Jahr hinweg erlegter Tiere zeigten, dass 91 Prozent der Geißen trächtig waren. Davon brachten zwischen 81 und 85 Prozent ein Kitz zur Welt. Die Geißen werden überwiegend im Alter von drei oder vier Jahren das erste Mal trächtig; rund 13 Prozent werden allerdings schon im Alter von

Linke Seite, links: Viele Steinböcke sterben im Winter an Erschöpfung.

Linke Seite, rechts: Alterspyramide der Steinböcke gemäß Toigo et al. 2007. Links: Böcke; rechts: Geißen.

Der Winter ist für die Steinböcke die harte Jahreszeit. Sie stehen auf engem Raum und haben wenig Zugang zu Nahrung.

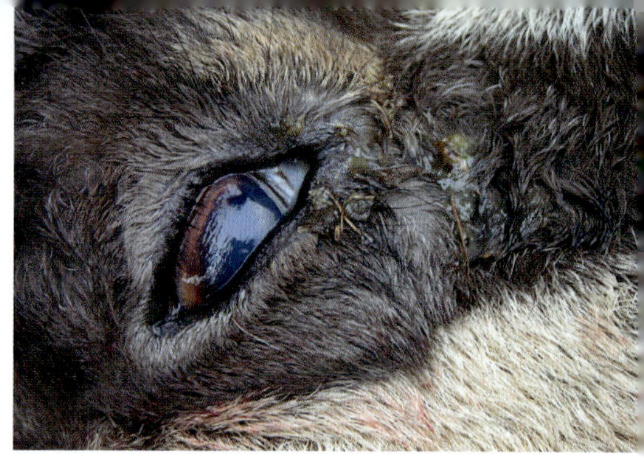

zwei Jahren befruchtet. In der Regel bringen die Steingeißen ein Kitz zur Welt. Einmal konnten im Uterus Zwillinge beobachtet werden (Giacometti und Ratti 1994). Das Geschlechterverhältnis der untersuchten Föten lag bei 1:1,21, war also praktisch ausgeglichen.

Nievergelt (1966) hingegen beobachtete, dass die Geißen in der Regel im Alter von vier Jahren ihr erstes Kitz setzen; in Gehegen kann dies auch schon früher der Fall sein. Die Fortpflanzung bedeutet für die Steingeißen wegen der Trächtigkeit und der Säugezeit einen hohen Energieaufwand. Rughetti et al. (2015) verglichen den Fortpflanzungserfolg von 40 Geißen aus der Population Alpi Marittimi in Italien mit den Werten von 29 Geißen, die aus dieser Population in andere Gebiete umgesiedelt worden waren. Dabei zeigten sich bei den älteren Geißen keine negativen Folgen für die Fortpflanzung. Die Geißen können sich noch bis in hohe Alter fortpflanzen, doch die Energie für die Fortpflanzung wird anscheinend sehr vorsichtig eingesetzt. Nur 36 Prozent der Geißen im mittleren Alter und 21 Prozent der Geißen im höheren Alter haben tatsächlich ein Kitz geführt. Die Überlebenswahrscheinlichkeit dieser Kitze war aber sehr hoch.

Carole Toigo untersuchte die Überlebensraten beider Geschlechter der Steinböcke (Toigo et al. 2007). Man kann von der Annahme ausgehen, dass bei stark geschlechtsdimorphen Arten wie dem Steinbock die Überlebensrate der weiblichen Tiere nicht so stark von Umweltfaktoren beeinflusst wird wie die der männlichen Tiere. Bei beiden Geschlechtern spielt das Alter bezüglich der Überlebensrate eine große Rolle. Haben die Tiere den ersten Winter überlebt, haben sie große Chancen, alt zu werden. Die Umwelteinflüsse beeinflussten das Überleben der Individuen beider Geschlechter wenig; die Rate war in Phasen von größerem und kleinerem Wachstum gleich. Nur das Überleben der wirklich alten Böcke, die über 13 Jahre alt waren, nahm bei geringerem Populationswachstum ab. Die Überlebensrate ist im Vergleich zu ähnlichen Huftieren um 5 bis 15 Prozent erhöht; vor allem bei Böcken im Reproduktionsalter lag sie bei nahezu 100 Prozent. Aufgrund dieser Faktoren haben Steinbockpopulationen, wenn sie einmal die Kapazitätsgrenze erreicht haben, eine Altersstruktur, die nicht pyramidenförmig, sondern annähernd zylindrisch ist.

Mit zunehmender Anzahl an Individuen in einer Population werden die Körpermaße kleiner. Die vorhandenen Ressourcen müssen vermehrt geteilt werden, so auch das Futterangebot. Das hat Einfluss auf die Kondition der Tiere. Ältere Tiere können eine schlechte Kondition aufgrund schlechter Bedingungen im Sommer ausgleichen (Toigo et al. 2007). Jungtiere wachsen aber langsamer und haben in der Folge auch eine geringere Kondition. Das Steinbockgehörn ist dafür ein guter Indikator. Der Wachstumsschub im Jährlingsjahr korreliert bei den Böcken mit dem Körpergewicht (Filli 2001) und gibt Auskunft über die Kondition, die das Individuum in diesem Jahr hatte. Da bei vielen Steinböcken das Todesjahr bekannt ist, können so die Jahresschübe den entsprechenden Jahren und der Bestandsgröße zugeordnet werden. In einem Vergleich zeigten die Jahresschübe der ersten vier Lebensjahre in vier von fünf Kolonien eine negative Korrelation mit der Bestandgröße (Hardenberg et al. 2007). Eine Auswertung von Daten aus dem Gebiet Belledonne in Frankreich zeigt ein vergleichbares Bild (Toigo et al. 1999). Die Umweltbedingungen im Geburtsjahr beeinflussten den Brustumfang und den ersten jährlichen Hornzuwachs bei den Böcken, jedoch nicht bei den Geißen. Diese konnten das geringere Hornwachstum im ersten Lebensjahr im Gegensatz zu den Böcken kompensieren, da genügend Nahrung vorhanden war. Die Geißen konzentrierten sich auf das Wachstum, während bei den Böcken das soziale Verhalten auch eine wichtige Rolle spielte.

Das Hornwachstum bei den Böcken ist eine große Investition, die sich theoretisch auch auf ihre Überlebenswahrscheinlichkeit auswirken könnte. Es beeinflusst in den ersten Lebensjahren die Hornlänge. Ebenfalls wirken sich die Lebensbedingungen in den ersten Lebensjahren auf die Konstitution der

Das Krankheitsbild der Gämsblindheit wird in vier Stadien eingeteilt. Im ersten Stadium ist ein verstärkter Tränenfluss sichtbar, im zweiten beginnen die Blutgefäße in die Hornhaut einzuwachsen, im dritten entwickelt sich eine eitrige, schleimige Lidbindehautentzündung mit starkem Tränenfluss aus, im vierten Stadium kann nach dem Aufbrechen von Hornhautgeschwüren und Ausrinnen des Kammerwassers eine Erblindung eintreten (Deutz et al. 2017).

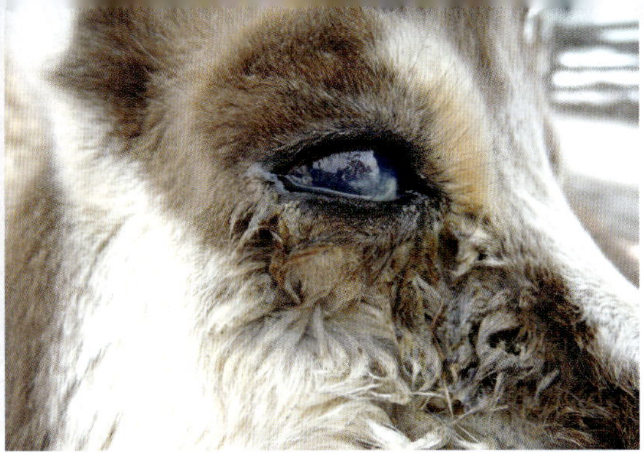

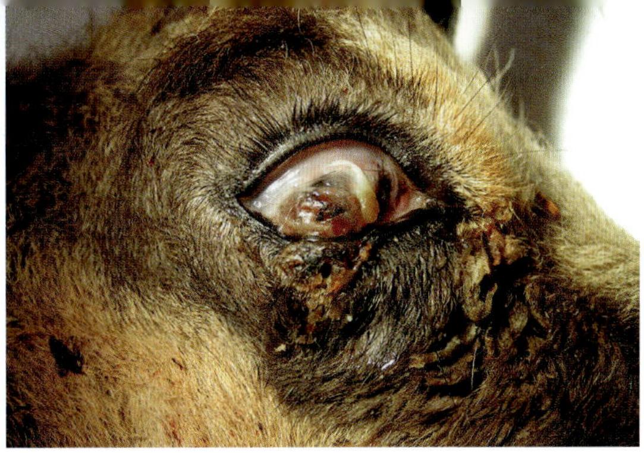

Böcke über ihr gesamtes Leben hinweg aus. Das starke Hornwachstum in den ersten Lebensjahren hat keinen Einfluss auf die Sterblichkeit der Böcke, das heißt, die Investitionen in das Hornwachstum gehen nicht auf Kosten der Überlebenswahrscheinlichkeit (Toigo et al. 2002). Erst ab einem Alter von zwölf Jahren ist ein Einfluss sichtbar. Dies kann damit erklärt werden, dass die Böcke erst relativ spät an der Brunft teilnehmen und sich dann unter Umständen verausgaben und so eine geringere Überlebenswahrscheinlichkeit im folgenden Winter haben (Toigo et al. 2002). Auswertungen von Jagdstrecken aus dem Berner Oberland (Lüps et al. 2010) zeigen bei den Böcken eine Abnahme des Körpergewichts und der Hornlänge über die Zeit hinweg. Bei den Geißen konnten sie keine Tendenz erkennen. Daraus kann man folgern, dass die Bestände im Berner Oberland sich an der Kapazitätsgrenze bewegen (Lüps et al. 2007).

Die meisten Steinböcke sterben im Winter vor allem an Erschöpfung oder in Lawinen. Die Schneehöhe wirkt sich vor allem bei hohen Beständen aus (Jacobson et al. 2004, Lima und Berryman 2006, Mignatti et al. 2012). Böcke haben eine höhere Sterblichkeit als Geißen; dies ist vor allem mit dem hohen Aufwand während der Brunft und den fehlenden Möglichkeiten, anschließend die Fettreserven zu füllen, zu erklären. Steinwild wird oberhalb der Waldgrenze regelmäßig von Steinadlern bejagt. Diese schlagen in der Regel Jungtiere. Dabei werden die Kitze vom Steinadler gepackt, in die Luft gehoben und wieder fallen gelassen (Haller 1996). Im Nahrungsspektrum des Luchses *(Lynx)* scheint der Steinbock nur eine untergeordnete Rolle zu spielen. In einer Zusammenstellung der Beutetiere besenderter Luchse erscheint der Alpensteinbock bei 1422 untersuchten Rissen nur zweimal (Breitenmoser und Breitenmoser 2008). Sein Verwandter, der Sibirische Steinbock, wird öfters Beute der Schneeleoparden *(Panthera uncia)* (Johanson et al. 2025). Dabei werden Tiere aller Altersklassen erbeutet. Beweglichkeit und Schutz in den Felsen spielen hier eine zentrale Rolle. Kotanalysen aus der Schweiz zeigen, dass der Steinbock einen vernachlässigbaren Anteil an der Nahrung von Wölfen hat (Kunz et al. 2025). Im Nationalpark Gran Paradiso wurde ebenfalls anhand von Kotanalysen festgestellt, dass rund acht Prozent der Beutetiere der Wölfe Steinböcke waren. Dabei wurden vermehrt junge Steinböcke gerissen (Palmegiani et al. 2013); rund drei Viertel waren männlichen Geschlechts. Aus Kotanalysen kann man nicht erkennen, ob das Tier wirklich von Wölfen gerissen wurde oder schon vorher tot war. Anhand von besenderten Wölfen im Nationalpark Stilfser Joch in Italien konnte man drei Steinbockrisse durch Wölfe nachweisen.

Ein wichtiger Faktor, der die Sterblichkeit beeinflussen kann, sind Krankheiten. Diese treten beim Steinbock auffällig oft auf. Die Ursachen dafür können vielfältig sein. Einerseits spielt hier die geringe genetische Varianz sicher eine wichtige Rolle, andererseits war der Steinbock im Laufe seiner Evolution wahrscheinlich auch seltener in Kontakt mit Krankheitsträgern als andere Arten im gleichen Lebensraum. Dadurch ist er anfälliger für Krankheitserreger, die mit der Nutzung der obersten Lebensräume durch den Menschen, vor allem durch Weidevieh, hierher getragen werden.

Krankheiten sind Abweichungen von einem gesunden Zustand. Dabei wirken verschiedene Faktoren gemeinsam; Deutz und Aste zeigen, wie diese sich gegenseitig beeinflussen. Beim Wildtier handelt es sich beispielsweise um die genetischen Voraussetzungen, die vorhandene Dichte oder das Geschlechterverhältnis mit dem damit verbundenen innerartlichen Stress. Die Umwelt wirkt über das Klima und außerordentliche Wetterereignisse, das vorhandene Futterangebot oder menschliche Beunruhigung. Diese Vorbedingungen ermöglichen bei einem Kontakt mit einem Krankheitserreger den Ausbruch einer Krankheit.

Im Folgenden werden die Krankheiten näher beschrieben, die in der Schweiz für die Steinböcke eine wesentliche Rolle spielen.

Bei der Gamsblindheit oder Infektiösen Keratokonjuktivitis handelt es sich um eine der häufigsten Augenerkrankungen bei Haus- und Wildwiederkäuern. Der Erreger ist ein kleines Bakterium *(Mycoplasma conjunctivae)*, das durch Fliegen und Staub oder Aerosole (kleine Tröpfchen) übertragen wird. Intensives Sonnenlicht, hohe Wilddichten und auch der Klimawandel können den Ausbruch fördern. Das Krankheitsbild wird in vier verschiedene Stufen eingeteilt.

Marie-Pierre Ryser-Degiorgis (1971–2023)

Marie-Pierre Ryser-Degiorgis studierte Tiermedizin an der Vetsuisse-Fakultät der Universität Bern, wo sie mit einer Dissertation zum Thema «Infektiöse Keratokonjunktivitis bei Alpensteinbock *(Capra ibex ibex)* und Schaf (*Ovis ammon* f. *dom.*): Beiträge zur Ätiologie, Immunologie und Epidemiologie» promovierte. Anschließend forschte sie als Postdoktorandin am National Veterinary Institute in Schweden zur Gesundheit von freilebenden Luchsen. Im Jahr 2002 übernahm Marie-Pierre Ryser die Leitung der Abteilung Wildtiere am Zentrum für Fisch- und Wildtiergesundheit der Universität Bern. Diese Aufgabe erfüllte sie mit außerordentlichem Engagement und Hingabe. Aufgrund der kompetenten Führung durch Marie-Pierre Ryser und ihrem Geschick in der Auswahl motivierter Mitarbeiterinnen und Mitarbeiter erreichte die Abteilung nationale wie internationale Anerkennung in der Wildtierforschung. Die Forschungsinteressen von Marie-Pierre Ryser fokussierten sich vor allem auf folgende drei Themen:

1. Untersuchung von Krankheiten wildlebender Tiere

Marie-Pierre Ryser untersuchte systematisch, welche Krankheiten bei Wildtieren auftreten, und welche Faktoren sie beeinflussen. Dies beinhaltete die pathologische und molekulare Untersuchung von Wildtieren und die Analyse von Todesursachen. Ziel war ein vertieftes Verständnis der Krankheitsprozesse und der sie treibenden Faktoren, um die relevanten Risikofaktoren zu erkennen. Dabei betrachtete sie Tierkrankheiten nicht isoliert, sondern im Kontext des Zusammenspiels von Pathogenen, Wirten und Umweltfaktoren. Besonderen Wert hat Marie-Pierre Ryser auch auf die Archivierung von Probenmaterial gelegt, um retrospektive Analysen zu ermöglichen. Durch eine kontinuierliche Fortführung solcher Arbeiten über Jahre oder gar Jahrzehnte lassen sich Muster und historische Trends bei Wildtierkrankheiten erkennen – ein Aspekt, der angesichts der durch menschliche Aktivitäten ausgelösten Umweltveränderungen von zunehmender Bedeutung ist.

2. Wildtier-Gesundheitsüberwachung und Management von Wildtierkrankheiten

Die Krankheitsdiagnostik am Einzeltier ist ein Ausgangspunkt, aber das Ziel im Wildtierbereich ist die Gesunderhaltung der Population. Marie-Pierre Ryser hat daher die Einzeltieruntersuchungen immer auch in den Kontext einer epidemiologischen Gesundheitsüberwachung gestellt. Mithilfe des Gesundheits-Monitorings lassen sich Veränderungen bei bekannten Erkrankungen erkennen, wie auch die Emergenz von neuen Krankheiten. Zudem war das Monitoring der Wildtierkrankheiten im Verständnis von Marie-Pierre Ryser kein Selbstzweck, sondern wesentlicher Bestandteil des Managements der Wildtierkrankheiten. Eine erfolgreiche Gesundheitsüberwachung, so wie sie von Marie-Pierre Ryser in der Schweiz aufgebaut wurde und international als Vorbild diente, hängt von einer engen Zusammenarbeit zwischen Wissenschaft und Praxis ab. Marie-Pierre Ryser formulierte das folgendermaßen: «Zum Sammeln der Wildtierproben braucht es Wanderschuhe. Letztere schnüren nicht nur wir uns an, sondern insbesondere all die Partner, die uns Proben schicken und Daten liefern. Das sind tolle Menschen, die leidenschaftlich am Thema interessiert sind. Diese persönliche Verbundenheit spüre ich auf vielen Ebenen».

3. One Health

Marie-Pierre Ryser hat bereits früh auf die Zusammenhänge zwischen der Gesundheit von Ökosystemen, Wildtieren, Nutz- und Haustieren und Mensch, wie es im «One Health»-Konzept ausformuliert ist, hingewiesen. Marie-Pierre Ryser hat daher immer betont, dass die Erforschung und Überwachung von Wildtierkrankheiten kein enges Nischenthema darstellt, sondern Bedeutung für viele Bereiche jenseits der Wildtiermedizin hat. Um die Verbindungslinien zwischen der Gesundheit von Ökosystemen, Wildtieren, Nutz- und Haustieren sowie Mensch aufzuklären, braucht es interdisziplinäre Kooperationen und Netzwerke. Dementsprechend verband Marie-Pierre Ryser Ansätze und Methoden aus Bereichen wie Wildtierpathologie, Epidemiologie, Tiergesundheitsüberwachung und Krankheitsökologie, um durch diesen interdisziplinären Ansatz die Gesundheit von Wildtieren zu erforschen und zu schützen. Um es mit ihren eigenen Worten zu sagen: «Forschung zur Wildtiergesundheit besteht aus Interdisziplinarität mit einer Spur Abenteuer».

Ein Merkmal, an das sich wohl alle erinnern werden, die mit Marie-Pierre Ryser zusammengearbeitet haben, ist ihre Begeisterung für Wildtiere, und die nahezu grenzenlose Energie, mit der sie ihre Forschung betrieb. Zudem genoss es Marie-Pierre Ryser, dass ihre Arbeit an einer Schnittstelle von Wissenschaft und Praxis angesiedelt war. In ihrem Verständnis hat die Wildtierforschung einerseits Erkenntnisse für die Praxis zu generieren, andererseits wirken die im Feld auftretenden Probleme als Auslöser für wissenschaftliche Untersuchungen. Dadurch, dass Marie-Pierre Ryser Wildtiergesundheit nie eindimensional verstanden hat, sondern immer die Komplexität und Vielschichtigkeit des Krankheitsgeschehens im Blick behielt, hat sie neue Perspektiven eröffnet und die Wildtiermedizin wesentlich vorangebracht. Der wissenschaftliche Einfluss von Marie-Pierre Ryser ist international anerkannt, was unter anderem daran erkenntlich ist, dass nach ihrem Tod ihr zu Ehren ein «Preis für herausragende Forschung in Wildlife Health» eingerichtet wurde.

Die Gamsblindheit wurde in der Schweiz intensiv untersucht. In einem Infektionsversuch zeigten Steinböcke nach zwei Tagen die ersten klinischen Symptome. Ein weiterer Steinbock wurde dem Krankheitserreger nur durch Kontakt ausgesetzt. Bei diesem traten die Symptome nach 22 Tagen auf. Nach 63 Tagen konnte der Erreger bei allen untersuchten Steinböcken nur noch in zwei Augen nachgewiesen werden (Giacometti et al. 1998).

Es ist bekannt, dass gesunde Hausschafe den Krankheitserreger tragen können (Meile et al. 2003). Eine Untersuchung an gesunden Steinböcken ergab, dass auch sie den Krankheitserreger tragen können, ohne daran zu erkranken (Ryser-Degiorgis et al. 2009). Anscheinend spielt der individuelle körperliche Zustand eine wichtige Rolle beim Ausbruch der Krankheit. Eine Umfrage in den verantwortlichen Verwaltungen ergab, dass die Gamsblindheit bei Steinböcken seltener auftritt als bei Gämsen.

Häufig erkranken Steinböcke an Lungenentzündungen. Die Ursachen dafür können Viren, Bakterien oder Pilze sein; am häufigsten treten Pasteurellen (*Pasteurella multocida* und *Mannheimia haemolytica*) auf (Meile et al. 2003). Manchmal erscheinen solche Lungenentzündungen als Epidemien, was auf hohe Bestände mit einer schlechten Konstitution und Kondition hinweist.

In einzelnen Populationen kann auch die Moderhinke oder Klauenfäule auftreten (Meile et al. 2003). Dabei handelt es sich um eine bakterielle Erkrankung, die durch die Bakterienarten *Fusobacterium necrophorum* und *Dichelobacter nodosus* ausgelöst wird. Deren Zusammenwirken in sauerstofffreiem Milieu bewirkt Entzündungen der Klauenlederhaut, die bis zur Loslösung der Klaue führen können (Deutz und Deutz 2011).

Häufig tritt auch die virusbedingte Infektionskrankheit Lippengrind *(Ecthyma contagiosum)* bei Steinböcken auf. Die Krankheit verläuft meist ohne deutliche Beeinträchtigung der infizierten Tiere; die Selbstheilungsrate ist hoch (Deutz und Deutz 2011). Die Krankheitserreger dringen über Haut- oder Schleimhautverletzungen ein und verursachen blasenartige Veränderungen und Entzündungen im Maulbereich. Dadurch wird die Nahrungsaufnahme erschwert, was zur Entkräftung und zum Tod führen kann.

Die Räude, die durch die Milbe *Sarcoptes scabiei* ausgelöst wird, kommt aktuell östlich der Brenner-Achse und südlich des Inntals vor. Sie hat die Schweiz noch nicht erreicht. Die Milben graben tiefe Gänge in die Oberhaut des Wirtstieres, in die sie ihre Eier legen. Die befallenen Tiere leiden unter Juckreiz und die Haut verkrustet. Mit Fortschreiten der Krankheit magern die Tiere ab und verenden (Meile et al. 2003).

Der genetische Flaschenhals

Die verschiedenen Steinbockarten haben sich während der Eiszeiten gebildet. Solche evolutionären Prozesse verlaufen aus menschlicher Sicht langsam; in einem Menschenleben sind Veränderungen kaum wahrnehmbar. Für die betroffenen Arten und deren Entwicklung waren die Ereignisse jedoch dramatisch. So haben die Steinböcke während dieser Zeit in und um den Alpenraum ihren Lebensraum gefunden und sich entsprechend angepasst. Dieser Lebensraum weist vor allem in der alpinen Höhenstufe eine große Bandbreite an Lebensräumen und klimatischen Rahmenbedingungen auf. So haben sich vermutlich verschiedene Ökotypen ausgebildet. Ökotypen sind an einen bestimmten Lebensraum oder bestimmte Lebensbedingungen angepasste Individuen einer Art (Baur 2021). Es überleben und pflanzen sich diejenigen Individuen einer Art fort, die an die lokalen Bedingungen am besten angepasst sind. Dabei spielen Merkmale, die genau in diesem Lebensraum von Bedeutung sind, eine wichtige Rolle. Dies entspricht der Evolutionstheorie von Charles Darwin (1859). So sind auch beim Steinbock während seiner Entwicklung unterschiedliche Linien entstanden (Robin 2022a).

Als Art wies der Steinbock schon früh eine geringe genetische Vielfalt auf, was auf eher isolierte Populationen hinweist (Robin 2022a). Vermutlich fand aufgrund der Lebensweise der Steinböcke kaum oder nur wenig Austausch von Individuen zwischen den Populationen statt. Zu Beginn der Nacheiszeit wiesen die Steinböcke bis vor 5000 bis 6000 Jahren mehr oder weniger stabile Bestände auf. Anschließend begann der zahlenmäßige Rückgang. Dieser war zu Beginn noch langsam, wurde aber im frühen Mittelalter dramatisch (Robin 2022a). Überlebt hat der Steinbock nur im Gebiet des heutigen Nationalparks Gran Paradiso. Diese Entwicklung hatte einen extremen Verlust der genetischen Vielfalt zur Folge; es überlebte einzig ein Ökotyp – derjenige, der sich an die klimatischen und landschaftlichen Bedingungen in diesem Gebiet bestens angepasst hat. Anfang des 19. Jahrhunderts lebten dort nur noch weniger als 200 Tiere, was einen großen Verlust der genetischen Vielfalt darstellt.

Aussener (1946) gibt einen Überblick über die geschichtliche Verbreitung des Steinbocks in Österreich. Bei den eiszeitlichen Höhlenfunden unterscheidet er einen östlichen und einen westlichen Typus, die beide durch die räumliche Trennung während der Eiszeiten entstanden sein könnten. Amon (1959) sieht klimatische Grenzen, die die Ansiedlung von Steinböcken verhindern. Allfällige prähistorische Steinbockfunde bestimmt er als Sibirische Steinböcke. Es ist aber auch denkbar, dass es sich in beiden Fällen um ausgestorbene Ökotypen des Steinbocks handelt.

Genetische Flaschenhälse

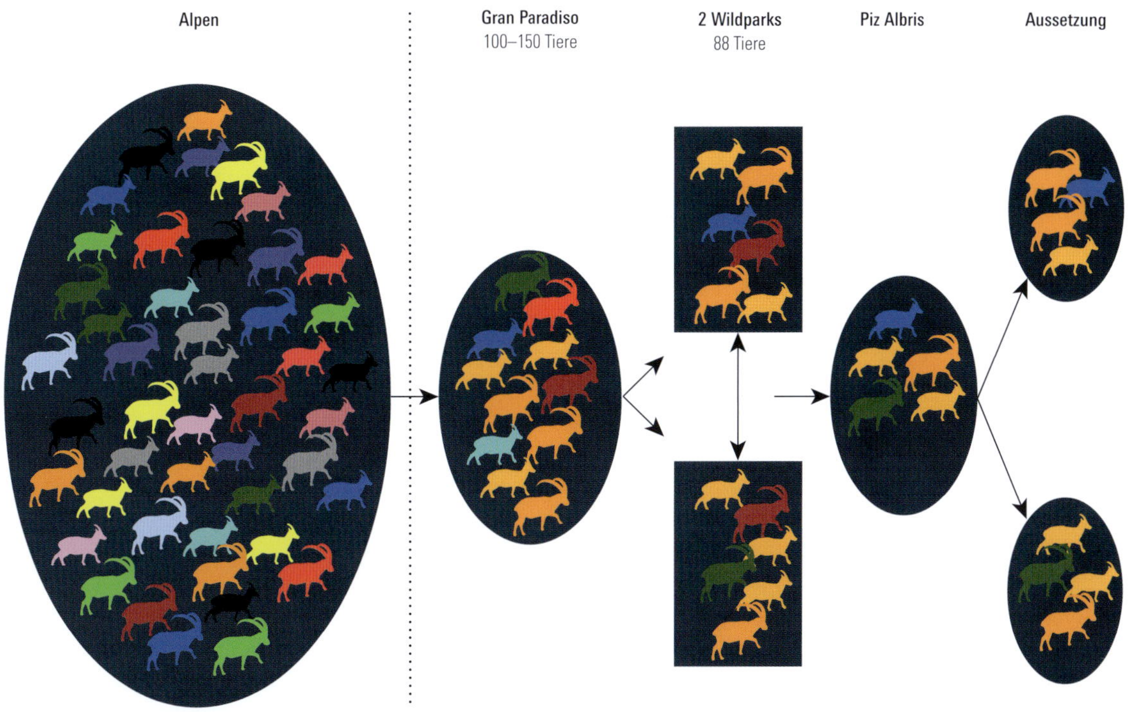

Zu Beginn des 20. Jahrhunderts gelangten mehrere Steinkitze aus dem Gebiet Gran Paradiso in die Schweiz, wo sie die Grundlage für ein großes Zuchtprogramm bildeten. Die Zucht war erfolgreich, sodass ab 1911 mit der Wiedereinbürgerung des Steinbocks in der Schweiz begonnen wurde. Der Steinbock durchlief so schon in historischer Zeit drei genetische Flaschenhälse:

1. Bei der Rettung des Steinbocks im Gebiet des Gran Paradiso wird nur ein kleiner Teil der ursprünglichen genetischen Vielfalt bewahrt.
2. Wenige Tiere aus diesem Bestand kommen in die Schweiz und werden in Wildparks aufgezogen. Die genetische Vielfalt wird ein weiteres Mal eingeengt.
3. Steinböcke aus den Wildparks werden in freier Wildbahn angesiedelt. Sie repräsentieren nicht die ganze genetische Vielfalt des Mutterbestandes in Gran Paradiso.

Die Steinböcke sind im Laufe der Geschichte mehrmals durch genetische Flaschenhälse gegangen, hier dargestellt an den Steinböcken vom Piz Albris und davon abstammende Populationen. Die einzelnen Farben zeigen die Zugehörigkeit zu genetischen Gruppen (Biebach, Institut für Evolutionsbiologie und Umweltwissenschaften Universität Zürich).

Diese Flaschenhälse haben für den Steinbock einen Verlust an genetischer Vielfalt zur Folge. Vor allem bei kleinen, isolierten Populationen kann dieser Verlust fatal sein. Er kann in der weiteren Evolution zu Anpassungsproblemen führen, zum Beispiel einer geringeren Anpassungsfähigkeit gegenüber klimatischen Veränderungen oder einer größeren Anfälligkeit gegenüber Krankheiten. Ein weiteres Problem ist, dass sich verwandte Individuen paaren können. In kleinen Populationen sind alle Tiere mehr oder weniger miteinander verwandt. So ist es nur eine Frage der Zeit, bis sich Inzucht einstellt. Negative Einflüsse von Inzucht nennt man Inzuchtdepression. Deren Folgen können ein schwächeres Immunsystem, eine geringere Fortpflanzungsleistung oder eine höhere Jugendmortalität sein (Baur 2021). Wird der Inzucht nicht entgegengetreten, verstärken sich die Probleme mit der Zeit.

Schon kurz nach den ersten Aussetzungen machte sich Bächler (1935) Gedanken um die Inzucht beim Steinbock. Er sah bereits zu dieser Zeit die ganze Problematik, doch die Tatsache, dass in den letzten 80 Jahren in Gran Paradiso keine «Degenerationen» aufgetreten waren, stimmte ihn zuversichtlich. Er wandte sich auch gegen Behauptungen, dass in Gran Paradiso Kreuzungen mit Sibirischen Steinböcken stattgefunden hätten.

Diese Gerüchte wurden vor allem durch die teilweise weit ausladenden oder stark gebogenen Gehörne befeuert. Die Wiedereinbürgerung des Steinbocks war auch ein großes genetisches Experiment. Unerklärliche Bestandsschwankungen in einzelnen Kolonien in der Schweiz waren Anlass zu einem umfassenden Forschungsprojekt. Dabei untersuchte eine Arbeitsgruppe der Universität Zürich unter der Leitung von Lukas Keller die genetischen Spuren der Wiederansiedlung.

Im Rahmen dieser Studien wurden 50 Steinbockpopulationen in der Schweiz untersucht und mit der Population in Gran Paradiso verglichen. In jeder Kolonie hat man genetisches Material gesammelt; dabei wurden in erster Linie Proben von auf der Jagd erlegten Tiere genommen. Wo dies nicht möglich war, wurden Proben mit Biopsiepfeilen entnommen; dies sind kleine Pfeile, die auf das Tier geschossen werden. Beim Aufprall wird eine kleine Gewebeprobe entnommen und der Pfeil fällt zu Boden. Die Gewebeproben werden konserviert und im Labor analysiert. Dabei konnten die Forscherinnen anhand von Markern den genetischen Fingerabdruck der Steinböcke ermitteln.

Junger Steinbock.

Iris Biebach

Iris Biebach ist Populations- und Naturschutzgenetikerin mit einem allgemeinen Interesse an den genetischen Konsequenzen kleiner Populationen und solcher, die in ihrer Geschichte starke Bestandsrückgänge erfahren haben. Dazu gehören die Effekte von Gründerereignissen, Inzucht und der demographischen Geschichte auf genetische Diversität und die langfristige Überlebensfähigktei von Populationen. Ihre Forschung konzentriert sich auf den Alpensteinbock als Modellsystem, um diese Prozesse in wiederangesiedelten und fragmentierten Wildtierpopulationen zu untersuchen.

Wie kamst Du zur Steinbockforschung?

Auf der Suche nach einer Promotionsstelle erschien mir das von Prof. Dr. Lukas Keller vorgeschlagene Thema «Populationsgenetische Anaylsen von Alpensteinbockpopulationen in der Schweiz» besonders interessant. Die Gründungsgeschichte der Schweizer Steinbockpopulationen gleicht mit ihren zahlreichen, weitgehend isolierten Populationen und der gut dokumentierten Gründungs- und Entwicklungsgeschichte einem genetischen Großexperiment. Sie bietet ideale Voraussetzungen, um populationsgenetische Theorie mit empirischen Daten zu vergleichen. Nach der Promotion wurden die genetischen Analysen in Zusammenarbeit mit Kolleginnen und Kollegen erweitert und auf Populationen im gesamten Alpenraum ausgedehnt.

Was sind die Erkenntnisse Deiner Forschung?

Meine Forschung zeigt, dass die heutigen genetischen Muster in Steinbockpopulationen auch mehr als hundert Jahre nach der Wiederansiedlung noch stark von der Gründungsgeschichte, der Zusammensetzung der Gründerpopulationen und der anschließenden demografischen Dynamik geprägt sind. Durch die Kombination molekulargenetischer Daten mit populationsdynamischer Modellierung konnte ich zudem nachweisen, dass erhöhte Inzuchtniveaus mit reduziertem Populationswachstum einhergehen. Damit wird deutlich, dass individuelle Inzuchtdepression bei Steinböcken eng mit Prozessen auf Populationsebene verknüpft ist.

Werden diese Erkenntnisse auch umgesetzt?

Ja, die Erkenntnisse aus meiner Forschung werden praktisch umgesetzt. Ich berate Behörden und weitere Akteure zu genetischem Management, Populationsverstärkungen und Wiederansiedlungen. Auf Basis meiner Analysen habe ich Empfehlungen erstellt, welche Alpensteinbock-Populationen besonders von Inzucht betroffen sind, wie Verstärkungen effizient durchgeführt werden und wie neue Populationen genetisch optimal gegründet werden.

Für einige Populationen erstellte ich individuelle Simulationsmodelle zur Freisetzungsplanung. Konkrete Freilassungen zur Reduzierung der Inzucht erfolgten bereits in mehreren Populationen, unter anderem in den beiden Populationen Benediktenwand (D) und Alpi Marittime-Mercantour (I-F) mit besonders hohen Inzuchtgraden.

Was forschst Du jetzt am Steinbock? (Hier denke ich an eine Anspielung an das Vaterschaftsprojekt)

Eines der aktuellen Projekte befasst sich mit dem altersabhängigen Fortpflanzungserfolg beim Alpensteinbock. Große und dominante Böcke monopolisieren den Zugang zu empfänglichen Geißen und zeugen den Großteil der Nachkommen. Welche Rolle dabei sehr alte Böcke spielen, was beim Alpensteinbock den mehr als elfjährigen Böcken entspricht, ist bislang weitgehend ungeklärt, da es in der bisher einzigen Studie nur sehr wenige Individuen dieser Altersklasse gab. Die aktuelle Studie schließt diese Wissenslücke, indem sie den Fortpflanzungserfolg von über elfjährigen Böcken mithilfe genetischer Analysen untersucht. Sie wird in Zusammenarbeit mit dem Schweizerischen Nationalpark in deren unbejagten Population durchgeführt, in der deutlich mehr sehr alte Böcke vorkommen als in bejagten Kolonien.

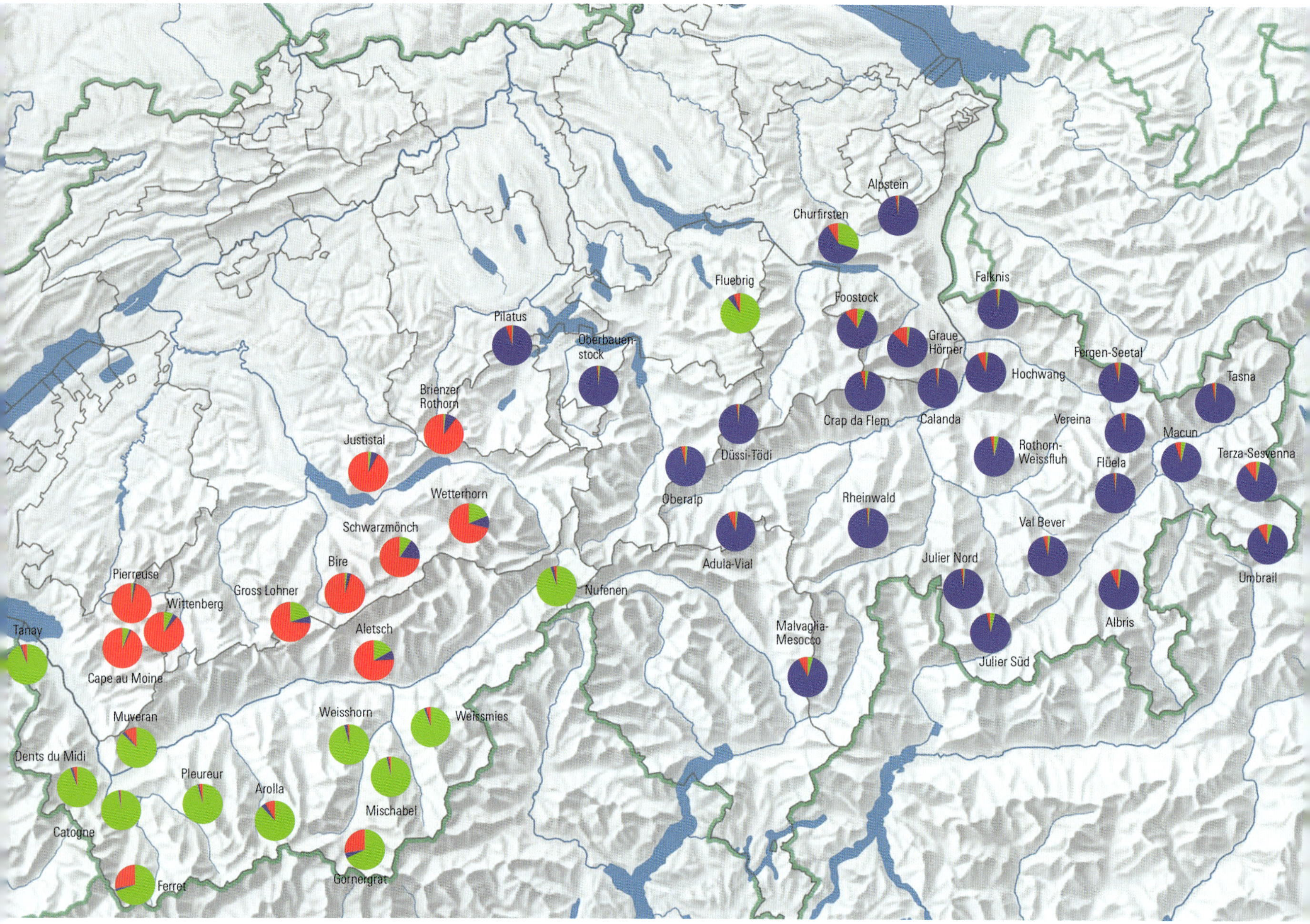

Die Geschichte der Wiederansiedlung spiegelt sich in der Genetik der Populationen wider (erstellt von Biebach, basierend auf Daten aus Biebach und Keller (2009) sowie erweiterten, unveröffentlichten Daten).

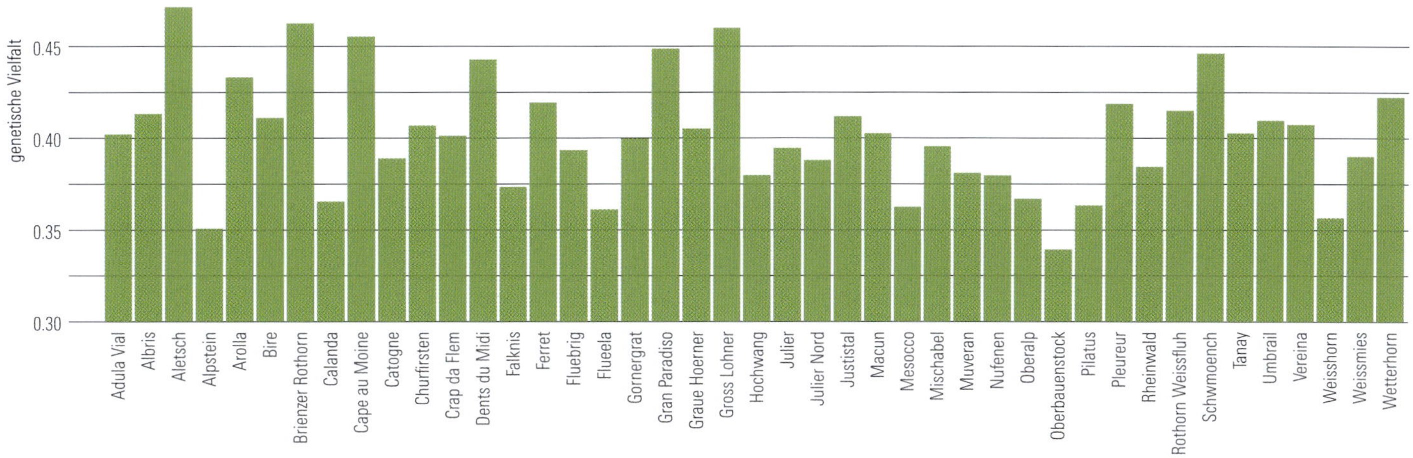

Mit den Ergebnissen der Analysen ließ sich die Wiedereinbürgerungsgeschichte nachvollziehen. Es konnten drei klare Gruppen nachgewiesen werden, die sich den drei Kolonien Albris, Brienzer Rothorn und Le Pleureur zuordnen ließen. Aus diesen Kolonien stammten die ausgesetzten Tiere. Auf den ersten Blick könnte man meinen, es läge ein natürlicher Austausch vor, doch aufgrund der sehr trägen Ausbreitung der Steinböcke ist dies praktisch unmöglich. Zieht man die Aussetzungsgeschichte hinzu, wird schnell klar, dass sich diese in den Genproben abbildet. So wurden vor allem in Graubünden und der Ostschweiz Tiere aus der Kolonie Albris eingebürgert. Die Kolonie Fluebrig stellt in dieser Hinsicht eine Ausnahme dar: Hier wurden sowohl Tiere aus Albris als auch vom Le Pleurer angesiedelt. Die Tiere aus Albris haben jedoch nicht überlebt, sodass diese Kolonie der Le-Pleureur-Gruppe zugeordnet werden kann. Mit diesem Projekt wurde auch die schmale genetische Abstammung dargestellt.

Die genetische Vielfalt ist ein wichtiges Maß für die potenzielle Anpassungsfähigkeit an allfällig wechselnde Umweltbedingungen. Ist diese Vielfalt hoch, ist die Inzucht gering. Die Untersuchungen der Gran-Paradiso-Population und von Schweizer Kolonien zeigten, dass die genetische Vielfalt sehr gering ist. Sie beträgt weniger als ein Viertel der genetischen Vielfalt, die man bei den verwandten Hausziegen findet (Grossen et al. 2020). Im Vergleich mit der Population in Gran Paradiso ist die genetische Vielfalt der Schweizer Kolonien ebenfalls kleiner. Insgesamt findet man in allen Schweizer Kolonien eine vergleichbare Vielfalt wie in der Mutterpopulation im Gran Paradiso. Dies liegt daran, dass relativ viele Tiere von Gran Paradiso in das Schweizer Zuchtprogramm Eingang gefunden haben.

Die genetische Vielfalt hängt davon ab, wie viele Tiere zur Gründung ausgewählt wurden und von welchen Kolonien sie abstammten. In Tirol (Österreich) wurden Tiere aus der Kolonie Albris ausgewildert. Hier ist die genetische Vielfalt aber kleiner als in Albris (Biebach et al. 2022). Die Auswirkungen dieser geringeren genetischen Vielfalt zeigt ein Beispiel von einem Ausbruch der Gamsblindheit in Gran Paradiso. Wird ein Steinbock von dieser Krankheit befallen, hängt seine Zukunft von verschiedenen Faktoren ab; einer davon ist die genetische Vielfalt. Dabei spielt ein für die Immunabwehr wichtiger Genkomplex (*Major histocompatibility complex*, MHC) eine wichtige Rolle. Eine Population mit vielen MHC-Varianten ist gegen Krankheiten besser gewappnet. Daher gibt es von diesem Genkomplex viele Varianten. Die Wild- und die Hausziegen haben 44 verschiedene dieser Varianten, der Steinbock nur 2 (Grossen et al. 2014). Als die Gamsblindheit in den Jahren 2005 bis 2008 im Gran-Paradiso-Gebiet ausbrach, sind 66 Böcke auf ihre Vielfalt an MHC untersucht worden. Es zeigte sich, dass Böcke mit weniger Varianten eher an der Gamsblindheit erkrankten als andere Böcke (Brambilla et al. 2017).

Die genetische Vielfalt ist in den einzelnen Schweizer Populationen unterschiedlich (erstellt von Biebach, basierend auf Daten aus Biebach und Keller (2009) sowie erweiterten, unveröffentlichten Daten).

Nachfolgende Doppelseite:
Steinböcke liegen an warmen Tagen gerne auf Kreten, hier bläst ein leichter Wind, der kühlend wirkt.

Christine Grossen

Aufgewachsen in den Bergen des Berner Oberlands zog es Christine Grossen für ihr Biologiestudium an die ETH Zürich, wo der Steinbock bereits Thema ihrer Masterarbeit war. Nach einer Dissertation an der Universität Lausanne zu einem sehr anderen Themengebiet (Laubfrösche und Evolution von Geschlechtschromosomen) und einem Postdoktorat an der University of British Columbia in Kanada kehrte sie zurück an die Universität Zürich und forschte dort als Oberassistentin weiter zum Steinbock. Seit Ende 2022 ist sie wissenschaftliche Mitarbeiterin an der WSL, wo sie sich allgemein mit der Frage beschäftigt: «Wie kann Genetik uns helfen, Arten zu schützen?».

Was ist am Steinbock so faszinierend?
Ich bin in den Bergen aufgewachsen und bewege mich selbst oft und gerne dort. Mich fasziniert, wie Steinböcke unter teils enorm unwirtlichen Bedingungen dort oben überleben können und wie und wo sie sich mit einer großen Selbstverständlichkeit bewegen. Das Selbstvertrauen, das vor allem die schon etwas älteren Männchen ausstrahlen. Die Eigenständigkeit der Geißen, wenn sie ihr Kitz im abgelegenen, für uns kaum oder gar nicht zugänglichen Gelände setzen.
Als Populationsgenetikerin fasziniert mich außerdem, wie unglaublich schnell sich diese Art nach einer Fast-Ausrottung erholen konnte: von einst weniger als 100 Individuen zu über 50'000 Tieren – und das innerhalb von nur rund 200 Jahren.

Was war oder ist Deine Forschungsfrage am Steinbock?
Wie geht es dem Steinbock heute genetisch? Was sind die genetischen Folgen der Fast-Ausrottung und was können wir tun, um das langjährige Bestehen der Art zu unterstützen, auch im Bezug zu neuen Krankheitsausbrüchen und einer sich schnell verändernden Umwelt?
Was können wir lernen für andere Arten, die aktuell vom Aussterben bedroht sind?

Was waren die wichtigsten Ergebnisse?
Obwohl es wieder sehr viele Steinböcke gibt, sind sie sich alle genetisch sehr ähnlich. Die genetische Vielfalt über das ganze Genom hinweg ist sehr tief, vergleichbar zu Tierarten, welche heute sehr selten sind, wie zum Beispiel dem Sibirischen Tiger. Die Analyse von Jahrtausende alten Knochen zeigt, dass die Vielfalt in der Vergangenheit klar höher war. Durch diese tiefe genetische Vielfalt könnten in der Zukunft die Mittel fehlen, neue Krankheiten zu bekämpfen oder sich anzupassen an die verändernde Umwelt. Hohe Inzucht und die Ansammlung von schädlichen Mutationen sowie Kreuzungen mit der Hausziege sind andere Risiken, die wir identifiziert haben und weiterhin untersuchen.

Was hast Du heute für ein Verhältnis zu Steinböcken?
Dank meiner Arbeit mit dem Steinbock habe ich viel gelernt, was ich nun anwenden kann für andere Tierarten, die in ähnlichen Situationen sind.
Geblieben ist die Faszination für ein Tier, das selbst in einer teils enorm unwirtlichen Umgebung Ruhe und Zuversicht ausstrahlen kann.

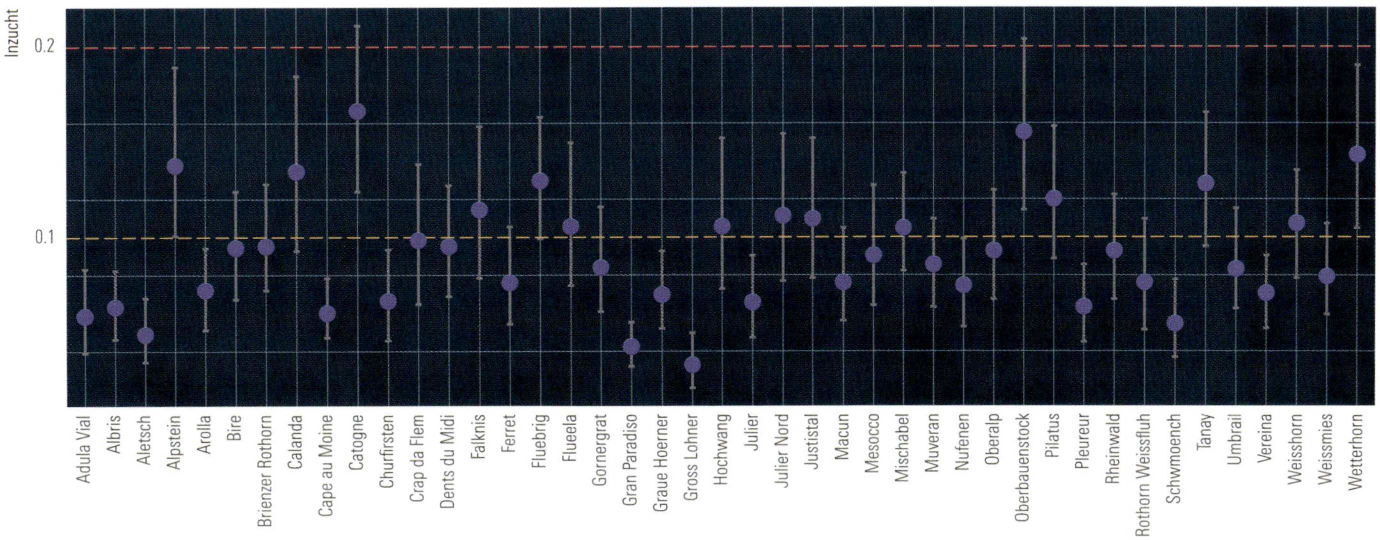

Die untersuchten Kolonien zeigten einen Inzuchtgrad von 0,11 (Biebach und Keller 2010), was sehr hoch ist – der Wert entspricht fast einem Inzuchtgrad einer Halbgeschwisterverpaarung. Das heißt aber nicht, dass sich durchgehend Halbgeschwister verpaaren; vielmehr hat sich der Inzuchtgrad über mehrere Generationen der Verpaarungen von Geiß und Bock mit geringerem Verwandtschaftsgrad hinweg angesammelt. Bei Huftieren gibt es keine Hinweise darauf, dass sich eng verwandte Exemplare bevorzugt verpaaren, aber wenn die Populationen klein sind oder waren, sind meist alle Tiere miteinander verwandt. Somit haben sie praktisch keine andere Möglichkeit, als sich mit Verwandten zu verpaaren. Der Inzuchtgrad der untersuchten Populationen ist in der Abbildung oben dargestellt. Auch er hängt von der Herkunft der Gründertiere ab (Biebach und Keller 2012). Zudem ist er in kleinen Populationen größer (Biebach und Keller 2010). Eine vergleichbare Studie in Tirol (Österreich) hat ergeben, dass hier der Inzuchtgrad noch größer ist als in der Kolonie Albris, aus der die eingesetzten Steinböcke stammen (Biebach et al. 2022).

Die Auswirkungen der Inzucht auf die Steinböcke zeigen zum Beispiel die Untersuchungen von Brambilla (2015). Individuen mit einem hohen Inzuchtgrad haben kurze Hörner, ein geringeres Körpergewicht und tragen mehr Parasiten in sich. Böcke mit einem hohen Inzuchtgrad stehen auch im höheren Alter aufgrund ihrer schwächeren körperlichen Verfassung (kürzere Hörner, geringeres Gewicht) nicht hoch in der Hierarchie und sind somit von der Brunft mehr oder weniger ausgeschlossen (Willisch et al. 2015). Das geringere Körpergewicht erfordert einen höheren Energiebedarf und das Individuum erleidet im Winter einen höheren Energieverlust. Die größere Anzahl an Parasiten ist für das Immunsystem eine Belastung. Aufgrund des hohen Inzuchtgrades könnten diese Tiere auch anfälliger für Krankheiten sein. Auswertungen von Daten aus 26 Steinbockkolonien zeigten, dass die Inzucht das Populationswachstum erheblich verringern kann (Bozzuto et al. 2019). Dies wirkt sich in Kolonien in ungünstigeren Gebieten noch stärker aus. Populationen mit hoher Inzucht hatten im Vergleich mit solchen mit geringerer Inzucht ein um 70 Prozent geringeres Wachstum. Vor allem Klimafaktoren hatten dann einen wesentlichen Einfluss, etwa in Gebieten mit hohen Sommerniederschlägen. Wahrscheinlich erhöhen die Niederschläge die Sterblichkeit der Kitze, die infolge des hohen Inzuchtgrades ein geringeres Gewicht haben.

Die Wiederansiedlung der Steinböcke im Alpenraum hat Auswirkungen auf die genetische Vielfalt und die damit verbundene Inzucht der Populationen. Ein hoher Inzuchtgrad beeinflusst das Überleben der Individuen und somit auch das Wachstum der Bestände. Es ist deshalb wichtig, Kenntnisse über die genetische Zusammensetzung der Bestände zu haben und allenfalls korrigierend einzugreifen. Die Pilatus-Kolonie bestand in erster Linie aus Steinböcken der Kolonie Albris. Um den Inzuchtgrad zu reduzieren, sind 2011 weitere zehn Individuen (fünf Böcke und fünf Geißen) aus dem Wallis ausgesetzt worden.

Der Inzuchtgrad hat sich seit der Wiederansiedlung in den Schweizer Populationen unterschiedlich angesammelt. Ein Inzuchtgrad von 0,125 entspricht dem Inzuchtgrad von Nachkommen einer Paarung von Halbgeschwistern (erstellt von Biebach, basierend auf Daten aus Biebach und Keller (2009) sowie erweiterten, unveröffentlichten Daten).

Diese haben bis auf eine Geiß alle überlebt. Bei solchen Aktionen ist es sinnvoll, den Erfolg auch zu überwachen. Dies erfolgt in der Regel eine Steinbockgeneration (acht Jahre) später. Im Gebiet der Kolonie Pilatus wurde von Steinböcken, die nach den Aussetzungen geboren wurden, genetisches Material gesammelt. Die Ergebnisse sind außerordentlich interessant: Es konnten Nachkommen der Walliser Steinböcke nachgewiesen werden. Zusätzlich zeigte sich, dass Steinböcke aus der Kolonie Brienzer Rothorn eingewandert sind und sich erfolgreich fortgepflanzt haben (Biebach und Keller 2022, pers. Mitteilung).

Der Steinbock und das Klima

Das Klima hat grundsätzlich einen großen Einfluss auf die Entwicklung der Steinbockbestände. Extreme Wetterereignisse sind in den meisten Fällen eine Belastung. In den letzten Jahrzehnten hat sich das Klima verändert und die extremen Wetterereignisse haben zugenommen. Was ist jedoch unter Klima und Wetter zu verstehen?

Das Klima eines Ortes umfasst den Mittelwert der Temperatur und die monatlichen Niederschlagssummen (Croci-Maspoli und Essl 2013). Klimatische Extremwerte, die nur selten oder kurzfristig auftreten, beschreiben eine maximale Abweichung des Klimas von seinem typischen Zustand. Auf sensiblere Arten können solche Ereignisse jedoch einen wesentlichen, vielleicht schon fatalen Einfluss haben. Das Wetter hingegen ist ein Teilprozess innerhalb des Klimasystems. Es spielt sich auf viel kürzeren Zeitskalen ab, zum Beispiel Stunden, Tagen oder Wochen (Croci-Maspoli und Essl 2013). Der in den letzten Jahrzehnten stattfindende menschengemachte Klimawandel hat vielfältige Auswirkungen. Seit Jahrzehnten werden phänologische Ereignisse beobachtet und festgehalten. Diese dokumentieren den Entwicklungszustand der Vegetation an verschiedenen Orten. In den letzten Jahren hat es eine Verschiebung dieser phänologischen Ereignisse gegeben, wie zum Beispiel des Blattaustriebs. Diese Reaktionen sind vor allem im Frühling sichtbar; im Sommer und Herbst bisher noch nicht (Rabitsch und Herren 2013). Ist der Winter mild und feucht, hat das eine vorzeitige Entwicklung der Vegetation zur Folge. Zudem wirkt sich auch der Nordatlantische Oszillationsindex (NAO) aus, der anhand der Luftdruckdifferenz zwischen dem Islandtief und dem Azorenhoch ermittelt wird.

In den Hochlagen der Alpen prägt das Klima die Lebensräume und die darin lebenden Tier- und Pflanzenarten sehr stark (Dirnböck et al. 2013). Welche Folgen der Klimawandel für den schweizerischen Alpenraum hat, zeigen die Szenarien von MeteoSchweiz (MeteoSchweiz und ETH Zürich 2025): Die Anzahl an Hitzetagen und Tropennächten werden mit zunehmender Erwärmung deutlich häufiger auftreten. Besonders betroffen sind tiefere Lagen und städtische Gebiete. Hier werden die Differenzen deutlich spürbar sein. Aber auch Regionen in den Alpen und in den Voralpen werden in Zukunft von Hitze betroffen sein. Hier sind die Auswirkungen vielleicht nicht so ausgeprägt wie in tieferen Lagen, aber für die an das Alpenklima angepassten Arten können auch schon kleine Veränderungen große Auswirkungen haben. Besonders groß können die Herausforderungen werden, wenn Hitzeereignisse zusammen mit einer ausgeprägten Trockenheit auftreten. Die Bodenfeuchtigkeit nimmt ab und wird dies auch weiter tun; der Trend zu trockenen Sommern wird sich verstärken. Die Anzahl der Starkniederschläge hat im Vergleich zur ersten Hälfte des 20. Jahrhunderts deutlich zugenommen, und die Nullgradgrenze wie auch die Schneegrenze werden im Winter steigen. Der daraus resultierende Schneeanteil ist höhenabhängig. Die Schneeschmelze wird früher eintreten, die Vegetation sich demnach auch früher entwickeln. Im Sommer wird die Nullgradgrenze auch über 3000 Meter steigen.

Der aktuelle Klimawandel hat im Alpenraum einen Anstieg der Waldgrenze zur Folge (Dirnböck et al. 2013). Welche Auswirkungen dies auf Arten haben kann, die am oberen Waldrandbereich und darüber leben, zeigt eine Studie aus den Niederen Tauern in Österreich (Deutz und Gasteiner 2017). Die Flächen dieser wichtigen Lebensräume für viele sensible Arten wie Birkhuhn *(Lyrurus tetrix)*, Schneehuhn *(Lagopus muta)*, Steinbock und Gämse werden abnehmen, Wald- und die Baumgrenze werden steigen. Die zu erwartenden Trockenperioden werden zudem die Qualität der Futterpflanzen negativ beeinflussen. Dies betrifft auch die Almwiesen, wo aufgrund der früheren Vegetationsentwicklung der Alpsommer rund drei Wochen früher beginnt. Damit verbunden ist jedoch eine Zunahme des Rohfasergehalts der Pflanzen. In der Periode von 1994 bis 2015 haben die Autoren eine Zunahme des Rohfasergehalts von 19 Gramm pro Kilogramm Futtermasse gemessen. Die Folge ist eine schlechtere Verdaulichkeit der Nahrung, die wiederum zu einer schlechteren Ernährungssituation für viele Wildtierarten vor Ort führt. Dies wirkt sich negativ auf deren körperliche Entwicklung aus. Die Veränderungen in der Nahrungsqualität führen auch zu einer Zunahme der innerartlichen wie zwischenartlichen

Im Sommer suchen sich Steinböcke bei hohen Temperaturen schattige Stellen auf und weichen der Hitze aus.

Auch der Birkhahn ist von der steigenden Waldgrenze betroffen.

Veränderungen Höhenverbreitung SNP

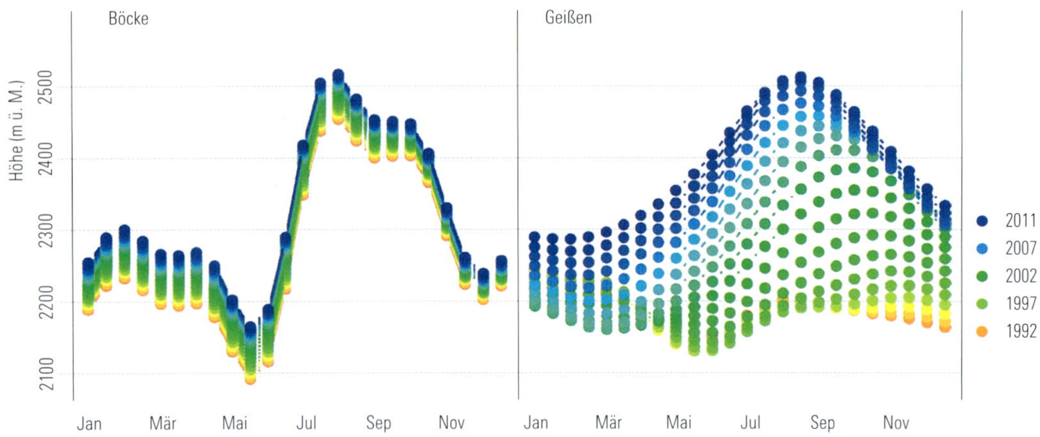

Konkurrenz. Die Zunahme der Temperatur kann zudem zu Hitzestress führen. Leistungsmessungen im Rahmen dieser Studie bei Kühen auf der Alp zeigten, dass sie aus diesem Grund bis zu 4,5 Liter weniger Milch geben können. Aufgrund der Hitze nehmen Wiederkäuer weniger Nahrung auf, und Krankheiten können vermehrt auftreten. So könnte die Gamsblindheit vermehrt auftreten, weil die die Krankheit übertragenden Fliegen länger unterwegs sind. Für die Steinböcke im Ostalpenraum wird aufgrund der steigenden Waldgrenze der Sommerlebensraum um 95 Prozent und der Winterlebensraum um 78 Prozent verkleinert werden.

Pflanzen nehmen aus der Umwelt CO_2 auf. Dabei werden vom Kohlenstoffatom die stabilen Isotope ^{12}C und ^{13}C aufgenommen und in Zucker umgewandelt (Fotosynthese). Die Aufnahme erfolgt über die Spaltöffnungen (Stomata) an der Blattunterseite. Dabei wird das im Gewicht leichtere ^{12}C-Isotop bevorzugt aufgenommen. Durch den menschgemachten Anstieg der CO_2-Konzentration in der Luft können die Pflanzen CO_2 effizienter aufnehmen, müssen ihre Stomata etwas weniger weit öffnen und verlieren so etwas weniger Wasser. Wie effizient eine Pflanze CO_2 aufnehmen kann und wie gut sie sich gegen den Feuchtigkeitsverlust schützen kann, sagt die Wassernutzungseffizienz. Da sich durch die veränderten Stomata-Öffnungen auch das Aufnahmeverhältnis der Isotope ^{12}C und ^{13}C ändert, kann durch Isotopenanalysen von Pflanzenmaterial, zum Beispiel anhand der Jahrringe eines Baumstammes, die Wassernutzungseffizienz abgeleitet und damit der menschgemachte Anstieg der CO_2-Konzentration in der Luft rekonstruiert werden.

Die von Steinböcken über die Nahrung aufgenommenen Isotope werden verdaut und gelangen in die Blutbahn. So kommen sie auch in die Wachstumszonen der Hörner, wo sie eingelagert werden. Barbosa et al. (2009a) konnten zeigen, dass Steinbockhörner als Isotopenarchive genutzt werden können und so einen Einblick in die Ökologie der Futterpflanzen im Lebensraum der Art geben. Steinböcke lagern die Isotope der Futterpflanzen im Hornteil des Gehörns ein. Um einen Einblick in die ökologischen Veränderungen des alpinen Lebensraums zu bekommen, sind Steinbockgehörne aus der Kolonie Augstmatthorn/Brienzer Rothorn untersucht worden (Barbosa et al. 2009b). Die Gehörne deckten den Zeitraum von 1938 bis 2006 ab. Die Ergebnisse zeigen eine steigende Wassernutzungseffizienz der alpinen Graslandschaften über diese Zeit hinweg; der Kohlenstoffgewinn wurde also im Verhältnis zum Wasserverlust verbessert. So sind Steinbockhörner wahre Archive für die Rekonstruktion von Umweltveränderungen im alpinen Raum.

Die Höhenverbreitung der Steinböcke hat sich im Schweizerischen Nationalpark seit Beginn der 1990er-Jahre vor allem bei den Geißen stark in die Höhe verschoben, Böcke und Geißen sind jetzt auf der gleichen Höhe anzutreffen (Herfindal 2013).

Besenderter Steinbock im Schweizerischen Nationalpark.

Der Klimawandel wirkt sich auch ganz direkt auf die Steinböcke aus. Die erhöhten Temperaturen im Frühling mit der damit verbundenen früheren Schneeschmelze und der früheren Vegetationsentwicklung haben einen positiven Einfluss auf das jährliche Hornwachstum (Büntgen et al. 2014). In diesem Punkt können die Steinböcke vom Klimawandel profitieren. Es muss dabei aber berücksichtigt werden, dass dies nur ein einzelner Faktor ist. Im Gegensatz dazu könnten Steinkitze bei einer zu raschen Schneeschmelze geringere Überlebenschancen haben (Pettorelli et al. 2007). Durch die frühe Schneeschmelze kommt es zu einer höheren Pflanzenproduktivität; die Verfügbarkeit von hochwertigem Futter könnte jedoch verkürzt werden.

Steinböcke sind mobil und können von verbesserten Bedingungen profitieren oder auch schlechten Einflüssen ausweichen. Wie sich die veränderten Nahrungsressourcen auf sie auswirken, ist schwer zu sagen. Genauere Untersuchungen und Beobachtungen sind in diesem schwierigen Gelände nicht einfach. Einen Anhaltspunkt könnten Untersuchungen an Rothirschen *(Cervus elaphus)* auf der schottischen Insel Rum liefern. Sie werden seit den 1950er-Jahren intensiv untersucht. Die längere Vegetationszeit und das dadurch verbesserte Nahrungsangebot führten bei den männlichen Hirschen zu einem größeren Geweih. Während eines Zeitraums von 28 Jahren fand die Brunft fünf bis zwölf Tage früher statt (Moyes et al. 2011). Damit eine Paarung passieren kann, müssen die Hirschkühe früher empfängnisbereit sein – in der Folge werden die Kälber auch früher geboren und das Geburtsgewicht steigt. Dies hängt aber auch stark von der Bestandsdichte ab (Nussey et al. 2005; Stopher et al. 2014). Auf den ersten Blick scheint das alles ein Vorteil zu sein. Doch aufgrund des Klimawandels nahm auch der Regen zu, was die Sterblichkeit der Hirschkälber deutlich erhöhte (Stopher et al. 2014).

Dieses Beispiel einer gut untersuchten Rothirschpopulation, für die auch entsprechende Langzeitdaten vorliegen, zeigt, dass es schwer ist, die Auswirkungen des Klimawandels darzustellen. Die einzelnen Faktoren können nicht isoliert betrachtet werden. Zudem können die Ergebnisse nicht einfach von einem Gebiet auf ein anderes übertragen werden (Martinez-Jauregui et al. 2009). Die Umweltbedingungen und die landschaftlichen Voraussetzungen sind jeweils anders. Von Studienergebnissen an einer Art auf eine andere zu schließen ist daher kaum möglich. Die Untersuchungen zeigen jedoch, was alles möglich ist und wie differenziert die Auswirkungen des Klimawandels betrachtet und diskutiert werden müssen.

Im Schweizerischen Nationalpark werden seit den frühen 1990er-Jahren Steinböcke individuell markiert und einzelne Individuen mit Sendern versehen. Die Raumnutzung zeigt über all die Jahre hinweg, dass die Böcke sich im Zeitraum von Juni bis Oktober in deutlich höheren Lagen als die Geißen aufhalten. Aus den Langzeitdaten geht aber auch hervor, dass es seit der Jahrtausendwende eine Änderung der Nutzung gibt. Analog zu den Veränderungen der Vegetation und dem zunehmenden Konkurrenzdruck durch Rothirsch und Gämsen haben die Steingeißen ihren Aktionsraum weiter nach oben verlegt, während die Böcke auf der gleichen Höhenstufe geblieben sind (Herfindal 2013, Herfindal et al. 2019). Eine Auswertung der Höhe von Abschussorten während der Steinbockjagd im Kanton Graubünden für die Jahre 1991 bis 2013 zeigte ebenfalls einen markanten Anstieg (Büntgen et al. 2017). Das System der sexuellen Segregation, das sich im Laufe der Evolution entwickelt hat und für die Steinböcke eine optimale Nutzung des alpinen Lebensraumes ermöglichte, wird wahrscheinlich in Zukunft nicht mehr funktionieren. Um es wiederherzustellen, müssten die Böcke ebenfalls weiter nach oben ziehen, was jedoch aufgrund der Topografie nicht möglich ist. Wie sich diese neu entstandene Konkurrenzsituation auf die weitere Entwicklung der Bestände auswirken wird, ist schwer zu sagen. Vor allem wäre mehr Wissen über die Qualität und Quantität der Nahrungsgrundlagen notwendig.

Schon Nievergelt (1966) stellte fest, dass Steinböcke an heißen Sommertagen gerne Schatten aufsuchen. Sie müssen sich gegen eine Überhitzung des Körpers schützen. Dafür ändern sie ihre Raumnutzung. Die Aufenthaltsgebiete werden aufgrund der maximalen Tagestemperatur ausgewählt; so kann der Aufwand für die Bewegungen minimiert werden (Brivio et al. 2019). Dafür werden bei der Nahrungssuche Abstriche gemacht. Aufgrund ihres Verdauungsapparats können vor allem Böcke in einer Äsungsperiode viel Nahrung aufnehmen, die nicht unbedingt sehr nährstoffreich sein muss. Die Geißen, vor allem diejenigen, die Kitze führen, sind auf bessere Nahrung angewiesen. Mit zunehmender Tagestemperatur und Sonneneinstrahlung nimmt die Zeit, die für die Nahrungsaufnahme aufgewendet wird, ab (Aublet et al. 2009). Dafür wird vermehrt am Morgen und am Abend gefressen. Vor allem die großen, älteren Böcke reagieren bei Temperaturen über 15 bis 20 °C schneller als Geißen und jüngere Böcke. Sie sind jedoch aufgrund ihrer Körpergröße und der Fähigkeit, auch mit schlechterer Nahrung auszukommen, vermutlich flexibler. Semenzato et al. (2020) untersuchten die Auswirkungen steigender Tempera-

Waage zum Messen des Körpergewichts der Steinböcke im Nationalpark Gran Paradiso.

turen bei Steingeißen. Sie stellten fest, dass diese im Sommer der grünen Welle folgen, das heißt, sie suchen immer das frische und nährstoffreiche Grün. Bei einer Temperatur von rund 13 °C schränkten sie ihre Aktivitäten ein und verlegten diese in die frühen oder späten Stunden. An kühlen Tagen blieben sie in tieferen Lagen.

Die Mitarbeiter des Nationalparks Gran Paradiso haben eine Waage entwickelt, mit der sie das Lebendgewicht der Steinböcke messen können. So wurden zwischen 2000 und 2022 individuell markierte Steinböcke regelmäßig gewogen (Brambilla et al. 2025). Das Herbstgewicht nahm in diesem Zeitraum zu, in einzelnen Altersklassen um bis zu 15 Prozent. Diese Entwicklung kam aufgrund zweier unterschiedlicher Einflüsse zustande: einer rückläufigen Gewichtszunahme im Sommer, die mit einem geringeren Gewichtsverlust im Winter korrelierte. In der Summe resultierte daraus eine Gewichtszunahme.

Auswertungen der Jagdstrecken aus dem Kanton Graubünden zeigten, dass dort das Gewicht, die Unterkieferlänge und die Hinterfußlänge – beides Maße für die körperliche Entwicklung – in den Jahren 1991 bis 2013 stabil blieben (Büntgen et al. 2020). Eine wichtige Rolle dafür spielte die frühere Vegetationsentwicklung im Frühling in tieferen Lagen, die in dieser Zeit von den Steinböcken gerne aufgesucht werden. Dieses Phänomen kann in den letzten Jahren auch regelmäßig in Pontresina beobachtet werden. Hier locken die Steinböcke in Tallage jeden Frühling viele Schaulustige an. Wie sich die Veränderung des Körpergewichts vor allem auf die männlichen Steinböcke und ihren Zugang zur Brunft auswirkt, bleibt eine offene Frage.

Vor allem die Schneehöhe im Winter hat einen großen Einfluss auf das Überleben der Steinböcke (Jacobson et al. 2004, Lima und Berryman 2006, Grotan et al. 2008). Im Gebiet von Gran Paradiso begrenzen die Dichte und die Schneehöhe die Population. Milde Winter verringern die Mortalität der ausgewachsenen Tiere, sodass die Population anwächst. Steinböcke können zwar sehr gut in hohen Dichten leben, die Frage ist nur, was passiert, wenn über viele Jahre keine strengen Winter mehr den Bestand regulieren.

Durch den Klimawandel wird die Vegetationszeit aufgrund der früheren Ausaperung (Schneeschmelze) länger. Davon profitieren die Steinböcke zum Teil. Weil sie aber mit der Hitze nicht gut umgehen können, weichen sie auf kühlere Orte aus, was auf Kosten der Nahrungsqualität geht. Die Steinböcke halten sich heute im Sommer und im Winter, wenn möglich, an süd- oder südwestexponierten Stellen auf. Dabei bevorzugen sie Gebiete, die kleinräumig auch Schatten bieten (Filli 1995). In der Regel können sie schlecht weiter in die Höhe ausweichen.

In den letzten 20 Jahren hat sich die Vegetation über der Waldgrenze stark verändert. Anhand von Satellitenbildern konnte mit dem Normalized Difference Vegetation Index (NDVI) eine Ausweitung der begrünten Flächen nachgewiesen werden (Choler et al. 2021). Diese Zunahme ist vor allem auf eine Veränderung von bisher nicht begrünten Flächen zurückzuführen. Es gibt aber auch Flächen, an denen sich die Vegetation nicht wie erwartet entwickelt hat, etwa an Stellen mit viel Schnee, an denen es später taute. Betrachtet man den ganzen Alpenraum, so sieht man, dass sich die Vegetation über der Waldgrenze regional unterschiedlich entwickeln kann. Diese Feststellung deckt sich mit der Tatsache, dass die Bestände der Steinbockpopulationen in der Schweiz nicht synchron schwanken. Der jeweilige Lebensraum und seine Strukturen spielen bei der Bestandsentwicklung eine wichtige Rolle (Grotan et al. 2008). Wir können davon ausgehen, dass die Folgen des Klimawandels sich nicht überall gleich auswirken. Es wird Populationen geben, die diese Veränderungen verkraften können, und andere werden darunter leiden.

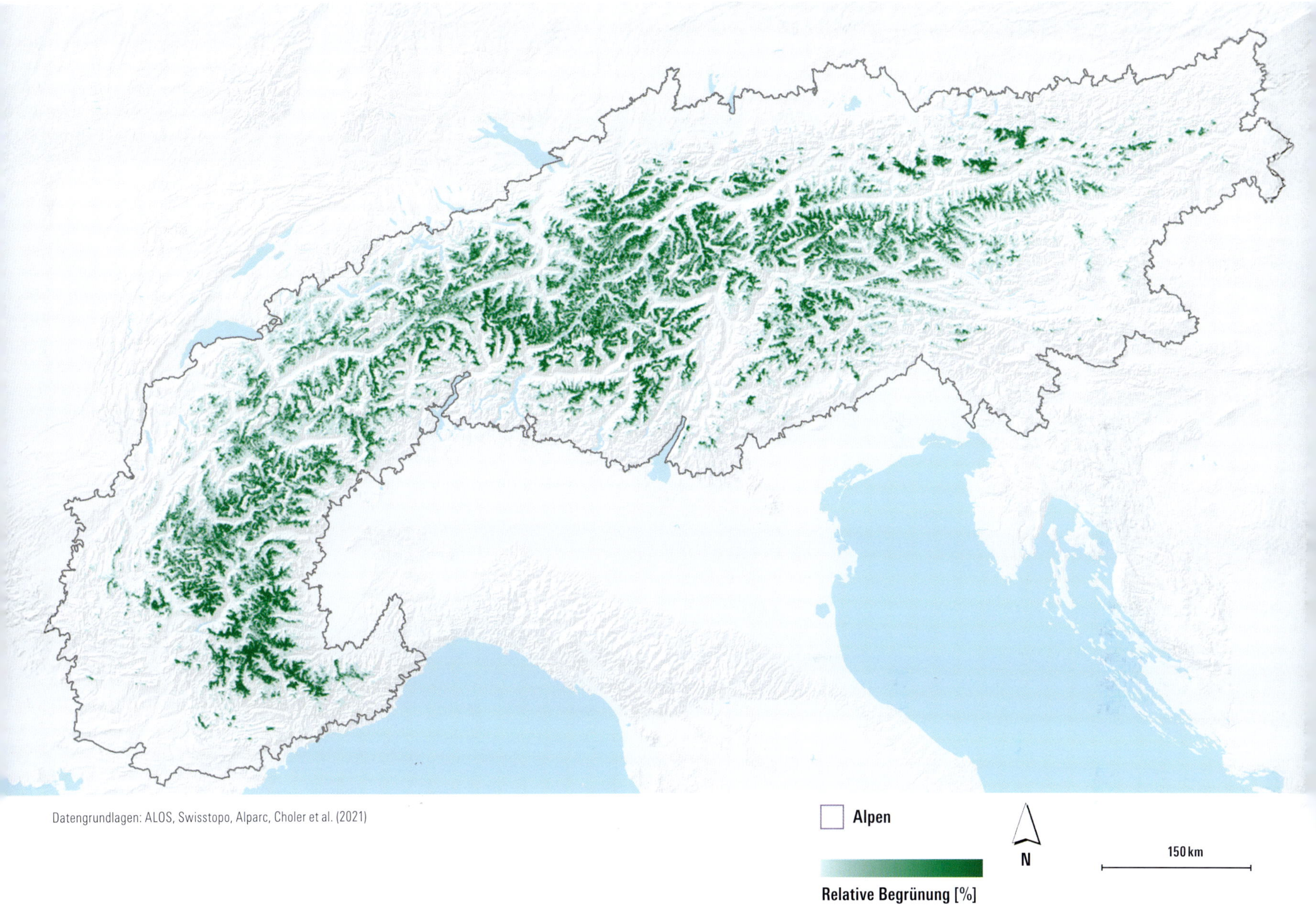

Datengrundlagen: ALOS, Swisstopo, Alparc, Choler et al. (2021)

Die durch die Klimaerwärmung ausgelöste Begrünung im Zeitraum zwischen den Jahren 2000 und 2020 verläuft räumlich nicht einheitlich. Es gibt regionale Unterschiede mit Hotspots in den südlichen Teilen der französischen Alpen, den südlichen Teilen der Zentralalpen sowie den nordöstlichsten Teilen der Alpen. Es sind nur Flächen über der Waldgrenze berücksichtigt worden (Quelle: Choler et al. 2021).

Aussterben und Wiederansiedlung

Das annähernde Aussterben des Steinbocks wird seit Jahrhunderten kontrovers diskutiert. Tschudi (1890) sah mehrere Ursachen dafür: eine Abnahme der Lebenskraft, ungenügende Vermehrung, die Eigenart, dass Steinböcke nicht unmittelbar fliehen, eine Einengung des Lebensraums und die Jagd. Bächler (1919) vertrat die Meinung, dass das Verschwinden des Steinbocks auf keinen Fall auf natürliche Ursachen zurückzuführen sei. Zudem war er der Meinung, dass klimatische Faktoren keinen Einfluss hatten – einzig die Anwesenheit des Menschen im Lebensraum der Steinböcke sei die Ursache für dessen Verschwinden. Auch Bundi (2006) macht die Jagd und die Einengung des Lebensraums durch den Menschen als Ursachen aus. Sekundär könnten seiner Meinung nach jedoch auch Klimafaktoren eine Rolle gespielt haben.

Der Steinbock in der Geschichte

Der Steinbock hat sich während der Eiszeiten entwickelt, angepasst und ausgebreitet. Zu Beginn der letzten Eiszeit trat er in der Schweiz im alpinen Raum und im Jura auf (Ziegler 1963). Archäologische Untersuchungen fanden Überreste von Steinböcken vom Ende der letzten Eiszeit auch in Höhlen des schweizerischen Mittellandes. In zehn von elf Höhlenfunden taucht der Steinbock zusammen mit Überresten von Rentieren auf (Ziegler 1963). Mit dem Rückzug der Gletscher aus dem Mittelland zog sich das Rentier nach Norden zurück, der Steinbock nach Süden in die Alpen. Robin (2022) fand anhand von genetischen Analysen archäologischer Funde schon nach den Eiszeiten beim Steinbock eine geringe genetische Vielfalt. Dies ist ein Anzeichen dafür, dass schon zu dieser Zeit kleine, isolierte Populationen lebten. Der genetische Austausch war sehr eingeschränkt. Aus der Bronzezeit finden sich in den Alpen in verschiedenen Siedlungen Überreste von Steinböcken, so auch an der Fundstelle Ova Spin am Rand des Schweizerischen Nationalparks (Ziegler 1963). Aus dem Schweizerischen Mittelland ist nur ein Fund am Hallwilersee bekannt.

Robin (2022) zeigt auch, dass Steinböcke bis vor 6000 Jahren zwar kleine, aber stabile Populationen bildeten. Für diesen Zeitraum finden sich auch in Fundstellen im Südosten der italienischen Alpen noch regelmäßig Steinbockknochen (Fontana et al. 2023), für die Zeit danach nur noch sporadisch. Die Bestände gingen kontinuierlich zurück und kollabierten vor rund 2000 Jahren (Robin 2022). Die Tiere hatten sich in den Alpenraum zurückgezogen oder waren schon größtenteils verschwunden. Im voralpinen Gebiet findet man in Fundstätten aus der Römerzeit Überreste von Steinböcken (Ziegler 1963). Eine der ersten Erwähnungen in historischen Schriften finden wir im ersten Jahrhundert nach Christus bei Plinius, der die Art mit dem lateinischen Namen *ibex* bezeichnet. Es ist unklar, ob der Autor, der selbst in der Nähe von Como am Rande der Alpen lebte, selber Steinböcke gesehen hat oder nicht. Seine Beschreibungen galten über Jahrhunderte als Vorlage für weitere Autoren. So sollten sich die Steinböcke mithilfe ihrer Hörner die Felsen emporschwingen. Um das Jahr 1000 soll im Kloster St. Gallen Steinbockfleisch aufgetischt worden sein (Ziegler 1963), und im Jahr 840 sollten im Montafon Steinbockfelle geliefert werden (Zechner 2022). Auch im Kloster Pfäfers finden sich Aufzeichnungen, die um 1160 Lieferungen von Steinbockfellen dokumentieren. Beide Beschreibungen lassen jedoch auch die Möglichkeit offen, dass damit gegebenenfalls Ziegenfelle gemeint gewesen sein könnten (Bundi 2006, Zechner 2022).

Mathieu Robin

Mathieu Robin hat eine Lehre als Biologielaborant absolviert und anschließend einen Bachelor an der ZHAW im Bereich Wildlife-Management abgeschlossen. Seine Master- und Doktorarbeit hat er im Bereich Evolutionsbiologie über die historische Diversität des Alpensteinbocks im Team von Prof. Lukas Keller unter Christine Grossen geschrieben. Heute arbeitet er bei Johnson & Johnson als Prozessingenieur.

Wie bist Du zu Deinem Forschungsthema gekommen?

In meinem ersten Studienjahr als Umweltingenieur an der ZHAW im Bereich Wildtiermanagement hörte ich an einer Tagung den Vortrag über Wildtiergenetik von Prof. Lukas Keller. Da wusste ich, in diese Richtung möchte ich mich unbedingt weiterentwickeln. Später konnte ich dann in seinem Labor an der Universität Zürich meine Master- und Doktorarbeit im Bereich der Populationsgenetik machen. Hier war vor allem Christine Grossen federführend, und wir haben zusammen die historische Diversität des Alpensteinbocks *(Capra ibex)* erforscht.

Was war die große Herausforderung?

Nun, da gab es mehrere: Einerseits ist die Arbeit mit historischem genetischem Material extrem aufwendig und heikel. Man arbeitet in einem Vollkörperanzug und trägt Maske, Gesichtsschild, zwei Lagen Handschuhe und arbeitet in spezialisierten Laboren. Die DNA ist häufig stark fragmentiert und kontaminiert, die Proben bis zu mehreren Tausend Jahre alt und schwierig zu bekommen. Hier haben wir mit verschiedensten Höhlenforschern, Museen und Privatpersonen entlang des Alpenbogens gearbeitet, um an das entsprechende Material zu kommen. Dann generiert man in komplizierten und teuren Verfahren die genetischen Proben. In unserem Fall haben wir um die 45 ganze Genome von Alpensteinböcken rekonstruiert. Diese waren zwischen 100 und 12000 Jahre alt. Dabei entsteht eine enorme Menge Daten. In meinem Fall um die 3,7 TB, welche dann Supercomputing mit großen Clustern braucht, um die Datenanalysen überhaupt durchführen zu können.

Was ist die wichtigste Erkenntnis Deiner Arbeit?

Die noch nicht publizierten Resultate deuten darauf hin, dass der Alpensteinbock vermutlich schon seit der Eiszeit eine relativ starke Populationsstruktur und verhältnismäßig tiefe genetische Diversität aufwies. Der Rückzug der Gletscher und die starke Fragmentierung des Lebensraums durch Wälder und Flüsse könnten zu diesem Phänomen beigetragen haben. Die bereits publizierten Resultate der mitochondrialen Diversität zeigen auch das Verschwinden von einigen ausgeprägten genetischen Linien, die während der Ausrottung der Art unwiderruflich verloren gegangen sind (publiziert in Molecular Ecology, 13 Mai 2022, https://doi.org/10.1111/mec.16503).

Was kann man daraus für allgemeine Schlüsse ziehen?

Die genetische Diversität in einem stark strukturierten Lebensraum wie dem Alpenbogen birgt viel Potenzial für eine mögliche genetische Auffrischung, aber auch die Gefahr, dass ausgeprägte genetische Linien schneller verloren gehen. Es muss sich noch zeigen, ob der Steinbock ein Musterbeispiel oder die Ausnahme von der Regel ist.

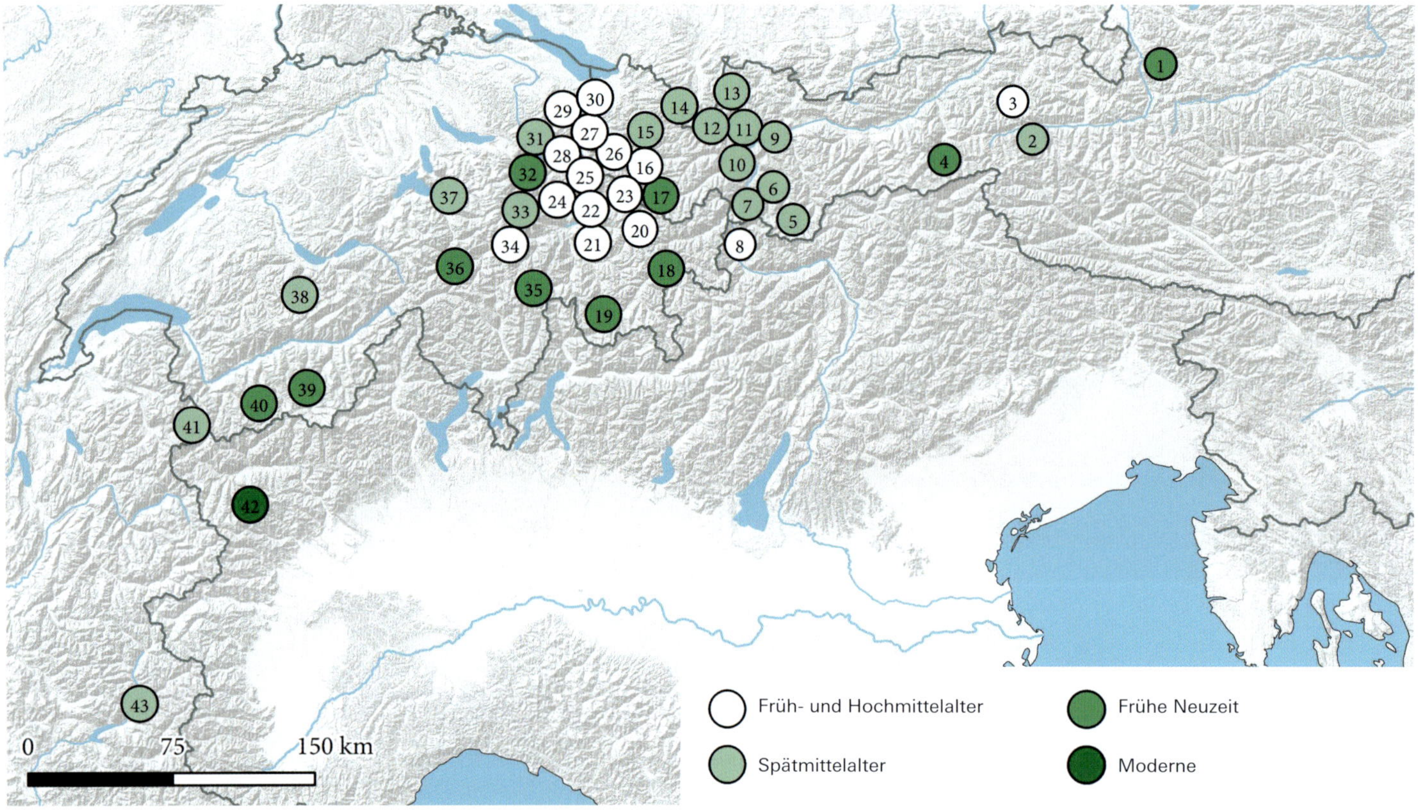

1 Tennengebirge (1698-1709/10)
2 Hollersbachtal (15. Jh.?)
3 Brixental (902)
4 Zillertal (bis 1710/11)
5 Taschachtal/Pitztal (um 1500)
6 Kaiserberg/Kaunertal (um 1500)
7 Radurschltal (um 1500)
8 Vintschgau (1186)
9 Schafgötsche (um 1500)
10 Zammer Loch (um 1500)
11 Obermedriol (um 1500)
12 Madautal (um 1500)
13 Jochbachtal (um 1500)
14 Mittelberg/Kl. Walsertal (1484)
15 Alpe Marul/Gr. Walsertal (1470)
16 Montafon (840)
17 Prättigau (1574
18 Piz Arpiglia (1571, 1618)
19 Bergell (1571, 1618)
20 St. Peter (1160)
21 Chur (1160)
22 Untervaz (1160)
23 Igis (1160)
24 Valens (1160)
25 Vättis (1160)
26 Pfäfers (1160)
27 Ragaz (1160)
28 Mels (1160)
29 Sevelen (1160)
30 Rüthi (1160)
31 Burg Gräpplang (14. Jh.)
32 Glarner Alpen (um 1550)
33 Flims (1160, 1493/94)
34 Siat (1160)
35 Adula-Alpen (1571, 1618)
36 Gotthardmassiv (1583)
37 Innerschweiz (15. Jh.?)
38 Berner Oberland (15. Jh.?)
39 Val d'Anniviers (1809)
40 Val de Bagnes (Ende 16. Jh.)
41 Chamonix (1398/99)
42 Gran Paradiso
43 Embrun (Anfang 15. Jh.)

Historisch nachweisbare Steinbockvorkommen in den Alpen seit dem Mittelalter (Zechner 2022).

1574 war es im Kanton Graubünden schwierig, Steinböcke aufzutreiben (Candreia 1904, Castelmur 1931), obwohl die Art zu dieser Zeit hier noch vorgekommen sein soll. Campell (2021) erwähnt in seiner topografischen Beschreibung des alpinen Rätien von 1573 auch Steinböcke. Obwohl er als Engadiner sie gekannt haben sollte, kann man davon ausgehen, dass er selbst kaum Steinböcke gesehen hat. Er beruft sich auf die Beschreibungen von Plinius. Die Farbbeschreibung lichtgrau bis rot passt eher zu Hybriden aus Geißen und Böcken als zu eigentlichen Steinböcken. Seine Anmerkung, dass Steinböcke in großen Teilen Rätiens praktisch ausgestorben wären, dürfte wiederum der Realität entsprechen.

Nach Aufzeichnungen von Jagdveranstaltungen des Bischofs von Konstanz, Heinrich von Hewen, aus den Jahren 1492 und 1493 ist mindestens ein Steinbock zur Strecke gekommen (Bundi 1995) – dieser stammte aus dem Bündner Oberland. Zudem soll ein Steinbock auch lebendig mit nach Hause genommen worden sein, bei dem es sich um einen nachgehenden Steinbock gehandelt haben soll (Castelmur 1931). Damit war ein Steinkitz gemeint, das einer erlegten Steingeiß folgte. 1493 soll ein Steinböcklein an den Pfalzgrafen bei Rhein, Philip I., Herzog von Bayern, geliefert worden sein. Er hatte große Freude an dem Tier und bedankte sich dafür. Da gemäß den Aufzeichnungen noch Geweihe von Rothirschen, Steinbockhörner und einige Fässer eingemachten Gemspfeffers geliefert worden waren, dürfte es sich um ein lebendes Exemplar gehandelt haben (Castelmur 1931). Ende des 16. Jahrhunderts war der Steinbock im Kanton Glarus und im Gotthardgebiet ausgerottet (Ziegler 1963, Caduff 2017). Anfang des 17. Jahrhunderts sollen nur noch wenige Tiere im Gebiet des Julierpasses und im Bergell gelebt haben. Obwohl der Steinbock streng geschützt war und während des Schwabenkrieges zum Symbol für die bündnerische Unabhängigkeit geworden war (Bundi 1995), konnte er im Kanton Graubünden nicht erhalten werden. Die letzten Steinböcke der Schweiz wurden zu Beginn des 19. Jahrhunderts im Kanton Wallis geschossen (Tschudi 1890).

Die Symbolik des Steinbocks

Steinböcke finden sich schon auf Darstellungen aus der Steinzeit, beispielsweise in einer Steinzeithöhle bei Chauvet (Südfrankreich) oder einer Zeichnung aus einer Höhle bei Hallein (Österreich). Später gibt es weniger deutliche Darstellungen. Wir finden auch vergleichbare Darstellungen an anderen Orten, wo die Gattung *Capra* lebt.

Schon im Jahre 1291 ist auf einem Notariatssiegel ein Bock abgebildet, der an einem Ast frisst. Diese Darstellung zeigt entweder einen Steinbock oder eine Ziege, die in den hohen Bergen lebt und da ihre Nahrung sucht. Der Steinbock steht in der Symbolik dem Löwen und anderen mächtigen Tieren nahe. Zusammen mit der Mutter Gottes erscheint er das erste Mal auf einem Siegel des Bischofs von Chur im Jahre 1330 (Caduff 2017), auf dem Siegel der Stadt Chur 1368. Später ist er auch im Wappen des Gotteshausbundes abgebildet und 1529 erstmals auf einem Geschützrohr, das heute im Landesmuseum zu finden ist (Bundi 1995). Der Steinbock ist das Wappentier Graubündens und fand daher Eingang in viele Gemeindewappen des Kantons. Als Zeichen der Stärke zierte er auch Feldbanner, zum Beispiel bei der Calvenschlacht im Jahre 1499, in der die Bündner die kaiserlichen Truppen schlugen, und die wichtig für die Identität und das Selbstbewusstsein der drei Bünde ist. Dieses Geschehnis beflügelte auch die Fantasie der Dichter (Bundi 1995), zum Beispiel in der Chronik von Niklaus Schradin:

Wiener Pfennig aus dem 14. Jahrhundert (Quelle: Wien Museum).

Der adler seine fädern schwang
Der steinbockh gar ruch mit im rang
Mit sinen horen so grusam stiess
Es bracht dem fygendt gross verdriess
Dem adler hat man dfädern grupfft
Dass im dz hertz im leyb erklupfft

Dem Steinadler als stolzem Symbol der kaiserlichen Truppen Österreichs steht der Steinbock als Symbol für die Bündner Truppen gegenüber. Das Tier prägte über Jahrhunderte das Bewusstsein der Bevölkerung als Symbol von «Entschlossenheit und Gewandtheit, Mut, Kraft und Kühnheit» (Candreia 1904).

Steinböcke hatten schon früh eine starke Symbolkraft. Bei dem Fund eines jungsteinzeitlichen Kultplatzes in Kals (Osttirol) entdeckte man Steinbockschädel, die als Trophäen gedient haben (Gleirscher 2015). Es wird angenommen, dass die damaligen Jäger die Seelen ihrer Beutetiere schon vor der Jagd «überwunden» haben. Funde aus der Römerzeit in Chur lassen vermuten, dass Steinbockhörner als Bukanier dienten und ihnen Abwehrzauber zugeschrieben wurde (Leuzinger 2011). Dank seiner Symbolik und seiner angeblichen Stärken fand der Steinbock auch Eingang in die altertümliche und mittelalterliche Medizin.

Seit dem Altertum haben Tierkreiszeichen Bedeutung für den Menschen. Auf der Grundlage der Naturphilosophie von Aristoteles und Galens Säftelehre analysiert die Astrologie Zusammenhänge zwischen den Tierkreiszeichen und dem irdischen Geschehen in der Natur (Zechner 2022). Horoskope dienten sowohl zur Diagnose als auch für die Therapie von Krankheiten. Daraus entstand mit der Zeit ein Volksglaube an die magischen Kräfte der verwendeten Tiere. Darstellungen von Steinböcken und ihrer Verwandten finden wir auch in anderen Kulturen. Auf einer Scherbe einer Schüssel aus dem 6. oder 7. Jahrhundert aus Ägypten ist ein Vertreter der Gattung *Capra* dargestellt (Victoria Albert Museum C.455-1917). Auf einem rund 1000 Jahre alten Tonteller aus Persien sind ebenfalls Ver-

Links: Auch heute finden wir noch Steinbockbukanier aufgehängt, wahrscheinlich sollen sie heute nicht mehr böse Geister vertreiben.

Rechts: Gegenstände aus Steinbockhorn wurden auch im Rahmen diplomatischer Beziehungen verschenkt, sie sollten das Böse weghalten (Quelle: Victoria and Albert Museum, London).

treter der Gattung *Capra* dargestellt, vermutlich Bezoarziegen (VAM C.41-1954). Aus Indien ist zum Beispiel ein Trinkgefäß aus Jade mit einem Steinbock erhalten geblieben (VAM IS.12-1962). Der ursprüngliche Besitzer wird durch eine Inschrift als Shah Jahan (1628 bis 1658), dem Erbauer des Taj Mahal, identifiziert.

In den Vorstellungen der Alpenbewohner wird die Symbolkraft der Steinböcke durch deren Lebensweise in den entlegenen Gebieten des Hochgebirges noch verstärkt worden sein (Zechner 2022). Der Steinbock findet sich in den medizinischen Aufzeichnungen von Hildegard von Bingen (1098–1179). Auch der Zürcher Naturwissenschaftler Konrad Gessner erwähnt heilkräftige Tränke aus Steinbockblut und Steinbocklosung. In der Schweiz und im westlichen Alpenraum war das Blut begehrt, im ostalpinen Raum dagegen das Horn (Cornu capricorni) wichtiger. Es sollte gegen Vergiftungen und Koliken helfen (Zechner 2022). Den Bezoarkugeln, die im Magen aus Haaren und Nahrungsresten entstehen, wurden ebenfalls Heilkräfte zugesprochen – sie sollten vor Vergiftungen schützen. Ihnen werden auch heute noch in der chinesischen Medizin heilende Eigenschaften nachgesagt. Viele Steinbockprodukte aus Losung, Fett, Haut oder Herz wurden in der Volksmedizin verwendet. So wurden dem Horn oder dem Herzkreuz, einer Verknöcherung im Herzen, eine große Schutzwirkung als Talisman zugesprochen. Im Ostalpenraum wurden verschiedene Gegenstände aus Steinbockhorn hergestellt, die eine symbolische Bedeutung hatten, etwa spezielle Trinkkelche, Pulverhörner oder Besteckteile. Die Abwehrfunktion des Steinbockhorns zeigt sich auch bei der Verwendung von Pestsegenanhängern.

Trinkschale von Shah Jahan, dem Erbauer des Taj Mahal (Quelle: Victoria and Albert Museum, London) und eine Steinbockschale vermutlich aus dem Salzburger Raum (18. Jahrhundert) (Quelle Salzburg Museum Inventarnummer 453-31).

Nutzen und Schutz der Steinböcke

In der Jungsteinzeit (Neolithikum) begann eine Umstellung in der Nahrungsmittelproduktion von der Jäger-und-Sammler-Kultur zur Landwirtschaft mit dem Anbau von Getreide. Trotzdem spielte die Jagd noch eine wichtige Rolle (Rageth 2000). Steinzeitliche Funde gibt es vor allem in tieferen Lagen, im Schweizerischen Mittelland und im Jura. Trotzdem wurden auch Hochtäler wie das Engadin begangen. Im Kanton Graubünden drangen Jäger während der Mittelsteinzeit (Mesolithikum) in

den Alpenraum vor (Rageth 2000). Steinbockknochen sind bei archäologischen Grabungen an Fundstellen nach der letzten Eiszeit auch außerhalb des Alpenraumes anzutreffen (Filli 2001). Es ist nicht anzunehmen, dass die Jäger in jener Zeit großräumigen Handel getrieben haben, da die entsprechenden Konservierungsmethoden weitgehend fehlten, sodass diese Tiere auch in der Nähe gelebt haben müssen. Einzelne Knochen könnten auch als Proviant an die Fundstelle gekommen sein, wie ein Beispiel aus Arbon am Bodensee zeigt (Leuzinger 2011). Außerhalb des Alpenraumes, wo Felspartien als Rückzugsgebiete selten und nicht groß sind, wurden Steinböcke schon für Steinzeitjäger zur leichten Beute. Zum Vergleich der Jagdmethoden dieser Zeit können Forschungsergebnisse über prähistorische Ureinwohner aus den Rocky Mountains herangezogen werden. Gemäß Crum (1996) haben diese Bisons und Dickhornschafe in V-förmige Schluchten getrieben und so gejagt. Die Jagd fand vor allem im Herbst und im Winter statt. Später sollen Angehörige der Ute Bison *(Bison bison)*, Wapiti und Weißwedelhirsch gejagt haben, indem sie Fallen und Schlingen aufstellten (Crum 1996). Auch diese Jagd wurde vor allem im Herbst und Winter durchgeführt. Während dieser Jahreszeit sind die Huftiere am leichtesten zu bejagen; zudem ist nicht viel pflanzliche Nahrung zu finden, die das Überleben der Menschen sicherte.

Während der Bronzezeit wurden im Alpenraum Siedlungen auch in höheren Lagen und in Tälern wie dem Engadin errichtet (Rageth 2000). Die Landwirtschaft gewann an Einfluss; die Jagd und die Fischerei spielten nicht mehr eine so dominante Rolle. Der Übergang von der Bronzezeit zur Eisenzeit war fließend; eine erneute Klimaverschlechterung wirkte sich jedoch nicht auf die Siedlungsstruktur aus. Es ist denkbar, dass diese Klimaverschlechterung die Steinböcke in tiefere Lagen und somit in Siedlungsnähe gezwungen hat und sie somit eine leichte und willkommene Beute waren. Denn die Landwirtschaft war durch die Klimaverschlechterung sicher beeinträchtigt. Steinbockknochen lassen sich aus dieser Zeit nur noch an Fundstellen in Nähe des Alpenraumes finden.

Während der Römerzeit war das Klima wieder wärmer und die Steinböcke lebten wieder in höheren Lagen und waren somit eine unattraktive Beute. Der Fleischkonsum wurde zudem in erster Linie durch Haustiere gedeckt (Martin-Kilcher und Schaer 2000). Trotzdem kam Fleisch von Wildtieren wie Steinbock und Hirsch gelegentlich auf den Tisch. Aus dieser Zeit gibt es Steinbockfunde außerhalb des Alpenraumes; diese sind jedoch mit großer Wahrscheinlichkeit durch Handel in diese Gebiete gelangt.

Im Frühmittelalter war das Bevölkerungswachstum groß, und es herrschte ein großer Druck auf die Landwirtschaft (Kai-

Halsamulett mit Herzkreuz und Fingerring aus Steinbockhorn (Quelle: Salzburg Museum 201-29 & 351-25).

ser 2000). Ackerbau wurde bis in subalpine Lagen betrieben. Es ist anzunehmen, dass die Bauern dieser Gegend vor allem im Winter jedes erdenkliche Wild gejagt haben. Der Steinbock mit seiner geringen Fluchtdistanz bot sich geradezu an. Aus dieser Zeit liegen spärliche Funde von Steinbockknochen vor, die zum Teil auch durch Handel transportiert worden sein dürften. Hitz (2000) erwähnt, dass in einem Teil Graubündens, im potenziellen Steinbocklebensraum, das Jagdrecht für Gämsen und Hühnervögel im Jahr 1313 der Patrizierfamilie Planta überlassen war. Steinböcke werden dabei nicht erwähnt. Daraus kann man schließen, dass sie in diesem Gebiet wahrscheinlich nicht mehr vorhanden waren.

Um diese Zeit wandelte sich die Landwirtschaft: Die Rinderzucht wurde gefördert; Schafe kamen auf sogenanntes Marginalland, das heißt Land, das nicht ackerbaulich genutzt werden konnte. Die Jagd blieb den Obrigkeiten überlassen (Plöger 2023). Durch die Verlagerung der Landwirtschaft bis in höchste Lagen wurde der Lebensraum für die Steinböcke stark eingeschränkt. Ab 1633 war die Art in Graubünden gänzlich geschützt (Bundi 1995); Mitte des 17. Jahrhunderts dann ganz ausgerottet (Mathieu 1987). Neben ihrer normalen Arbeit unterstützten die Bauern die Obrigkeiten bei der Jagd. Die Waffentechnologie hatte bis ins 18. Jahrhundert mit technischen Mängeln zu kämpfen und ließ die Jäger oft im Stich. Vor allem bei feuchter Witterung blieb die Armbrust gegenüber dem Luntenschlossgewehr die erste Wahl (Mathieu 1987, Caduff 2017). Gewehre waren aufwendig gebaut und dementsprechend teuer. Wir können davon ausgehen, dass sie nicht so weit verbreitet waren und somit als Grund für das annähernde Aussterben der Steinböcke wegfallen.

Für die Nahrungsbeschaffung wurden bis ins 19. Jahrhundert für den Fang von Wildtieren Fallen eingesetzt (Schindler 2001). Diese hatten gegenüber Gewehren einerseits den Vorteil, dass keine Schüsse zu hören waren, anderseits waren die Gewehre noch nicht sehr genau. Ein ungenauer Schuss konnte die Bemühungen schnell zunichte machen. Haller (2016) weist für das Unterengadin über mehrere Jahrhunderte hinweg Gämsfallen, sogenannte *clavigliadas*, nach. Dabei wurden Gämsen mit Salz angelockt und dann gefangen. Wir können davon ausgehen, dass Salz in der Region schon ab dem 6. oder 5. Jahrhundert v. Chr. gehandelt wurde. Es ist auch denkbar, dass bereits zu frühen Zeiten Steinböcke mit Salz angelockt und gefangen wurden. Stolz (1922) berichtet, dass 1868 ein Bauer im Brixental einen jungen Steinbock gefangen und später in einem Stall gehalten hatte.

Bezoarkugeln wurden gebraucht, um Gift in Getränken zu neutralisieren. Sie wurden teuer gehandelt und entsprechend prachtvoll präsentiert (Quelle: Leihgabe der Erzabtei St. Peter, Kunstsammlungen. Dommuseum Salzburg/ J.Kral).

Zechner (2022) untersuchte die Bemühungen, die letzten Steinböcke im Zillertal zu schützen und zu erhalten. Die Wilderei war Ende des 17. Jahrhunderts gemäß seinen Untersuchungen kein großes Problem. Zudem wurde eine hohe Anzahl an Jägern und Wildhütern für den Schutz der Steinböcke angestellt. Der Steinbockpopulation im Zillertal wurden Tiere entnommen, um südlich von Salzburg im Tennengebirge einen weiteren Bestand zu gründen (Zechner 2022). Diese Tiere wurden in Treibjagden mithilfe von Netzen und Tüchern gefangen. Die Entnahmen hatten einen Einfluss auf die Bestandsentwicklung, weil die Bestände eine kritische Größe erreicht hatten und so anfällig für extreme Witterungseinflüsse waren.

Klima als Aussterbe-Faktor

Die Betrachtung der vorliegenden historischen Fakten sowie der Lebensraumansprüche des Steinbocks lässt Zweifel an der These aufkommen, sein Aussterben sei alleine auf eine Bejagung mit den neuen Gewehren zurückzuführen. Diese waren zu der Zeit noch sehr ungenau und teuer.

Der Steinbock ist eine Tierart semiarider Lebensräume und hat hohe Ansprüche an seinen Lebensraum. So sind nicht alle Gebirgszüge tauglich (Wiersema 1982); sie sollten vor allem niederschlagsarm sein. Die Lebensraumbedingungen können sich über Jahrzehnte und Jahrhunderte ändern.

In der Zeit von 900 bis 1300 brachte eine andauernde mittelalterliche Warmzeit gute Voraussetzungen für menschliche Aktivitäten. Die Anbaugrenzen lagen 200 Meter höher als heute. Doch am Ende setzte eine Abkühlung ein (Croci-Maspoli und Essl 2013): Seit dem Mittelalter hat in Mitteleuropa eine kleine Eiszeit (1500–1860) stattgefunden, die in der Zeit von 1812 bis 1817 ihren Höhepunkt erreichte. Das Jahr 1816 ging als das Jahr ohne Sommer in die Geschichte ein. Wie groß die Temperaturunterschiede im Gegensatz zu heute gewesen sind, zeigt uns ein Vergleich von Bildern des Aletschgletschers aus der Mitte des 19. Jahrhunderts und von heute, auf denen der Gletscherschwund sichtbar wird. Vom Unteren Grindelwaldgletscher sind seit dem 12. Jahrhundert sechs Vorstöße bekannt (Zumbühl 1980). Diese zeigen eine hohe Korrelation mit einer Abfolge von kalten, nassen Sommern, die in den Alpen mit Schneefällen verbunden waren. Im Vergleich der Klimaperiode von 1525 bis 1860 zu heute treten drei Merkmale hervor (Pfister 1980):

- Die Winter- und Frühjahrsmonate waren kälter und trockener.
- Die Variabilität des Klimas und die Bandbreite der Extreme waren größer.
- Winter-, Frühjahrs- und Sommerperioden desselben Typs folgten und kumulierten mehrmals in aufeinanderfolgenden Jahren.

Zwischen 1680 und 1708 gab es mehrere hochalpine Winter, die sich auf die Überlebensrate der Steinböcke im Zillertal negativ auswirkten. Ein früher Winterbeginn 1708 mit viel Schnee und Frost führte zu einer verharschten Schneedecke, was sich negativ auf das Überleben der Steinböcke auswirkte (Zechner 2022).

Die klimatischen Schwankungen hatten auch für andere spezialisierte Arten Auswirkungen. Haller (1983) beschreibt, dass die Klimaverschlechterung nach dem Mittelalter mit ein Grund für das Aussterben des Bartgeiers *(Gypaetus barbatus)* im Alpenraum gewesen sein könnte; jedenfalls wurde es dadurch verstärkt. Der Bartgeier hat, ähnlich wie der Steinbock, ausgeprägte Ansprüche an seinen Lebensraum. So ist er bei seinen Flügen auf gute Thermik angewiesen, die er im typischen Steinbocklebensraum findet. Haller (1996) bezeichnet Bartgeier und Steinbock mit ihren vergleichbaren Lebensraumansprüchen als typische Vertreter der zentralalpinen Fauna. Gämse und Steinadler *(Aquila chrysaetos)* hingegen zeigen eine größere Toleranz in Bezug auf die Bedingungen ihrer Lebensräume; daher kommen sie im ganzen Alpenraum vor und sind widerstandsfähiger gegenüber äußeren Bedrohungen.

Beutler und Schilling (1986) nennen Biotopverluste und Nutzungsintensivierungen als Hauptursachen für das Aussterben von großen Säugetieren. Dieser Prozess habe offenbar schon während der letzten Eiszeit angefangen. Die Erwärmung nach der Eiszeit hat sicher zu großen Biotopveränderungen und wechselnden Lebensbedingungen geführt. Zusätzlich hatte der Mensch als Jäger wahrscheinlich auch einen Einfluss auf die Bestände der Tiere. Bei naturnahen Völkern erfolgt die Jagd immer nach dem Prinzip des *optimal foraging* (Harris 1989), das heißt, es wird immer diejenige Beute gejagt, für deren Erwerb Aufwand und Ertrag übereinstimmen. Dabei stellt sich die Frage, wann und wo Steinböcke eine günstige Jagdbeute für die Jäger gewesen sein könnten. Für den Zeitraum von bis vor 6000 Jahren findet man an archäologischen Fundstellen im Südosten der italienischen Alpen noch Steinbockknochen; danach treten sie nur noch sporadisch auf (Fontana et al. 2023). Dies deckt sich

Auch der Bartgeierbestand könnte aufgrund einer Klimaverschlechterung nach dem Mittelalter negativ betroffen gewesen sein.

mit der genetischen Analyse von archäologischen Funden. Robin (2022) zeigte, dass bis zu diesem Zeitpunkt kleine, stabile Steinbockpopulationen existierten. Anschließend gingen die Bestände kontinuierlich zurück.

Der Steinbock gewinnt durch seine symbolische Kraft an Bedeutung, obwohl oder vielleicht genau weil die Bestände zurückgehen. Im 19. und 20. Jahrhundert entsprach es dem Zeitgeist, die Verluste in der Natur der kulturellen Entwicklung in die Schuhe zu schieben. Da kamen die neu aufgetretenen Gewehre als Symbole des technischen Fortschritts gerade recht. Dabei waren die damaligen Waffen nicht sehr genau und nicht weit verbreitet. Das annähernde Aussterben des Steinbocks war also eher die Folge eines langen Prozesses, der seit der letzten Eiszeit seinen Lauf genommen hat.

Die Rettung durch den italienischen König

Die Rettung des Steinbocks im Gebiet des heutigen Nationalparks Gran Paradiso wurde von Passerin d'Entrèves (2000 und 2006) ausführlich beschrieben. Zwei englische Bergsteiger erkundigten sich im Jahr 1820 bei Johann Josef Zumstein, einem erfahrenen Bergsteiger und Jäger, nach den merkwürdigen Ziegen, denen sie auf der Spitze des Gran Paradiso begegnet waren; ihnen waren diese Tiere unbekannt. Engländer waren die ersten Touristen im gesamten Alpenraum. Da sie Steinböcke nicht kannten, war ihre Aussage ein Zeichen dafür, dass diese nur noch im Aostatal vorhanden waren. Zumstein schrieb umgehend, am 10. März 1820, einen Brief an die Königliche Akademie der Wissenschaften von Turin.

Als Naturfreund, Jagtliebhaber und Unterthan veranlasst, wage ich es einer königlichen Akademie der Wissenschaften folgende Bemerkungen über die jährliche Verminderung der Steinböcke *(Capra ibex)* gehorsamst zu überweisen. Meine Verhältnisse führten mich in meinen jüngeren Jahren nach Deutschland und nahmentlich in das Königreich Würtemberg. Ich hatte daselbst Gelegenheit, Forst und jagdsachen, die in jenem Lande mit grosser Geschücklichkeit und Ordnung geführt werden, kennen zu lernen; Lektüre, Forst und Jagt-Wissenschaftliche Bücher, war bey müssigen Stunden meine Lieblings-Beschäftigung, und durch dieses konnte ich mir dann einige Begriffe sameln, die zur Erhaltung und Führung einer Jagd nöthig sind.
Seit 4–5 Jahren in mein Vaterland zurückgekehrt, und in Turin etabliert, sezt ich bisweilen bey meinern sommermonatlichen Aufenthalt im Aostathal und in Gressoney, meinem Geburtsort, die Gäms und Steinbockesjagd fort. Der Steinbock, die edelste Art wilder Ziegen, bewohnte einst in zahlreichen Rudeln die höchsten Alpen Savoyens, Wallis, der Schweiz, auch Tiroll und Steyermark; doch ist ihr ganzes Geschlecht dem Untergang wahrscheinlich nahe. Nur auf den unersteiglichsten Gletschern vom Thal Cogne, welches sich ins Aosta-Thal ergiesst, befinden sich davon noch. Meinen vieljährigen Beobachtungen nach, können vielleicht in ganz Europa noch 30-40 Stück seyn. Es ist sehr leicht, diese Anzahl zu bestimmen, indem sie nur einen kleinen Bezirk von Gletschern bewohnen und man ausser diesem nirgends keine mehr antrift.
Vor 30 Jahren wurde der lezte am Mt. Rosa wohnende Steinbock auf den Gletschern vom Thal Ayas, welches sich bey Veres öffnet, geschossen, und auf den Gletschern von Courmajour am Mt. Blanc ist im Jahr 1817 der letzte und stärkste, dessen auserordentlich grosses und merkwürdiges Gehörn noch vorhanden ist, erlegt worden. Vor 30–40 Jahren bezahlte man für einen Steinbock nur 20–24 francs, und iezt kostet er schon 10–15 Louisdor. Man sucht sie überall in die Naturalienkabinete zu bekommen:

besonders die Engländer trachten sehr nach ihnen. Dies mögen wohl die klarsten Beweise ihrer jährlichen Verminderung seyn. Der Erzbischof von Salzburg unterhielt in seinern Thiergarten 10–12 Steinböcke und Ziegen; seine Absicht war, selbige nach und nach in Freyheit zu versezen, um einen Versuch zu machen, ob man bevölkern könnte. Allein beym Einfall der Franzosen in jenes Land, wurden selbige mit allem übrigen Wildgut mit Hunden gehezt und auf die muthwilligste Weise gemordet, und so ging dieser seltene Schaz für diese Gegend verlohren.
Im Jahre 1796 wandte sich der Naturhistoriker Girtanner an die Regierung zu Turin, um zu versuchen, ob man nicht vielleicht der Ausrottung dieser Alpenziegen vorbeugen könnte, allein es ist bis iezt ohne Erfolg geblieben. In mehreren deutschen Jagd- und naturhistorischen Schriften von Dr. Beckstein Wildungen z.z. bedauert man sehr, dass diese noch einzig in Piemont sich aufhaltende wilde Ziegen-Art ihrem unfehlbaren Untergang nahe ist, und nicht Mittel angewandt werden, dies zu verhindern. Von der naturhistorischen Gesellschaft in der Schweiz sollte nämlich durch 2 im Aosta-Thal eingekaufte junge Steinziegen der Versuch gemacht werden, ob man nicht durch diese die Alpen des Berner-Oberlands bevölkern könnte; allein da sie blos Weibchen hatten, blieb auch dieser Versuch bis iezt ohne Erfolg. Ueberzeugt, dass eine königliche Akademie der Wissenschaften von der zunehmenden Ausrottung dieser wilden Ziegen-Art noch nicht unterrichtet war, wage ich es, stolz dass mein Vaterland durch ein strenges Verbot die Jagd auf dieselben schärfstens untersagen wolle. Diese Jagd wird nicht nur aus Leidenschaft, sondern mehr aus Gewinnsucht betrieben; nicht destoweniger würde es sehr schwer fallen, den erwünschten Zweck zu erreichen, indem ich es, als selbst erfahrener Gämsjäger an mir abmessen kann, dergleichen Individum im hohen Alpengebirge verfolgen zu können. Nur durch gesezmässige Strafen könnte man die sonst keine Gefahren kennenden Gämsjäger davon abhalten. Festgesezte beträchtliche Prämien für den Entdecker eines jagdfrevlers dürften dabey wohl zu empfehlen seyn; und die gleichzeitige Unterrichtung der Sindik und Jäger, welche in den Hochtälern der an Cogne gränzenden Gletscher wohnen, würde zum erfreulichen Endzweck mitwirken. Möge nun eine königliche Akademie der Wissenschaften durch ihre weise Anordnung jene Vorkehrungen treffen, die dem allmähligen Verschwinden dieser so merkwürdigen Thier-Species Schranken sezen, dass dieselbe auf unsern Alpen und für die sämtliche Naturkunde nicht auf immer verlohren gehe. Möge dann auch diese edle Absicht angemerkt und den eifrigen Wünschen ihrer berühmten (Akademie entsprechen), so geht auch der innigste Wunsch des gehorsamst Unterzeichneten vollkommen in Erfüllung, welcher die Ehre hat, sich einer Königlichen Akademie der Wissenschaften hochachtend und ergebenst zu empfehlen.

Turin, den 10. März 1820. Jos. De Z. Zumstein dit Dela Pierre, Ehrenmitglied der Societät der Forst und Jagdkunde zu Dreissigerkirchen.

(Quelle: Nachgedruckt in Giacometti, M. (Hrsg.): Von Königen und Wilderern. Die Rettung des Alpensteinbockes, Salm Verlag, 2006 Bern.)

Die Akademie der Wissenschaften handelte rasch. Es wurden die notwendigen Abklärungen durchgeführt und schon im September 1821 wurde ein Gesetz erlassen, das den Steinbock im gesamten Gebiet des Hauses Savoyen schützte. Dieses Gesetz war für die damalige Zeit sehr modern. Es ging nicht einzig darum, die Steinbockjagd zu verbieten und diese dem König zu überlassen. Das Ziel war der Erhalt der Artenvielfalt im Gebirge; heute würde man von Biodiversität reden.

«Der Nutzen der Naturwissenschaften und insbesondere der Zoologie erfordert es, dass jene Tierarten durch geeignete Hegemassnahmen erhalten bleiben, die, bloss in kleiner Zahl vorhanden, auszusterben drohen. Zu diesen gehört, im königlichen Staat, die Art des Steinbocks.»

Für den Schutz des Steinbocks wurden Wildhüter beauftragt. Sie sollten die Wilderei durch die lokale Bevölkerung bekämpfen. Das Korps war jedoch völlig unterbesetzt und die lokale Bevölkerung jagte weiter. Ein Gesetz allein, das den Schutz des Steinbocks festlegte, sicherte das Überleben dieser Art nicht.

Im Sommer 1850 schoss der neue König von Italien, Vittorio Emanuele II., seinen ersten Steinbock. Er war wie sein Bruder Ferdinando ein passionierter Gebirgsjäger. Die Begeisterung für den Steinbock war nun entfacht. Es sollten drei Jagdbezirke geschaffen werden, eines davon im Gebiet des Gran Paradiso, das der Steinbockjagd gewidmet sein sollte. Die Verwaltung begann damit, diese königlichen Jagdreviere einzurichten. Dafür musste sie mit den Bürgermeistern der Gemeinden mit guten Steinbockbeständen verhandeln, damit der König das Land exklusiv als Jagdgebiet nutzen konnte. Nicht alle Bewohner wollten auf ihre Jagdrechte verzichten, was langwierige Verhandlungen zur Folge hatte. Doch man versprach sich von den königlichen Jagdaufenthalten einen wirtschaftlichen Aufschwung – wie viele Bergregionen zu der Zeit war auch diese Region arm. Das Jagdrecht wurde *ad personam* übertragen, das heißt, nach dem Tod des Königs konnten die Gemeinden selber entscheiden, ob sie mit seinem Nachfolger den Vertrag verlängern wollten oder nicht.

Anfänglich jagte Vittorio Emanuele II., wie es die Einheimischen taten: Er stieg zu Fuß bis in die höchsten Lagen hinauf und übernachtete in eigens angelegten Lagern. Außerdem begann er, eine Gruppe von Wildhütern zu formieren, die auch aus ehemaligen Wilderern bestand. Sie erhielten einen guten Lohn, Verpflegung, Kleidung und, wenn nötig, eine Unterkunft. Dies alles machte für sie eine Anstellung beim König attraktiv. Mit privaten Mitteln kaufte Vittorio Emanuele Land und errichtete darauf Jagdhäuser, einstöckige Gebäude mit wenigen Zimmern für den König und seine Gäste. Die Wildhüter und das Personal übernachteten jeweils in Zelten. Später kamen ein Schloss in Sarre als strategischer Ausgangspunkt und ein Schloss in Cogne hinzu. Gäste wurden jedoch nur in Ausnahmefällen zur Jagd eingeladen. Die vom König ausgeführte Einzeljagd erforderte einen großen Aufwand und bot nur einen bescheidenen Ertrag. Daher änderte er seine Jagdmethoden und führte die Treibjagd ein, die sonst in tieferen Lagen angewendet wurde. Anfänglich wurden rund 50 Treiber benötigt, später waren bis zu 300 Personen daran beteiligt. Die Treiber mussten lernen,

Zum Schutz der Steinböcke wurden von den italienischen Königen Steinbockwächter angestellt, aus denen im 20. Jahrhundert die Parkaufsicht (im Bild) des Nationalparks Gran Paradiso hervorgegangen ist (Quelle: Parco Nazionale Gran Paradiso).

mit dem Verhalten der Steinböcke umzugehen. Am Anfang wurden diese nach unten in Richtung König getrieben. Viele Steinböcke konnten so die Treiberkette nach oben durchbrechen und es wurden nur wenige Böcke zur Strecke gebracht. Die Treiber stammten aus der Region und hatten ein Interesse am Jagderfolg des Königs, da sie von ihm finanziell abhängig waren. Daher verfeinerten sie die Jagdstrategien: Man begann die Tiere von unten nach oben zu treiben. Dies entspricht dem natürlichen Verhalten des Steinbocks, bei Gefahr nach oben zu flüchten, und brachte eine wesentliche Verbesserung des Jagderfolgs.

Während der Jagd lebte der König den Erzählungen nach sehr spartanisch. Er schlief auf einer Strohmatte und aß karge Speisen. Dies entsprach dem Zeitgeist des Adels: Die rauesten Gegenden sollten bessere Menschen zeugen, und die Berglandschaften galten als Sinnbilder für Tugend und Unschuld (Mathieu et al. 2018). Die Kleidung des Königs war dem Gebirge angepasst, aber seine Nachfolger Umberto I. und Vittorio Emanuele III. trugen später elegantere Kleidung. Im Gegensatz zu den Wildhütern und einheimischen Jägern benutzten die Könige Waffen, die schon gezogene Läufe hatten. Diese erlaubten genaue Schüsse auf eine größere Distanz.

Damit der König auch hoch zu Ross zur Jagd gehen konnte, mussten Reitwege gebaut werden. Für den Ausbau ab 1861 wurden lokale Arbeitskräfte angeworben. Insgesamt wurden rund 340 Kilometer Wege erstellt. Diese waren außerhalb der Jagdzeit auch für Alpinisten zugänglich, was Vittorio Emanuele II. die Ehrenpräsidentschaft des Alpenvereins einbrachte (Mathieu et al. 2018). Der König war in der Region sehr beliebt, was sicher mit seinem zwanglosen Umgang mit der Bevölkerung zusammenhing, aber auch ökonomische Gründe hatte. Nach dem Tod von Vittorio Emanuele II. im Jahr 1878 propagierte die lokale Jägervereinigung in einem Rundbrief den Bau einer Statue.

«Ein Monument für den erhabenen Jäger Vittorio Emanuele II., in Jagdkleidung, neben einem Steinbock, errichtet an gut ersichtlicher Lage in diesem Alpental, das die bevorzugte Kulisse für die Vergnügungen des grossen Königs bot, wäre ein herrliches Zeugnis. Es würde den Alpinisten und den Jäger vereinen und so ein grossartiges Zeichen der Bewunderung und der Trauer bilden, welche die Erinnerung an den geliebten und beweinten Souverän in den Herzen aller Alpinisten und Jäger hervorruft.»

Für den König waren die Jagden nur dann interessant, wenn auch genügend Tiere erlegt wurden. Aufgrund des Schutzes durch das allgemeine Jagdverbot wuchsen die Bestände an. Trotzdem gab der König auf Anraten der Universität Turin Zuchtversuche in Auftrag; gleichzeitig wurden Steinböcke mit Hausziegen verschiedener Rassen gekreuzt. In der Nähe von Turin wurde ein entsprechendes Gelände gekauft und in einen Wildpark umgewandelt, in dem verschiedene Tiere für die Jagd gehalten wurden. 1882 brachte man auch Steinböcke hierher und startete Zuchtversuche. Fachleute begleiteten diese Experimente, zu denen ein Bericht erhalten geblieben ist.

Links: Damit der König und sein Tross auf die Steinbockjagd gehen konnten, mussten entsprechende Wege und Infrastrukturen erstellt werden (Quelle: Parco Nazionale Gran Paradiso).

Rechts: Die königlichen Jagden waren für alle Beteiligten ein großes Ereignis bei dem sich Adelige und lokale Bevölkerung trafen (Quelle: Parco Nazionale Gran Paradiso).

1. [Steinböcke] wurden aufgrund eines Befehls des Königs aus den Tälern von Aosta in die R. Mandria im Jahr 1862 überführt und hier in Freilandgehegen gehalten.
2. Die Fortpflanzung gelang ausserordentlich leicht und auf natürlichem Weg.
3. Man kreuzte reinblüdge Böcke mit gemeinen Ziegen, immer mit Nachkommen.
4. Die männlichen Hybriden sind grösser als die Steinböcke und ihre Hörner stärker, gekrümmt und länger, die weiblichen Hybriden immer kleiner oder gleich gross wie die reinblütigen Weibchen, kurze Hörner.
5. Zu beachten, dass dem männlichen reinblütigen Bock weisse, schwarze, rote und gefleckte Ziegen zur Zucht überlassen wurden, aber sowohl die männlichen wie die weiblichen Hybriden stets nach Farbe und Muster dem Steinbock entsprechen.
6. Zu beachten, dass die Nachkommen dieser Hybriden ein um ca. 2 cm. längeres Winterhaar als der reinblüüge Bock aufweisen und eine geringere Menge Wollhaar, das in der Generation sowohl im Sommer- als auch im Winterfell nahezu vollständig verschwindet.
7. Die Haltung reinblütiger Tiere in unserem Gebiet ist sehr schwierig, noch schwieriger ist ihre Fortpflanzung.
8. Die Hybriden behalten dieselbe Wendigkeit wie die reinblütigen Tiere, werden jedoch zutraulich wie unsere gemeinen Ziegen, launisch im Aussengehege; in der Brunftzeit sind die Böcke starrköpfig und angriffslustig, sie sind stärker als die reinblütigen Böcke.
9. Die Hybriden können aussergewöhnlich leicht gezüchtet werden und erkranken nicht so leicht wie die reinblütigen Tiere.
10. Das Fleisch der Hybriden ist hervorragend, die Faserung jedoch viel härter als bei der gemeinen Ziege, sein Geschmack ist dem des Steinbockes nahe.
11. Die Nachkommen aus reinblütiger Zucht bleiben in der Regel gesund, bis sie abgesetzt werden, anschliessend zeigen sie Nasenausfluss und Durchfall; sie sterben. Weil die Behandlung sehr schwierig ist.
12. Je ein reinblütiger Bock und eine Zuchtgeiß während fünf Jahren gehalten. Die Geiß in ausserordentlich gutem Zustand; sie lebt noch und züchtet weiter, sie ist sieben Jahre alt. Der Bock ist über den drei m hohen Zaun geflohen, blieb für einige Zeit im Park, näherte sich jedoch mehr und mehr den Bergen, übersprang die Aussenmauer, wurde in der Valle della Torre von einem Bauern getötet, der eine Ziegenherde hütete, welcher sich der Steinbock angeschlossen hatte.
13. Bei der Zucht wird das Wollhaar beim reinblutigen Tier länger und feiner, nicht jedoch dichter.
14. Bei den Hybriden Ernährung geändert, Heu und Kleie jeden Tag, Wasser mit Roggenmehl einmal wöchentlich.
15. Gegen Durchfall aufgrund von Verstopfung haben wir viele zerkleinerte Eicheln verabreicht und waren immer in der Lage, diese Krankheit zu behandeln.
16. Eine Hybrid-geiß gebar zwei Geißkitze, eines starb nach wenigen Stunden, das andere …?
17. Versuch der Paarung zwischen reinblütigem Steinbock und Angoraziege nicht gelungen, Versuch der Paarung zwischen männlichen und weiblichen Hybriden nicht gelungen.
18. Versuch der Paarung zwischen Angora-Ziegenbock und reinblütiger Steingeiß nicht gelungen. Versuch Angora-Ziegenbock mit weiblichen Hybriden nicht gelungen.
19. Versuch gemeiner Ziegenbock mit weiblichen Hybriden und reinblütiger Steingeiß auch nicht gelungen.
20. Versuch der Paarung männlicher Hybriden mit Schaf der Southdown-Rasse gelungen, um den 17. April muss sie gebären.

Grund untersuchen bei den Nr. 17,18,19

(Quelle: Nachgedruckt in Giacometti, M. (Hrsg.): Von Königen und Wilderern. Die Rettung des Alpensteinbockes, Salm Verlag, 2006 Bern.)

Das Schloss Sarre der italienischen Könige im Aostatal ist prächtig mit Steinbocktrophäen geschmückt.

Trotz aller Bemühungen, die lokale Bevölkerung mit einzubeziehen und ihnen auch dank der Steinböcke einen wirtschaftlichen Vorteil zu verschaffen, kamen die Steinbockbestände immer wieder unter Druck. So wurde zum Beispiel während des Ersten Weltkriegs die Aufsicht stark vernachlässigt. Die Wilderei und vor allem der illegale Verkauf von Steinkitzen zum Beginn des 20. Jahrhunderts konnten ebenfalls nicht verhindert werden.

Zuchtprogramme für die Wiederansiedlung

Über Jahrhunderte hinweg war die Alpenlandschaft mit negativen Attributen belegt – sie galt als grässliche Wildnis, in der vor allem Furcht und Schrecken herrschten. Es gab aber auch immer wieder Stimmen, die die schweizerische Alpenlandschaft positiv beurteilten. Die Forderung von Jean-Jaques Rousseau, dass der Mensch aus den Niederungen der Zivilisation in seinen Naturzustand aufsteigen sollte, eröffnete eine neue Perspektive auf die Bergwelt. Sie wurde zu einem irdischen Paradies hochstilisiert (Jung 2019). Die Alpen bekamen vielfältige Dimensionen; sie wandelten sich vom «Hässlichen, Furchterregenden» zum «Reizvollen, Erhabenen» (Mathieu et al. 2018). Im Sog dieser Entwicklung zog es auch den europäischen Adel dorthin, was unter anderem auch zur Rettung der Steinböcke im Gebiet des Gran Paradiso führte. Es ist wahrscheinlich mehr als nur eine Begleiterscheinung, dass man die Alpen wiederherstellen und zum Beispiel den Steinbock, der beinahe ausgerottet war, wieder alpenweit ansiedeln wollte.

Dazu gab es verschiedene Bestrebungen. So hielt Franz Josef Nager auf einer Alp bei Andermatt eine Gruppe von fünf weiblichen und drei männlichen Steinböcken, die er aus dem Monte-Rosa-Massiv beschafft hatte (Bundi 2006). Eine Wiederansiedlung mit diesen Tieren scheiterte. Der österreichische Kaiser Franz Josef I. veranlasste, dass 1856 neun Mischlinge im Raum Ischl ausgesetzt wurden. Neun Jahre später unternahm er einen weiteren Versuch mit 20 Kreuzungen zwischen Ziege und Steinbock und einer Steingeiß am Höllengebirge. Einzelne Tiere konnten noch nach zehn Jahren nachgewiesen werden (Bundi 2006). All diese gescheiterten Maßnahmen führten zur Ansicht, dass solche Vorhaben nicht umzusetzen wären.

Nachdem 1874 in der Schweiz die neue Bundesverfassung angenommen worden war, nahm der Bundesrat die Ausarbeitung eines Jagdgesetzes in die Hand. Im neuen Jagdgesetz war unter anderem auch die Wiederbesiedlung des schweizerischen Alpenraums mit Steinböcken als Ziel vorgesehen. Diese sollte vor allem in den eidgenössischen Jagdbanngebieten durchgeführt werden (Blankenhorn 2006). Es sollten geschützte Lebensräume für die Wildtiere gesichert werden, was zeigt, dass es einen Wandel in der Haltung zur lebenden Natur gab. Es herrschte die Ansicht, dass nirgends die Ausrottung von Wildtieren erfolgreicher betrieben werde als im Alpenraum (Bundi 2006).

Dies veranlasste die Sektion Rätia des Schweizer Alpen-Clubs (SAC) mit Sitz in Chur, die Bemühungen wiederaufzunehmen. Die Gelehrten und Steinbockkenner Friedrich von Tschudi und Georg Albert Girtanner wurden in die Planungen einbezogen. Beide vertraten klar die Ansicht, dass Versuche nur mit echtem Steinwild erfolgen sollten. Die Sektion Rätia schloss sich dieser Ansicht an, vor allem auch, weil eine finanzielle Unterstützung in Aussicht gestellt wurde (Bundi 2006). 1879 konnten Kreuzungen zwischen Ziegen und Steinböcken aus dem Park La Mandria des italienischen Königs Umberto I. beschafft werden. Insgesamt handelte es sich um acht Böcke und fünf Geißen. Die Ansiedlung sollte im Inneren des Kantons erfolgen; dazu wurde das Welschtobel bei Arosa bestimmt. Die ausgesetzten Tiere verbrachten den Sommer 1879 ohne größere Probleme; der Winter war schon problematischer. Die Tiere wurden ins Tal gebracht und zweimal in der Woche gefüttert. Zwei Geißen brachten im Dezember tote Kitze zur Welt (Bundi 2006). Im folgenden Sommer wurde ein Wanderer von einem Bock angegriffen, sodass dieser entnommen werden musste (Davatz 1881). Ein weiterer Versuch im Raum Filisur scheiterte. Im Januar 1890 beschloss die Sektion einstimmig, der gesamte Versuch sei gescheitert (Bundi 2006).1882 hatten sich die Schweizer Jäger zum Schweizerischen Jäger- und Wildschutz-Verein mit dem Namen «Diana» zusammengeschlossen (Bundi 2006). Sie hatten unter anderem das Ziel, das jagdbare Wild zu schützen und zu vermehren. Dazu gehörte auch die Wiedereinführung des Steinbocks. Die Jäger setzten sich mit dem Basler Zoo in Verbindung und vereinbarten eine Zusammenarbeit, die folgende Punkte beinhaltete:

Albert Girtanner war der Steinbockkenner seiner Zeit, sein Wissen und seine Erfahrungen waren die Grundlagen für die Wiederansiedlungen. (Abdruck mit freundlicher Genehmigung © Archiv Naturmuseum St. Gallen)

Robert Mader hat die Wiederansiedlung des Steinbocks gefördert und unterstützt. (Abdruck mit freundlicher Genehmigung © Archiv Gallus Eberle-Dullaert, Engelburg.)

«1. Der Zoologische Garten verpflichtet sich zu unentgeltlicher Fütterung und Pflege des ihm von «Diana» überlassenen Steinwildes (vorbehalten die Bestimmung des Art. 4). Er wird die Tiere nach bestem Wissen pflegen, übernimmt jedoch keinerlei Garantie für allfällige Verluste und Unglücksfälle.
2. «Diana» hat fortwährend ein zeugungsfähiges Paar von Steinböcken im Zoologischen Garten zu belassen.
3. Alle jungen Vollbluttiere, die im Garten als Nachkommen der von «Diana» eingestellten Tiere geboren werden, gehören der «Diana».
4. Sobald die Herde so gross ist, dass derselben sechs aussetzungsfähige Tiere (unbeschadet der in Art. 2 enthaltenen Bedingung) entnommen werden können, wird «Diana» diese sechs Tiere übernehmen und aus dem Zoologischen Garten entfernen. Geschieht dies letztere nicht, so wird «Diana» nach einem noch zu vereinbarenden Preise Futtergeld für die Tiere bezahlen.
5. Dem Zoologischen Garten steht es frei, zwischen den echten Steinböcken und Ziegen Bastardzucht zu treiben und deren «Produkte» nach freiem Ermessen zu verwerten.
6. «Diana» tritt dem Zoologischen Garten die ihr gehörenden Halbblutziegen und den Dreiviertels-Blutbock unentgeltlich ab als Entschädigung für die Kosten, welche das künftige Halten der Steinböcke dem Garten verursachen wird (unbeschadet der in Art. 4 enthaltenen Bestimmungen).
7. Im Falle vorkommender Schwierigkeiten, obige Bestimmungen betreffend, sind der Zoologische Garten und «Diana» gewillt, sich dem Urteil eines Schiedsgerichtes zu unterwerfen. Dieses Schiedsgericht soll aus drei sachverständigen Männern bestehen, von welchen der eine von «Diana», der zweite vom Zoologischen Garten und der dritte vom eidgenössischen Handels- und Landwirtschaftsdepartement gewählt wird.»

Die Vereinigung «Diana» versuchte, sechs Steinböcke zu erwerben, und verhandelte mit dem zuständigen Departement über eine finanzielle Hilfe der Eidgenossenschaft. Die Zuchtversuche gestalteten sich schwierig – viele Tiere gingen ein. Nach zwei Jahren wurde das Experiment eingestellt und die Vereinbarung aufgelöst. Die verbliebenen Tiere wurden der Sektion Rätia übergeben und nach Filisur gebracht. Der Vorstand der «Diana» war überzeugt, dass die Aufzucht solcher Tiere in der Ebene nicht gelingen kann (Bundi 2006). Vergleichbare Versuche des Fürsten Hans Heinrich von Pless im Tennengebirge bei Salzburg scheiterten ebenfalls. Georg Albert Girtanner folgerte schon 1878 (Bundi 2006):

«1. Es dürfe nur reines, nicht gekreuztes Steinwild verwendet werden, und dieses dürfe nicht durch Hausziegen gesäugt werden.
2. Im Besiedlungsgebiet müsse ein starkes, naturgemäss zusammengesetztes Rudel, das schon vorher zusammengehört habe, ausgesetzt werden.
3. Die ausgesetzte Kolonie müsse vor Wilderei geschützt werden.
4. Die Kolonie bedürfe während längerer Zeit eines strengen Jagdbanns.
5. Ein Aussiedlungsversuch erfordere eine kleine Gruppe von sachverständig gebildeten Männern unter obrigkeitlichem Protektorat.
6. Die Versetzung dürfe erst erfolgen, wenn die Finanzierung für die Beschaffung des Wildes und für die Besoldung der Wildhüter sowie die Abmachungen mit Alpen und Waldbesitzern langfristig gesichert seien.»

Die gescheiterten Versuche der Sektion Rätia und der «Diana» führten zu folgender Bilanz (Davatz 1891):

«1. Bastardwild akklimatisiert sich leicht, darf aber wegen der frühen Wurfzeit nicht ohne Schutz in die freie Wildbahn ausgesetzt werden, da sonst die Jungen Opfer des rauhen Winters oder der Raubtiere werden; es eignet sich zunächst bloss für das Gehege in höheren Lagen.
2. Echte, wild eingefangene Steinböcke dürfen nicht vereinzelt oder in zu kleiner Zahl ins Gehege gesetzt werden, sondern müssen als angemessenes Rudel und im richtigen Geschlechterverhältnis beisammen bleiben; bei mehreren Gesuchen Steingeißen muss ein mindestens dreijähriger zuchtfähiger Bock sein.

3. Trächtige Steingeißen sollten kurz vor dem Wurf isoliert werden, damit die neugeborenen Jungen nicht von den älteren Tieren umgebracht werden.
4. Beim Ankauf von jungen Böcken für das Gehege müssen diese mindestens acht bis zwölf Monate alt sein, das heisst die erste «Krisis des Stoffwechsels» überstanden haben, da sie sonst in der Regel an «Atrophie» zu Grunde gehen. Hausziegen eignen sich nicht als Ammen.
5. Eine angemessen breite Kapitalbasis ist Voraussetzung für einen befriedigenden Erfolg.»

Steinböcke aus dem italienischen Gran Paradiso gab es im 19. Jahrhundert nur für Königshäuser (Mathieu et al. 2018). Für die Schweiz war es schwierig, überhaupt in Verhandlungen zu treten. Mittlerweile änderte sich auch die Situation vor Ort und die Wilderei war in der zweiten Hälfte des 19. Jahrhunderts wieder interessant. Wilderer verkauften Felle und Trophäen. Es war zum Teil ein richtiges Familiengeschäft, das sich auch lohnte, denn für einen lebenden Steinbock gab es bis zu 2000 Schweizer Franken (Giacometti 2006). Die königlichen Wildhüter überwachten die Gebiete minutiös, was nicht nur Freude bereitete. Es gab sogar Anschläge auf Wildhüter. Die Wilderer wurden von Schweizer Käufern sogar mit Waffen ausgerüstet und schmuggelten die Tiere selber über die Grenze.

Für den Fang der Steinböcke waren gute Kenntnisse nötig. Die Wilderer nutzten das Verhalten der Steingeißen bei der Geburt ihrer Kitze aus. Diese setzen ihre Kitze alleine an abgelegenen, sicheren Orten und die Jungtiere bleiben nach der Geburt einige Tage alleine zurück. Die Wilderer beobachteten tagelang die Steingeißen vor der Geburt und warteten, bis die Kitze nach der Geburt das Kolostrum der Mutter getrunken hatten, mit dem sie wichtige Nähr- und Abwehrstoffe erhalten (Giacometti 2006). Dann fingen sie die Kitze und nahmen sie ohne die Mutter mit. Für die weitere Aufzucht der Kitze bis zum Transport nutzte man die Milch von Hausziegen, die täglich zu den Verstecken geführt wurden (Giacometti 2006). Bedenkt man, dass die Steingeißen die Kitze in steilen Felswänden setzen, die nur schwer zugänglich sind, kann man sich vorstellen, welchen Gefahren sich die Wilderer aussetzten. Die

Die gefangenen jungen Steinkitze wurden zum Teil mithilfe von Ziegenammen aufgezogen (Quelle: Parco Nazionale Gran Paradiso).

Ausrüstung der damaligen Zeit entsprach nicht den heutigen Standards.

Bei der Gründung des Wildparks Peter und Paul in St. Gallen im Jahr 1892 gab es den Wunsch, auch Steinböcke wiederanzusiedeln (Schneider 2006). Georg Albert Girtanner wurde beauftragt, die Tiere zu beschaffen. Er hatte als Wissenschaftler konkrete Vorstellungen, welche Bedingungen für die Wiederansiedlung erfüllt sein müssten. Die weitere Entwicklung wurde von ihm und Emil Bächler, ebenfalls ein Wissenschaftler, sowie dem Hotelier und Jäger Robert Mader vorangetrieben. Für den Bau der Anlage berücksichtigte man die Erfahrungen aus Chur und Zermatt. Das Publikum sollte die Steinböcke sehen können, während die wirtschaftlich notwendigen Anlagen im Hintergrund blieben (Schneider 2006). Alles in allem kann man sagen, dass die Zooarchitektur für die damalige Zeit sehr modern war.

Aus Mangel an echten Steinböcken wurden am Anfang Hybride aufgenommen. 1905 gab es die ersten Kontakte mit einem Wilderer aus dem Aostatal, und 1906 konnten italienische Wilderer erstmals neugeborene Steinkitze für den Wildpark illegal beschaffen (Lüps 1995). Robert Mader und der Kantonstierarzt holten die Tiere in Martigny ab. Eine Buße des Kantons Wallis in Höhe von 401 Schweizer Franken wegen der unbekannten Herkunft der Tiere wurde nach einer Intervention auf 36 Schweizer Franken reduziert (Schneider 2006). Der St. Galler Regierungsrat Gottlieb Baumgartner war Schriftführer des Wildparks und mit dem Vorgehen einverstanden. Von 1906 bis 1933 kamen insgesamt 59 Steinkitze aus Gran Paradiso nach St. Gallen. Hier gelang die erfolgreiche Aufzucht, sodass 1909 die ersten Geburten folgen konnten. Nach zehn Jahren traten jedoch die ersten Probleme auf: Die Tiere erkrankten zuerst an der Räude, die durch ein Kitz eingeschleppt wurde, das im Aostatal mit räudigen Ziegen in Kontakt gekommen war. Aufgrund mangelnder hygienischer Verhältnisse folgte ein Wurmbefall. Daraufhin ergriffen die Verantwortlichen die entsprechenden Maßnahmen und sorgten für bessere hygienische Bedingungen (Schneider 2006).

1913 schafften Steinbockfreunde die Voraussetzungen für den Tierpark Harder in Interlaken. Die Notwendigkeit, die Steinbockzucht an einem zweiten Ort zu betreiben, war offensichtlich.

Emil Bächler hat die ersten Wiederansiedlungen in der Schweiz wissenschaftlich begleitet und beschrieben (Abdruck mit freundlicher Genehmigung © Archiv Naturmuseum St. Gallen).

So konnte das Risiko, dass durch Krankheiten sämtliche Bemühungen zunichte gemacht werden, minimiert werden. Für den neuen Verein war es schwierig, Steinkitze aus dem Aostatal zu bekommen, da der Tierpark Peter und Paul in St. Gallen mehr für sie bezahlte. Trotzdem kam 1915 das erste Zuchtpaar aus St. Gallen, später folgten zwei Bockkitze und ein Geißkitz aus dem Aostatal. Insgesamt kaufte der Tierpark Harder zwischen 1915 und 1937 mehr als 40 Kitze von italienischen Schmugglern. Auch hier kämpften die Verantwortlichen mit Infektionskrankheiten, sodass Steinböden für eine bessere Hygiene gebaut werden mussten (Schneider 2006). Nach anfänglicher Unsicherheit und leichter Rivalität schaffte man es, eine gemeinsame Absichtserklärung zu verfassen (Schneider 2006). Diese umfasste die folgenden Punkte:

- gegenseitiger Austausch von Steinwild und Bestandsmeldungen
- Errichten einer «Einkaufszentrale» in Interlaken für Kitze aus dem Aostatal
- gemeinsame Preispolitik als Käufer: 800.00 Franken für ein Bockkitz, 900.00 Franken für ein Geißkitz, zahlbar zu zwei Dritteln in italienischer Währung
- einheitliche Verkaufspreise bei Abgabe von Tieren an den Bund
- Austausch von Tieren bei Aussetzungen ins Freiland
- Vorschläge für verschärfte Strafbestimmungen bei Steinbockfrevel in der Schweiz

Im Bundesjagdgesetz von 1875 war die Wiederbesiedlung der Alpen mit Steinböcken als Ziel vorgegeben. Der damalige Eidgenössische Oberforstinspektor Johann Coaz war Bündner und hatte sich an den Bemühungen der Sektion Rätia aktiv beteiligt. Wahrscheinlich hat er im Hintergrund gewirkt, damit der Steinbockartikel im Jagdgesetz Eingang finden konnte (Blankenhorn 2006). Der Bund hat die illegalen Importe toleriert und mitfinanziert – eine Vorgehensweise, die heute völlig undenkbar wäre. Man nahm zu der Zeit an, dass die Wilderei der wesentliche Grund für das Aussterben der Steinböcke war. Aus diesem Grund war klar, dass Steinböcke nur in Gebieten freigelassen werden können, in denen auch der notwendige Schutz vorhanden ist. Die eidgenössischen Jagdbanngebiete waren für die Ansiedlungen prädestinierte Gebiete.

Wiederansiedlungen in der Schweiz

Nur fünf Jahre nach der Ankunft der ersten Steinböcke im Wildparks Peter und Paul konnten am 8. Mai 1911 die ersten Exemplare im Weisstannental ausgewildert werden (Bächler 1919, 1935). Die Aussetzungsgebiete wurden nach damals als wichtig erachteten Kriterien ausgewählt – dabei stützte man sich auf vorhandenes Wissen, das vor allem von Girtanner (1878) stammte und von Bächler (1935) als die beste Grundlage angesehen wurde. Bächler (1919) bezeichnete das Vorhandensein von Felsen, Weiden, Strauch- und Holzgürteln sowie Wasser als notwendige Voraussetzung für eine erfolgreiche Wiederansiedlung. Es sollten zudem sonnige und schattige Stellen auf engerem Raum vorhanden sein. Dem wichtigsten Ausrottungsfaktor, der Jagd und der Wilderei, wurde ebenfalls große Beachtung geschenkt. 1920 führte zum Beispiel die geplante Steinbockwiederansiedlung im Schweizerischen Nationalpark zu einer Ausweitung des Schutzgebietes. So wurden für Wiederansiedlungsvorhaben vor allem eidgenössische Jagdbanngebiete in Betracht gezogen. Im Folgenden wird die Gründung einiger ausgewählter Populationen in der Schweiz beschrieben.

Robert Mader hatte sich dafür eingesetzt, dass die erste Steinwildaussetzung im Kanton St. Gallen stattfand (Schneider 2006). Als Gebiet wurde das Rappenloch im Weisstannental gewählt. Hier wurde ein Auswilderungsgehege gebaut, in das die jungen Steinböcke gebracht wurden, insgesamt zwei Böcke und zwei Geißen. Schon nach kurzer Zeit hatten drei Tiere mit einem Sprung über den Zaun den Weg in die Freiheit gefunden; daraufhin öffnete der zuständige Wildhüter das Tor. Die Steinböcke kamen immer wieder zum Heuvorrat im Gehege zurück. Zwei dieser Tiere, ein Bock und eine Geiß, waren mit der Flasche aufgezogen worden und sehr zutraulich. Der Bock griff aber Menschen an und musste daher eingefangen und in den Wildpark zurückgebracht werden (Schneider 2006). Im Juni 1911 kam das erste in freier Wildbahn geborene Steinkitz der Schweiz zur Welt. Insgesamt wurden in dieser Kolonie innerhalb von 50 Jahren 50 Steinböcke ausgesetzt. Der Bestand entwickelte sich nur zögerlich – das für die Auswilderung gewählte Gebiet ist aufgrund seiner Nordexposition und der daraus resultierenden geringen Sonneneinstrahlung kein geeignetes Steinbockgebiet. Zudem kamen die Steinböcke immer wieder mit Ziegen in Kontakt, was auch eine gewisse Konkurrenz bedeutet. Erst als Ende der 1950er-Jahre auch an den südexponierten Hängen des Calfeisentals Aussetzungen erfolgten, gedieh die Kolonie.

Die zweite Aussetzung sollte im Kanton Graubünden erfolgen. Dafür wurde das Banngebiet Piz Ela auserkoren. Insgesamt sieben Steinböcke wurden in den Jahren 1914 und 1915 freigelassen; in den folgenden Jahren folgten weitere Aussetzungen. Obwohl in freier Wildbahn gesetzte Kitze beobachtet wurden, entwickelte sich der Bestand schlecht. Es waren auch viele Lawinenopfer zu beklagen, sodass man ab 1928 dort keine Steinböcke mehr beobachten konnte (Schneider 2006).

Die jungen Steinkitze wurden im Tierpark Peter und Paul von Hand aufgezogen (Abdruck mit freundlicher Genehmigung des Wildparks Peter und Paul, St. Gallen).

Marco Giacometti

Marco Giacometti studierte Tiermedizin an der Universität Zürich und doktorierte über das Steinwild. Nach einem Forschungsaufenthalt in Wien und einer Habilitation in Bern verließ er die Forschung und arbeitete als Sekundarlehrer in der Bergeller Gemeinde Stampa. Marco Giacometti ist pensioniert und widmet sich der Erforschung der Künstlerfamilie Giacometti, die aus Stampa stammt.

Wie kommt ein Veterinärmediziner zur Steinbockforschung?
Im Oktober 1986 wurde in Graubünden die Steinbockjagd zum zehnten Mal durchgeführt. Der Jagdinspektor Peider Ratti aus dem Bergell suchte zu diesem Zeitpunkt eine geeignete Person, um die von der Wildhut sorgfältig erhobenen Daten auszuwerten. Daraus ergab sich die Idee, meine Dissertation dem Steinwild zu widmen. Dabei untersuchte ich historische, biometrische, ökologische und jagdliche Aspekte des Bündner Steinwildes. Damit war mein Weg in die Steinbockforschung vorgezeichnet.

Was waren die interessanten Forschungsfelder?
Meine Arbeit gab den Ansporn, die grenzüberschreitenden Steinbockpopulationen zu erfassen und die Kolonien auf der Grundlage wildtierbiologischer Aspekte neu einzuteilen. Man kam sogar dazu, Abschusskontingente auf Populationsebene grenzüberschreitend festzulegen. Es war auch eine Zeit der engen Zusammenarbeit zwischen dem Wiener Institut und dem Bündner Jagdinspektorat. Von der Wildhut wurden Organe und andere Proben von erlegten Wildtieren über alle Monate des Jahres in den Bündner Bergen gesammelt und nach Wien zur Analyse und Auswertung überführt. Ich untersuchte die Fortpflanzungsleistung der Steingeißen und das Hornwachstum des Steinwildes in Abhängigkeit des jährlichen Witterungsverlaufs über eine Zehnjahresperiode. Dabei stellte sich heraus, dass geschlechtsreife Steingeißen in der Regel jedes Jahr ein Kitz setzen und dass gute Steinbockjahre durch warme März-Mai-Perioden charakterisiert waren. Ich publizierte zuerst auf Deutsch, dann auch auf Englisch in internationalen Zeitschriften. Beteiligen durfte ich mich auch an der Herausgabe einiger Bücher zum Steinbock.

Was bedeutet der Steinbock für Dich?
Sicherlich nicht die beiden folkloristischen Figuren der Bündner Tourismuswerbung. Vielmehr weckt der Steinbock Erinnerungen an die späten 1980er- und 1990er-Jahre des vergangenen Jahrhunderts: an Beobachtungen, Begegnungen und den Fang von Steinwild in zahlreichen Regionen der Schweiz und im gesamten Alpenraum.
Es ist die Erinnerung an das Kennenlernen einer besonderen Tierart – an Böcke, die für das alpine Gelände eigentlich zu schwer sind, dank einer klugen Lebensraumwahl jedoch in beachtlichen Beständen oberhalb der Waldgrenze existieren. Und an Geißen, deren kurze Tragzeit dazu führt, dass sie erst spät, im Winter, brunftig werden, um ihre Kitze nicht zu früh im Frühjahr zur Welt zu bringen.
Untrennbar damit verbunden ist die Erinnerung an die vielen Menschen, denen ich durch die Steinbockforschung begegnen durfte: Forscherkollegen und Doktoranden, Jagdverwalter, Wildhüter, Jäger, Tierpfleger, Schafhalter, praktizierende Tierärzte, Mitarbeitende der Nationalparks, Medienschaffende, Fotografen oder Verleger.
Geblieben sind die wissenschaftlichen Publikationen und Bücher, an denen ich mitwirken konnte, zahlreiche Fotografien – und einige wenige, aber wertvolle Kontakte zu Menschen, mit denen ich einst zusammenarbeiten durfte.

Seit seiner Gründung im Jahr 1914 entwickelte sich der Schweizerische Nationalpark im Sog des Zeitgeistes zu einem Nationalheiligtum (Bächler 1935), in dem die Natur sich frei von menschlichem Einfluss entwickeln können soll. Im Jahre 1919 begannen die Besichtigungen für mögliche Orte zur Aussetzung von Steinböcken im Schweizerischen Nationalpark. In einem Gutachten, das sich auf eine Besichtigung vom 1. Juni 1920 im Raum Ova Spin/Praspöl stützte, wurde die Ostseite des Piz Terza als drittes Aussetzungsgebiet bestimmt. Schon am 20. Juni desselben Jahres war es soweit: Die ersten Steinböcke, vier Böcke und drei Geißen, wurden in die Freiheit entlassen. Ihnen folgten 1923, 1924 und 1926 weitere Tiere. Im Jahr nach der ersten Aussetzung trieben Wilderer vier Tiere, zwei Böcke und zwei Geißen, die sich in tieferen Lagen im Val Spöl aufhielten, Richtung Livigno, Italien (Bachler 1935). Die zwei Böcke wurden gewildert, die zwei Geißen flüchteten weiter ins Val dal Fain in der Schweiz und weiter an den Piz Albris oberhalb von Pontresina. Die Steinböcke entwickelten sich laut den Jahresberichten des Schweizerischen Nationalparks zur allgemeinen Freude. Schädelfunde im Gebiet Albris lassen jedoch vermuten, dass immer wieder Tiere in diese Richtung abgewandert sind (Filli 1995).

Das Val Tantermozza wurde ebenfalls für eine Wiederansiedlung in Betracht gezogen, aufgrund der Nähe zum offenen Jagdgebiet jedoch am Anfang nicht berücksichtigt. 1932 wurde dann das Jagdbanngebiet Carolina geschaffen, sodass 1933 und 1934 auch hier Steinböcke angesiedelt werden konnten. Am 7. Juli 1933 wurden drei Böcke und sechs Geißen freigelassen – es war das erste Mal, dass eine so große Anzahl Tiere

1911 wurden die ersten Steinböcke im Weisstannental (SG) freigelassen (Abdruck mit freundlicher Genehmigung des Wildparks Peter und Paul, St. Gallen).

Rechte Seite: Die exklusiven Steinbocktrophäen wurde im Schloss Sarre im Aostatal zusammen mit Gämstrophäen zur Schau gestellt.

ausgewildert wurde. Im Jahr darauf folgten weitere zehn Tiere. Doch erst als die Steinböcke in der benachbarten Val Trupchun sesshaft wurden, entwickelte sich der Bestand sehr schnell (Burckhardt 1961). Hier fanden die Steinböcke die Lebensbedingungen, die sie brauchen. Die zwei Kolonien Piz Terza und Tantermozza schlossen sich mit der Zeit zusammen und erreichten in den 1950er-Jahren die ökologische Kapazitätsgrenze.

Mitte 1921 sorgten zwei unbekannte Tiere am Piz Albris für Gesprächsstoff (Rauch 1937). Der Ziegenhirt Thomi Fimian erzählte seinen Eltern, er hätte bei seinen Ziegen zwei Gämsen gesehen, die keine richtigen Gämsen seien. Mitte November kamen diese sonderbaren Tiere in Gesellschaft der Ziegen bis an die Haltestelle der Rhätischen Bahn. Im folgenden Frühling wurde der Wildhüter darauf aufmerksam gemacht, und er nahm sich der Sache an (Giacometti 1988). Der Wildhüter Andrea Rauch glaubte, dass es sich bei den Tieren um Steinböcke handelte, und teilte dies den zuständigen Stellen in Chur mit. Andrea Rauch und andere Persönlichkeiten aus der Region wünschten sich, dass weitere Steinböcke dazugegeben würden. Doch die Eidgenossenschaft war mit den bisher gegründeten neuen Populationen beschäftigt; eine finanzielle Unterstützung war nicht möglich. So kam eine private Sammlung zustande, die es ermöglichte, zwei einjährige Böcke zu besorgen. Die beiden stammten direkt aus dem Aostatal und waren im Wildpark Peter und Paul von Hand aufgezogen worden. In den Jahren 1928 bis 1935 wurden weitere neun Tiere ausgesetzt. Vermutlich wanderten weitere Exemplare aus dem Nationalpark ein. Die Population am Piz Albris wuchs in der Folge stark an; im Herbst 1936 zählte man schon 209 Tiere (Rauch 1937). Ab Mitte der 1940er-Jahre wurden Tiere zur Gründung neuer Kolonien entnommen. Von der Kolonie Albris aus wurde praktisch der ganze Ostalpenraum mit Steinböcken beliefert.

Am 21. Juni 1921 wurden am Wannichnubel vor der Haustüre Interlakens drei Böcke und vier Geißen ausgesetzt (Schneider 2006). Die Experten Emil Bächler und Robert Mader hatten davon abgeraten – sie hätten die Steinböcke eher an den felsdurchsetzten Hängen des Augstmatthorns ausgesetzt. Im Herbst zogen die Tiere dann tatsächlich dorthin. 1922 und 1924 wurden weitere Tiere dazugegeben, finanziert vom Alpenwildpark selbst. Der Bestand gedieh prächtig: 1931 konnten schon 65 Tiere gezählt werden, und im Jahr 1940 hatte sich der Bestand fast verdoppelt. Heute hat sich die Population im Grenzgebiet der Kantone Bern, Luzern und Obwalden ausgeweitet.

Am 23. Juni 1928 wurden die ersten Steinböcke am Le Pleureur freigelassen. Bis zum Jahr 1935 wurden hier insgesamt 20 Tiere ausgesetzt. 1933 wurden sechs Steinkitze direkt aus dem Aostatal dazugegeben. Diese zog der örtliche Wildhüter zunächst von Hand auf; im folgenden Jahr wurden sie in Freiheit entlassen. Die mit Hausziegen aufgewachsenen Steinböcke zeigten wenig Scheu vor den Menschen und suchten regelmäßig die Gesellschaft der Ziegenherde (Schneider 2006). Insgesamt entwickelte sich die erste Walliser Kolonie ähnlich gut wie die am Piz Albris.

1933 gründete der Schweizerische Bund für Naturschutz, heute Pro Natura, das Naturschutzgebiet Aletschwald. Dieses Naturreservat schützt einen einzigartigen Arvenwald am Rande des Aletschgletschers, in dem heute keine Nutzung mehr erlaubt ist. Zwischen 1938 und 1948 wurden hier 47 Tiere angesiedelt (Kuster 1966), die zum Teil aus Gehegen stammten, zum Teil vom Augstmatthorn (Albrecht 1989). Mit der Gründung der Population Aletsch-Bietschhorn endete die erste Phase der Wiederansiedlung der Steinböcke in der Schweiz. Ab jetzt wurden die neuen Populationen mit Wildfängen gegründet; die Bedeutung von Wildparks und Zoos als Lieferanten ging rasch zurück.

In den 1950er-Jahren beschäftigte sich die Pilatusbahn-Gesellschaft mit dem Gedanken einer Ansiedlung im Pilatusgebiet und reichte ein entsprechendes Gesuch bei der Regierung des Kantons Obwalden ein. Der Kanton Graubünden unterstützte das Vorhaben, indem er eine Steinbockgruppe aus der Kolonie Albris gratis zur Verfügung stellte (Kaech 2007). Im Mai 1962 wurden die ersten Steinböcke ausgesetzt, in den folgenden Jahren insgesamt 19 Tiere angesiedelt. Der Bestand hat sich sehr gut entwickelt, und heute staunen die Gäste über die majestätischen Tiere.

Steinböcke wurden auch in Gebieten angesiedelt, die nicht den gängigen Vorstellungen eines geeigneten Lebensraumes entsprechen. Eine dieser Populationen ist die am Creux du Van im Schweizer Jura, außerhalb des Alpenbogens. Zwischen 1965 und 1970 sind hier 14 Tiere angesiedelt worden. Sieben von ihnen stammten aus den Tierparks Dählhölzli Bern und dem Wildpark Peter und Paul in St. Gallen, sieben kamen aus dem Gebiet Le Pleureur. Die ersten im Jura geborenen Steinkitze konnten 1970 beobachtet werden (Weissbrodt 2003). In dieser Hinsicht ist auch die Population an den Churfirsten interessant (Ruhle et al. 1995). Hier wurden zwischen 1983 und 1993 insgesamt 25 Tiere freigelassen. Diese Ansiedlung wurde durch die Einwanderung von zwei Böcken eingeleitet, die wahrscheinlich vom Alpstein stammten. Dafür hatten sie auch tiefere Tallagen und die Thur überqueren müssen, eine Leistung, die im Widerspruch zu der damals gängigen Auffassung stand, dass Steinböcke sich nicht über tiefe Tallagen und Wälder ausbreiten. Die Gründung dieser Population wurde wissenschaftlich begleitet; so sind unter anderem einzelne Tiere besendert worden.

Auch in jüngster Zeit sind noch neue Steinbockpopulationen gegründet worden, zum Beispiel im Diemtigtal (Bohren et al. 2019). Hier war schon lange eine Wiederansiedlung des Steinbocks im Gespräch; 1999 wurde ein erster Anlauf genommen. Neben den entsprechenden Abklärungen ist auch eine Umfrage bei den betroffenen Kreisen erfolgt. Jagd und Naturschutz waren gegenüber einer Wiederansiedlung positiv eingestellt, Land- und Forstwirtschaft hingegen eher kritisch. Im Rahmen einer gemeinsamen Exkursion konnte ein Konsens gefunden werden. So konnten 2001 und 2002 zehn Tiere angesiedelt werden. Die freigelassenen Tiere wurden markiert und besendert, sodass man ihr Verhalten im Raum dokumentieren konnte. Eine Begleitgruppe behielt über 15 Jahre die Entwicklung im Auge und besprach allfällige Probleme. 2018 war der Bestand auf über 160 Individuen angewachsen.

Diese Populationen gediehen unterschiedlich gut. Es scheint jedoch, als habe der Steinbock seine Anpassungsfähigkeit seit der letzten Eiszeit nicht verloren. Die Wiedereinbürgerung der Art kann heute als gelungen bezeichnet werden. Sie kann aufgrund der ausgeprägten Lebensraumansprüche und der alpenweiten Verbreitung der Art sogar als Modell dienen, an dem naturschutzrelevante Fragestellungen überprüft werden können. Dabei können zum Beispiel natürliche Verbreitungsmodelle in einer sich wandelnden Umwelt berechnet und die Frage beantwortet werden, wo heute natürliche Steinbockvorkommen ohne menschlichen Einfluss überhaupt möglich wären. In dieser Hinsicht kann auch die Bedeutung der gewählten Wiederansiedlungsstandorte außerhalb der als natürlich betrachteten Verbreitung neu beurteilt werden.

Brambilla et al. (2020) schätzten anhand der vorhandenen Daten den Bestand alpenweit für das Jahr 2015 auf rund 55 000 Individuen. Sie stellten in der Schweiz und in Italien positive Bestandsentwicklungen fest, während in Frankreich kein Trend feststellbar war. Für Österreich, Deutschland und Slowenien lagen keine ausreichenden Daten vor.

Steinbock und Mensch

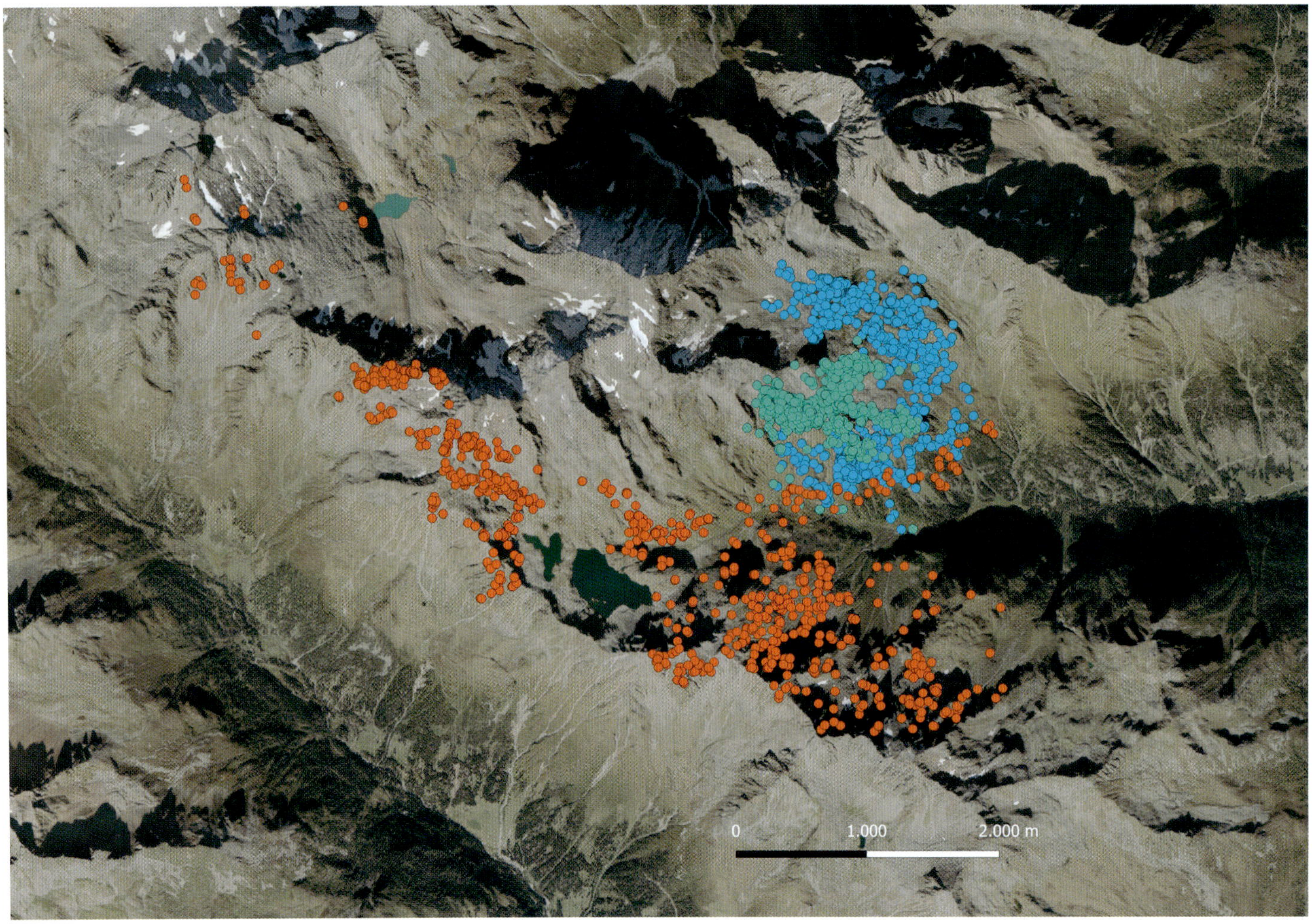

Der Steinbock und die Alpwirtschaft

Schon wenige Jahre nach der ersten Aussetzung meldeten Landwirte am Augstmatthorn Schäden durch Steinböcke (Lüps 2021). Dabei ging es vor allem um das von den Steinböcken gefressene Gras. Wenn im Frühling größere Rudel am ersten Grün auf den Alpweiden fressen, wird dies als Konkurrenz und Verlust angesehen. Ob die Beweidung der Alpen auch Auswirkungen auf die Steinbockbestände hat, wird dagegen in der Regel nicht betrachtet.

Ein Vergleich mit besenderten Steinböcken aus dem Schweizerischen Nationalpark, dem Nationalpark Hohe Tauern und dem Lechquellgebirge zeigten, dass von Weidetieren genutzte Weiden von Steinböcken gemieden werden (Reichler 2020). In der Val Chamuera im Oberengadin suchten die Steinböcke nach dem Auftrieb der Schafe die Weiden immer weniger auf (Ryser-Degiorgis et al. 2002). Es waren nie Steinböcke und Schafe gleichzeitig auf der Weide. Eine Salzlecke für Schafe zog jedoch Steinböcke an, was auch zu Begegnungen führte. Solche Begegnungen können zur Übertragung der Gamsblindheit von Schafen auf Steinböcke führen. Im Marmolada-Massiv in den italienischen Dolomiten wurden Endoparasiten der Rinder und Schafe mit denen der Steinböcke verglichen (Carcereri et al. 2021). Dabei stellten die Forscher fest, dass das Risiko einer Parasitenübertragung von Weidetieren auf Steinböcke als eher gering einzuschätzen ist. Das Gesundheitsrisiko für die Steinkitze muss jedoch noch vertieft untersucht werden. Es könnte einen Einfluss auf die stagnierende Entwicklung der Population

Der besenderte Steinbock (rote Punkte) weicht auf nordexponierte Hänge aus, weil auf der bevorzugten südlichexponierten Schafe (blaue Punkte) weiden (Daten Nationalpark Hohe Tauern/tiris/kagis/sagis).

Salzlecken ziehen
Steinböcke an.

haben. Hier kommt wahrscheinlich auch eine Verhaltenseigenschaft des Steinbocks ins Spiel: Er meidet Weideflächen, die mit Kot von anderen Weidetieren belegt sind (Brambilla et al. 2013). Dabei werden in erster Linie frische Fäkalien gemieden.

Für die Versorgung der Schafe und Ziegen auf den Alpweiden wie auch für Wildtiere werden oft Salzlecken angelegt. Schon Rauch (1937) tat dies mit dem Ziel, die aus dem Schweizerischen Nationalpark gekommenen Steinböcke im Raum Albris zu halten. Mineralstoffe sind für den Stoffwechsel notwendig und werden in der Regel mit der Nahrung als wasserlösliche Salze aufgenommen (Bubenik 1984). Sie spielen eine wichtige Rolle bei der Regulation des osmotischen Drucks. Speziell Natrium und Chlor sind für Steinböcke von besonderer Bedeutung. Natrium kommt im Speichel als Natriumbicarbonat vor, wo es für die Säurepufferung im Pansen verantwortlich ist (Deutz et al. 2017). Vor allem während der Milchbildung und während des Haarwechsels steigt der Bedarf an Natrium. Weil Steinböcke als Wiederkäuer mit Natrium sparsam umgehen, können sie monatelang ohne größere Zufuhr auskommen (Bubenik 1984).

Falls Salz, und davon vor allem Natrium, zur freien Verfügung steht, können Steinböcke jedoch danach richtig süchtig werden. Damit sie das überschüssige Salz ausscheiden können, müssen sie vermehrt Wasser aufnehmen. Im Winter erfolgt dies durch Fressen an Bäumen, was zu Verbissschäden führen kann.

Im Schweizerischen Nationalpark wurden Salzlecken angelegt, damit die Steinböcke nicht ins benachbarte Italien abwandern, wo sie allenfalls gewildert würden. 1987 beschloss die Eidgenössische Nationalparkkommission (ENPK), diese Salzlecken nicht mehr zu bestellen, da sie dem Nationalparkgedanken widersprechen. Die vorhandenen Salzlecken zogen jedoch auch Jahre später immer noch Steinböcke an. Niederberger (1993) untersuchte dieses Phänomen. Im Holz an den Salzlecken fand sich immer noch eine hohe Konzentration an Salz. Sie wurden vor allem von Geißen und jungen Böcken aufgesucht, und die Tiere blieben längere Zeit zum Lecken da. Ein Vergleich mit Salzlecken außerhalb des Nationalparks zeigte, dass diese von Steinböcken nur für kurze Zeit aufgesucht wurden. Dies veranlasste eine experimentelle Abschirmung der Salzlecken. In der Folge suchten die Tiere diese immer weniger auf. Geißen und junge Böcke ästen dann in höheren Lagen (Wirz 1991). Es zeigt sich also, dass künstliche Salzlecken Steinböcke an Orte binden und das räumliche Verhalten beeinflussen können.

Hybride

Eine weitere Schnittstelle zur menschlichen Nutzung bilden Begegnungen zwischen Hausziegen und Steinböcken. Beide Arten können sich miteinander paaren. Die italienischen Könige hielten Steinbockhybride, und verschiedentlich wurde im 19. Jahrhundert versucht, diese anstelle von echten Steinböcken wiederanzusiedeln. Ziegen wurden auch für die Aufzucht der in die Schweiz «eingeführten» Steinbockkitze herangezogen. Beide Arten können gut miteinander leben. So wird berichtet, dass im Jahr 1868 ein Wirt im Brixental einen zahmen Steinbock hatte, der sich mit Ziegen verpaarte (Stolz 1922). Auch die am Le Pleureur mittels Hausziegen aufgezogenen Steinböcke suchten oft die Nähe von Ziegen; einzelne verpaarten sich sogar mit ihnen.

Giacometti et al. (2004) dokumentierten einen Fall von Hybridisierung im Bergell, bei dem die Hybride in freier Wildbahn überlebten. Im Sommer 1989 brachte ein Landwirt seine Ziegenherde auf die Sommerweide, wobei die Herde, wie es in vielen Fällen üblich ist, sich selber überlassen wurde. Fünf Ziegen verließen die Herde und zogen rund drei Kilometer weiter, wo sie auch den Winter verbrachten. Im nächsten Sommer und Winter blieben sie in freier Wildbahn. Im Sommer 1991 führten alle ein Junges. Von diesen wurden vier Böcke eingefangen, kastriert und mit der Ziegenherde gehalten. Sie wiesen Merkmale sowohl von Ziegen als auch von Steinböcken auf. In den folgenden Jahren verlegten die mittlerweile verwilderten Ziegen ihr Aufenthaltsgebiet in höhere Lagen. Sie begingen ein Gebiet von etwa 2,5 Quadratkilometern.

Die Ziegen hielten sich nie zusammen mit Steingeißen auf, aber in der Zeit zwischen August und Oktober wurden Steinböcke mit den Wildziegen und ihren Nachkommen gesehen. Die verwilderten Ziegen setzten ihre Nachkommen früher als die Steingeißen, nämlich zwischen März und Mai. Diese Beobachtung zeigt, dass frühere Wiederansiedlungen mit Steinbockhybriden vermutlich aus diesem Grund nicht erfolgreich waren. Im Jahr 1998 hatte das Rudel verwilderter Ziegen mit ihren hybriden Nachkommen eine Größe von 18 Tieren erreicht. Zudem wurden zehn männliche Hybride von den Bauern zur

Rechte Seite oben: Hörner von drei Individuen aus dem Bergell im 4. Lebensjahr. Rechts ein ursprünglicher Steinbock, in der Mitte ein Hybrid der zweiten Generation und links ein Hybrid der ersten Generation (Giacometti et al. 2004).

Rechte Seite unten: Steinbockgehörne werden auch heute bei den abschreckenden Perchtenfiguren in den österreichischen Alpen getragen.

Fleischnutzung eingefangen. Zwischen 1998 und 2001 wurde das Rudel von Wildhütern erlegt. Es umfasste noch 3 Ziegen und 15 Hybride. Die Tiere waren sehr wild und flohen vor Menschen. Sie konnten in diesem Gebiet nur überleben, weil vor allem der Wintereinstand hervorragende Lebensbedingungen bot. Die Hörner der Hybride waren länger als die der Steinböcke, und einigen Böcken fehlten die Schmuckknoten an den Hörnern.

Es gibt immer wieder Berichte über Hybridisierungen aus Ziegen und Steinböcken. Die Frage ist, wie häufig dies vorkommt. Moroni et al. (2022) haben mit einer Online-Umfrage versucht, das Ausmaß dieses Phänomens im Alpenraum zu erfassen. Das Ergebnis ist klar: Steinbock-Ziegen-Hybride sind im Alpenraum weit verbreitet. Untersuchungen anhand genetischer Analysen ergaben Hinweise auf eine fortlaufende Hybridisierung dieser Arten (Brambilla et al. 2023). Es gibt dabei verschiedene Grade der Hybridisierung und auch Rückkreuzungen in beide Richtungen.

Aber welche Folgen haben diese Hybridisierungen für die Steinböcke? Grossen et al. (2014) stellten eine Introgression von Ziegengenen in einem wichtigen Teil des Immunsystems des Steinbocks fest. Der Steinbock hat hier, wahrscheinlich als Folge der diversen genetischen Flaschenhälse, nur noch zwei Allele. Diese befinden sich an einer wichtigen Stelle im Genom, an der eine große Variation für die Art von Vorteil ist. Die Genomübertragung hat wahrscheinlich in den letzten 300 Jahren stattgefunden (Münger et al. 2023). Obwohl im Naturschutz grundsätzlich Kreuzungen zwischen Haustieren und Wildtieren unerwünscht sind, könnte diese Kreuzung dem durch die genetischen Flaschenhälse im Genom verarmten Steinbock eine bessere Anpassung ermöglichen.

Im Ostalpenraum werden Steinbockhybride gezüchtet (Hofmann 2024). Ihre Gehörne werden für Perchten- und Krampusläufe gerne verwendet.

Der Steinbock und der Wald

Wenige Jahre nach den ersten Aussetzungen meldeten sich diverse Forstorgane zu Wort: Steinböcke würden in erheblichem Maße junge Bäume in den gegen Lawinen angelegten Aufforstungsflächen schädigen. Die Wirksamkeit des Lawinenschutzes sei dadurch bedroht. Hier ging es nicht in erster Linie um Fraß-, sondern um Schlagschäden, die die Böcke durch das Reiben der Hörner an Jungbäumen verursachten, womit sie diese zum Absterben brachten (Lüps und Zuber 1986, Lüps 2021). Auch am Schafberg bei Pontresina wurden schon 1945 erste Schlagschäden gemeldet. Das Problem der Fraß- und Schlagschäden ließ sich in Pontresina anfänglich mit dem Einfangen

von Tieren in Kastenfallen zur Gründung weiterer Kolonien entschärfen.

Dass Steinböcke an Nadelbäumen fressen, wurde nur bei Kofler (1981) in der Kolonie Hochlantsch (Steiermark) auf einer Höhe von bis zu 1700 Metern festgestellt. Hier ernährten sich die Steinböcke bei hohem Schnee mangels Alternativen von Nadelbäumen. In der Regel sind die Fraßschäden durch Steinböcke jedoch gering.

Wirz (1991) beobachtete in der Val Trupchun im Schweizerischen Nationalpark, wie Steinböcke jüngere Bäume verschlugen. Dieses Verhalten trat überwiegend bei ausgewachsenen Böcken im Frühling auf. Vor allem in den Abendstunden unternahmen sie längere Wanderungen, um zu verschlagen. In der Regel übte ein großer Teil einer Gruppe dieses Verhalten aus, das auf einzelnen Flächen zum Ausfall der Bäume führte. Feuerstein (1997) stellte fest, dass rund zwölf Prozent der Bäume am Schafberg bei Pontresina Schlagschäden durch Steinböcke aufwiesen. Eine Bestandsreduktion brachte keine Verbesserung der Situation. Im Vergleich mit der Situation der Schlagschäden im Schweizerischen Nationalpark ergab sich, dass sich hier im Gegensatz zu Pontresina die Anzahl der Schlagschäden mit der Bestandsgröße korrelierte, insbesondere mit der Anzahl der Böcke (Theus 2006). Eine mögliche Erklärung dafür ist, dass die Steinböcke den Wald als Fluchtgebiet nutzen. Szemkus et al.

Linke Seite: Steinböcke können Schlagschäden an Bäumen verursachen.

Oben: Nur in seltenen Fällen fressen Steinböcke auch an Nadelbäumen.

(1998) hatten am Augstmatthorn beobachtet, dass Steinböcke nach Beunruhigungen durch Flugobjekte den Wald als Fluchtort aufsuchten. Der Schafberg in Pontresina ist ein beliebtes Fluggebiet. In der Nähe befindet sich ein Segelflughafen und das Gebiet wird viel von Gleitschirmfliegern genutzt. Vermutlich bauen die Steinböcke mögliche Aggressionen oder Stress an den Bäumen ab.

Störungen

Auch der Mensch mit seinem Verhalten beeinflusst die Wildtiere in ihrem Lebensraum, vor allem als Störfaktor. Die zunehmende Entwicklung von Freizeitaktivitäten mit ihren Auswirkungen auf die alpinen Ökosysteme im Allgemeinen sowie auf die Wildtiere im Speziellen geben Anlass zur Sorge. Immer mehr Menschen suchen Erholung und Entspannung, aber auch sportliche Herausforderungen in den Bergen. Zudem nehmen die Freizeitaktivitäten des Menschen während der Nacht zu.

Ein Vergleich der Auswirkungen zweier unterschiedlicher Großereignisse in den französischen Alpen zeigt interessante Ergebnisse. Es handelt sich einerseits um einen Trailrunning-Wettbewerb mit 600 bis 1300 teilnehmenden Personen sowie Radrennen. Die Auswirkungen wurden anhand von 139 besenderten Steinböcken überprüft. Das Verhalten der Steinböcke wurde während der Austragung und der darauffolgenden Nacht gemessen und mit dem Verhalten an Tagen in anderen Jahren ohne das Ereignis verglichen (Marchand et al. 2024). Die Radrennen fanden meist im Sommer statt – zu einer Zeit, zu der sich die Steinböcke bereits weit weg von den befahrenen Straßen aufhielten. Diese Veranstaltungen hatten, obwohl entlang der Straße ein großer Auflauf stattfand, nur geringe Auswirkungen auf die Steinböcke. Die Trailrunning-Veranstaltungen dagegen drangen in den Lebensraum der Steinböcke ein und fanden genau während der Geburtszeit der Kitze statt. Die Folge war, dass sich die Steinböcke weiter von den Wanderwegen entfernten. Auch waren sie an den Tagen der Veranstaltung aktiver und bewegten sich mehr. Solche Veranstaltungen

20 bis 500 Metern. Die Tagaktivität war an Tagen mit Gleitschirmfliegern höher als an Tagen ohne diese. Zum Teil verließen die Steinböcke sogar ihr angestammtes Gebiet. Auch Helikopterflüge sind für Steinböcke und wahrscheinlich auch andere Wildtiere eine große Belastung. Eine Auswertung von Reaktionen von Steinböcken auf Helikopterflüge zeigte, dass keine Gewöhnung stattfindet (Brambilla und Brivio 2018). Die Auswirkungen von Drohnenflügen auf Steinböcke sind noch nicht untersucht; wir können aber annehmen, dass auch diese sich nicht zum Vorteil auswirken.

Die Auswirkungen der menschlichen Aktivitäten im Alpenraum wurden an sensiblen Arten untersucht. Bei Birkhühnern zum Beispiel können Störungen im Winter einen höheren Energieverbrauch bewirken, was eine längere Futtersuche nach sich zieht (Arlettaz et al. 2015). Dabei bieten ihre Lebensräume in dieser Jahreszeit ohnehin wenig Nahrung. Für den Steinbock liegen wenig Daten vor. Gesichert ist, dass Steinböcke auch in Schutzgebieten wie dem Schweizerischen Nationalpark und dem Nationalpark Hohe Tauern den Wanderwegen ausweichen und sich in weniger geeigneten Gebieten aufhalten (Reichler 2020). Diese Ergebnisse beruhen allerdings einzig auf Daten von Steinböcken; entsprechende Daten von Wanderern fehlen. Die Reaktionen der Steinböcke fallen nicht immer gleich aus. Die Gruppengröße und die -zusammensetzung spielen eine wichtige Rolle. Je mehr alte Böcke in einer Gruppe sind, desto toleranter wird sie (Schütz et al. 1995). Dabei spielt die Fähigkeit, dass die Tiere mit zunehmendem Alter Gefahren besser einzuschätzen lernen, eine wichtige Rolle; eine weitere positive Nebenwirkung der sexuellen Segregation.

und Aktivitäten bringen also einen «Korridor der Angst» in die Landschaft, der nicht nur Steinböcke zu proaktiven Reaktionen veranlasst.

Szemkus et al. (1998) untersuchten, wie bereits erwähnt, die Reaktionen von Steinböcken auf Flugobjekte. Die Tiere flohen in einem Umkreis von 1200 Metern öfters vor Hängegleitern als vor motorisierten Flugzeugen oder Segelfliegern. Die Fluchtdistanz nach einem Ereignis mit Gleitschirmfliegern lag zwischen 30 und 1200 Metern, verbunden mit einer Höhendifferenz von

Wildtiere leben mit der Angst vor Prädatoren. Die Prädation hat tödliche, aber auch nicht tödliche Folgen für die Beutetiere. So passen sie ihr Verhalten bei der Nahrungssuche in der Landschaft an, um das Risiko, gerissen zu werden, zu minimieren. Dieses Verhalten wird mit dem Modell der *landscape of fear*

Linke Seite: Müssen Steinböcke in Wälder fliehen, kann dies aggressives Verhalten auslösen, was auch zu Schlagschäden an Bäumen führen kann.

Oben: Hängegleiter sind für Steinböcke und andere Wildtiere eine Gefahr aus der Luft.

Unten: Skitourengeher und Schneeschuhläufer sind für Wildtiere eine Störung.

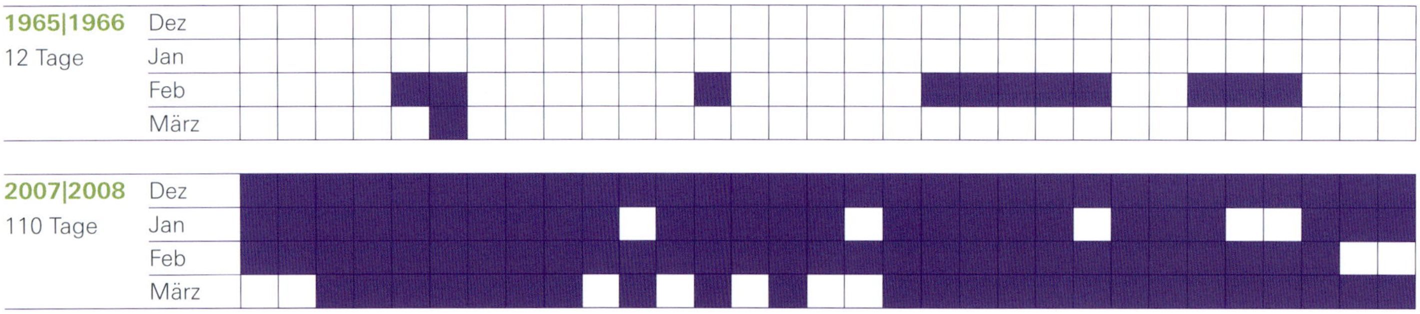

beschrieben (Suter 2017). Steinböcke passen ihr Verhalten beim Auftauchen von Wölfen an (Gringnolio et al. 2019). Dabei werden die Rudel mit Böcken kleiner und sie halten sich näher an sicheren Gebieten auf. Die Distanz der Geißen zu sicheren Orten bleibt gleich, die Rudelgröße ebenfalls. Die Böcke nehmen jedoch weniger Nahrung auf, da sie sich wahrscheinlich auf schlechteren Weiden aufhalten. Die Anwesenheit von Prädatoren löst auch Stress aus (Suter 2017), was die Fruchtbarkeit reduzieren und allenfalls sogar bis zum Tod von Individuen führen kann (Zanette und Clinchy 2019). Eine Reduktion der Fruchtbarkeit durch eine erhöhte Präsenz von Wölfen konnte bei Wapitis nachgewiesen werden (Suter 2019).

Interessant in diesem Zusammenhang sind die Experimente von Zanette und Clinchy (2019). Sie konnten bei verschiedenen Tierarten nachweisen, dass alleine das Abspielen von normalen menschlichen Stimmen mehr Furcht und Stress auslöst als die Laute ihrer natürlichen Feinde. So beeinflusst der Superprädator Mensch alleine durch seine Anwesenheit das Verhalten und die Verteilung wild lebender Tiere, und zwar stärker als natürliche Prädatoren (Zanette und Clinchy 2019). Die natürlichen Prädatoren werden in freier Wildbahn durch die Bedingungen im Lebensraum limitiert. Sie treten auch nicht dauernd auf, sondern bewegen sich in großen Streifgebieten, sodass ihre Beutetiere nicht unter Dauerstress stehen. Die Störungen durch den Menschen im Alpenraum nehmen jedoch in der Art und im Umfang flächendeckend zu. So zeigt eine unveröffentlichte Zusammenstellung von Grünschachner-Berger (in Deutz et al. 2017), dass auf einem beliebten Skitourenberg in Niederösterreich im Winter 1965/66 insgesamt nur zwölf Eintragungen im Gipfelbuch zu finden waren. Im Winter 2007/08 hingegen gab es an nur zwölf Tagen keine Eintragungen im Gipfelbuch. Während all den anderen Tage müssen die Wildtiere in einem Korridor der Angst leben. Diese verstärkte Präsenz der Menschen in den Alpen ist dank ausgebauter Freizeitmöglichkeiten, aber auch aufgrund verbesserter Ausrüstung möglich.

Werden Gebiete zu stark von Menschen genutzt, wählen diese das nächste Mal eine andere Route (Rupf et al. 2019). Eine Umfrage unter Skitourengängern und Wanderern in den französischen Alpen ergab, dass die Befragten die Störungen und das Fluchtverhalten von Wildtieren beobachtet haben und selbst davon ausgehen, dass sie der Auslöser dafür sein könnten (Gruas et al. 2023). In dieser Befragung zeigte sich, dass viele Berggänger denken, die Wildtiere würden sich an die Störungen gewöhnen und Skitouren hätten keinen negativen Einfluss auf Wildtiere und die Natur. Einige sehen die Einflüsse, die sie sichtbar zum Beispiel an jungen Bäumen hinterlassen – die Auswirkungen auf Wildtiere werden aber unterschätzt. Der Stress der Wildtiere ist nicht sichtbar. Während sich Wanderer in der Regel an die Wanderwege halten, sind die Routen der Skitourengeher nicht vorhersehbar. Die Störungen sind auch

Göllner Gipfelbuch (Niederösterreich): In der Wintersaison 1965/66 gab es nur an zwölf Tagen Eintragungen ins Gipfelbuch. Im Winter 2007/2008 waren es hingegen nur 12 Tage, an denen es keine Einträge gab (Grünschaner-Berger unveröff., in Deutz et al. 2017).

Rechte Seite: Im Managementumfeld wird ein Ausgleich zwischen den Ansprüchen der Wildtiere, ihrem Lebensraum und den Bedürfnissen der Menschen gesucht.

nicht nur auf bestimmte Korridore beschränkt, sondern können sich sehr in der Fläche ausbreiten. Bei den Talfahrten tritt die Störung außerdem unmittelbar auf, was eine weitere Verunsicherung und mehr Stress bei den Wildtieren zur Folge hat. Mit neuen Techniken – sei es beim Bergsteigen oder beim Skitourengehen sowie bei E-Bikes – gelangen noch mehr Menschen in noch abgelegenere Teile der Alpen und die Störungen für die Wildtiere nehmen in der Anzahl und in der Fläche weiter zu.

Eine neue Art der Störung entsteht durch die neuen Möglichkeiten des Fotografierens und der damit verbundenen Verbreitung der Bilder in den Sozialen Medien. So ist es im Berner Oberland am Augstmatthorn beliebt, ein Bild von sich, einem Steinbock und der entsprechenden Landschaft aufzunehmen und zu veröffentlichen. Das hohe Aufkommen von Wanderern und Freizeitsportlern in diesem Gebiet hat für die Wildtiere einen erheblichen Lebensraumverlust zur Folge (Willisch et al. 2024). Die technischen Möglichkeiten ermöglichen es immer mehr Menschen, sich der Wildtierfotografie zu widmen. Dabei möchten sie diese Aktivitäten, noch mehr als zum Beispiel beim Skitourengehen, alleine ausüben. Sie müssen sich aber auch den Tieren weiter annähern, was die Störung erhöht. Einzelne werden ihre Fotomotive an sich gewöhnen, sodass der Stress der Wildtiere verborgen bleibt. In den Sozialen Medien und im auf Wildtierfotografie spezialisierten Kreisen werden die «Highlights» einander vorgeführt, was wiederum eine entsprechende Zunahme dieser Störung zur Folge hat.

Wildtiermanagement beim Steinbock

Wildtiermanagement ist ein Begriff, der in vielerlei Hinsicht falsch verstanden wird. In diesem Zusammenhang stellt sich die Frage, ob es überhaupt nur um Wildtiere geht oder ob man nicht auch ihre Umwelt miteinbeziehen muss. Benötigen Wildtiere für sich alleine überhaupt ein Management? Hier ist die englischsprachige Bezeichnung *Wildlife Management* treffender, denn dieser greift etwas weiter und berücksichtigt auch die Umwelt der Wildtiere. Aus diesem Grund wird in der Folge der englische Begriff verwendet. Die oben gestellte Frage lässt sich in Anlehnung an Festa-Bianchett (2008) leicht beantworten: Wildtiere an sich brauchen kein Management – außer es geht darum, Wünsche der Gesellschaft, sie zu nutzen, zu erfüllen, menschliche Einflüsse auf das Ökosystem zu minimieren oder Schäden zu vermeiden. Als Erster definierte Leopold (1933) *Wildlife Management* und zwar als «game management … the art of making land produce a sustained annual crop of wild game for recreational use». Der Begriff des *Wildlife Management* hat sich im Laufe der Zeit gewandelt. Er setzt sich aus

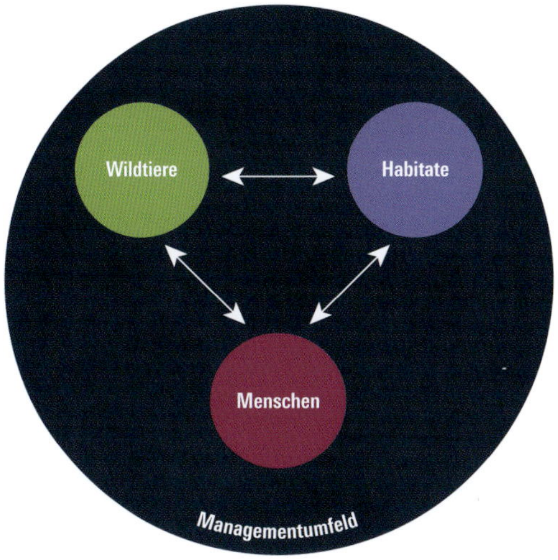

zwei Teilen zusammen: *Wildlife* und *Management*. Betrachten wir den Begriff Management, so ist klar, dass dieser nicht im Bereich der Jagd oder des Naturschutzes entstanden ist. Er hat seinen Ursprung in der industriellen Produktion. Mary Parker Follet, eine Pionierin der humanistischen Managementlehre, definierte Management als «… the art getting things done through people» (Stoner und Freeman 1989). Management wird nicht als starrer Ablauf betrachtet, sondern als dynamischer Prozess, in dem der einzelne Mensch eine große Rolle spielt. Dabei müssen die Grundbedürfnisse des Menschen von den physiologischen Bedürfnissen bis zur Selbstverwirklichung befriedigt werden (Maslow 1954). *Wildlife Management* wird traditionell als Management von Wildtieren im Zusammenhang mit ihrem Ökosystem verstanden (Fryxell et al. 2014). Ging es in den Anfängen nur um jagdbare Tiere, werden heute alle frei lebenden Tiere mit eingeschlossen. Zum *Wildlife Management* gehört heute auch der Naturschutz.

Aufgabe des *Wildlife Managements* ist die Regulation der Interaktionen zwischen Wildtieren und Menschen. Aus diesem Grund kann und darf der Mensch in diesem Zusammenhang nicht außer Acht gelassen werden. Decker et al. (2012) definieren daher *Wildlife Management* als «die Steuerung von Entscheidungsprozessen und die Umsetzung von Maßnahmen, um die Interaktionen zwischen Menschen sowie zwischen Menschen, Wildtieren und Wildtierlebensräumen zu beeinflussen und so die von den Interessensgruppen gewünschten Auswirkungen zu erzielen». Dabei befinden sich die Menschen, die Wildtiere und deren Lebensräumen gemeinsam im Managementumfeld. Als Interessengruppen oder Stakeholder werden in diesem Zusammenhang alle Menschen bezeichnet, die von Entscheidungen oder Maßnahmen im Zusammenhang mit Wildtieren oder

Wildlife Management erheblich betroffen sind oder diese erheblich beeinflussen. «Es ist nicht Aufgabe des Wildlife Managers, die notwendigen Werte bei der Festlegung des Ziels vorzugeben, genauso wenig wie es in der Kompetenz eines Generals liegt, einen Krieg zu erklären» (Fryxell et al. 2014). Beim Festlegen der Ziele bringen *Wildlife Manager* ihr Wissen und ihre Erfahrung mit ein, damit diese auch umgesetzt werden können. Dabei ist wichtig, dass die Ziele richtig gesetzt werden und umsetzbar sind. Die Umsetzung sollte begleitet, im Rahmen eines Monitorings überprüft und allenfalls korrigiert werden (Robin et al. 2017). In diesem Zusammenhang ist wichtig, dass die Verantwortlichkeiten festgelegt sind.

Im Oktober 2000 hat die International Union for Conservation of Nature (IUCN), die Weltnaturschutzunion, in der Folge der Biodiversitätskonvention von Rio im Jahr 1992 eine Grundsatzerklärung abgegeben. Darin wird die Nutzung von wild lebenden Ressourcen, soweit diese nachhaltig erfolgt, als wichtiges Werkzeug zum Erhalt der Natur angesehen. Die daraus entstehenden sozialen und wirtschaftlichen Vorteile sollen ein Anreiz dafür sein, diese Ressourcen zu erhalten. Durch diese Erklärung wird die Jagd zu einem Teil des Naturschutzes. Bisher wurde die jagdliche Nutzung von Wildtieren eher als Widerspruch zum Naturschutz betrachtet, da Tiere der Natur entnommen und genutzt werden. Es sind also zwei Wege für den Schutz von Arten möglich: Der eine Weg besteht im Verzicht auf eine Nutzung, so wie es in verschiedenen Kerngebieten von Schutzgebieten der Fall ist. Der andere, neue Weg besteht im Schutz durch eine geplante nachhaltige Nutzung, vor allem außerhalb von Schutzgebieten. Die beiden Wege stehen nicht im Widerspruch zueinander, sondern ergänzen sich gegenseitig.

Die Voraussetzung dafür ist eine nachhaltige Nutzung. Für die Jagd stellen Forstner et al. (2006) entsprechende Kriterien auf. Diese können auch für eine Betrachtung aus Naturschutzsicht übernommen werden. Sie orientieren sich an den drei Säulen der Nachhaltigkeit: Ökologie, Ökonomie und Soziales. Im ökologischen Bereich geht es in erster Linie um den Erhalt der Arten, der Lebensräume, der Biodiversität und der genetischen Vielfalt. Im ökonomischen Bereich geht es aus jagdlicher Sicht um die wirtschaftliche Tragbarkeit. Darunter fallen angemessene Jagdpachten, Patentgebühren oder Preise für den Fleischverkauf. Mit Blick auf den Naturschutz müsste man die langfristige Finanzierung betrachten. Im soziokulturellen Bereich steht der Ausgleich zwischen den verschiedenen Interessen- und Nutzergruppen im Vordergrund. So hat sich die jagdliche Nutzung des Iberischen Steinbocks dank einer nachhaltigen Bewirtschaftung von einer Bedrohung für die Art zu einem Instrument des Schutzes gewandelt (Pérez et al. 2025).

Freese (1998) unterscheidet grundsätzlich zwei Arten der Nutzung von wilden Tieren: eine konsumtive und eine nicht konsumtive. Konsumtive Nutzung bedeutet, dass Tiere entnommen werden. Bei der nicht konsumtiven Nutzung dagegen steht das

Steinböcke sind im Frühling im Raum Pontresina eine Attraktion, zu deren Schutz Maßnahmen getroffen werden mussten.

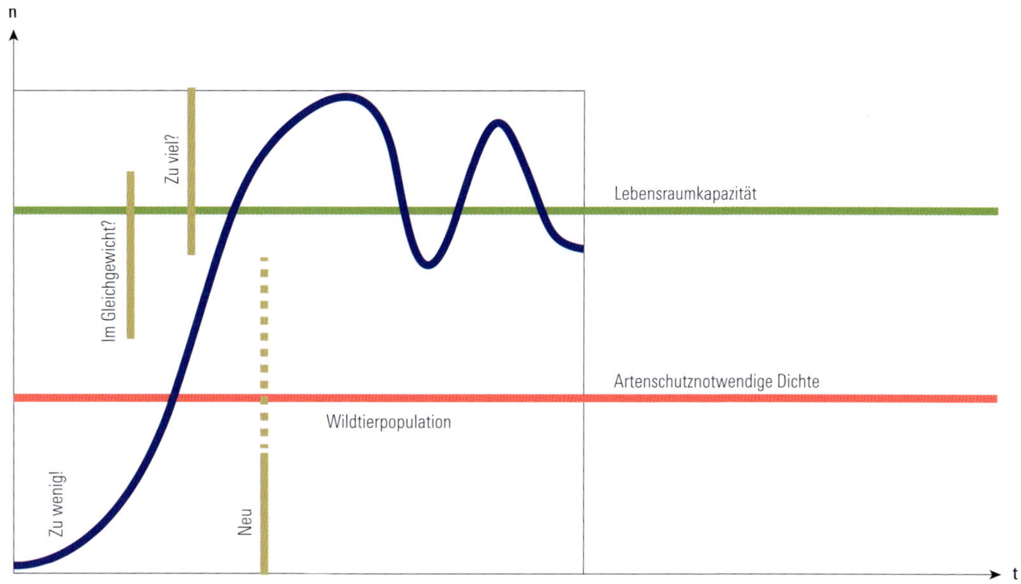

Erlebnis im Vordergrund; die Tiere verbleiben in der Population. Schultz (1985) bezeichnet diese zwei Arten von Nutzung auch als Nutzen von Tieren (konsumtive Nutzung) und Benutzen von Tieren (nicht konsumtive Nutzung). Auch die nicht konsumtive Nutzung kann Auswirkungen auf die Tiere und ihren Lebensraum haben. Die in Europa betriebene Jagd auf Steinböcke bildet eine Zwischenstufe, denn das Erlebnis, ein Tier in seiner Umwelt zu erlegen, steht im Vordergrund. Anhand dieser Definitionen können auch die Stakeholder bestimmt werden. Beachtet man die verschiedenen Nutzungen unter Berücksichtigung der menschlichen Bedürfnisse nach Maslow (1954), werden bei der konsumtiven Nutzung grundlegende physiologische Bedürfnisse befriedigt (Beschaffen von Nahrung), bei der nicht konsumtiven Nutzung geht es um das Bedürfnis nach Selbstverwirklichung. Die Werte der direkt und indirekt Betroffenen spielen bei der Beurteilung der jeweiligen Ziele eine wichtige Rolle. Kellert (1980, 1996) untersuchte diese Einstellungen bei verschiedenen Akteuren in den Vereinigten Staaten; Schulz (1985) führte eine vergleichbare Untersuchung in Deutschland durch. Beide definierten acht verschiedene Typen (siehe Tabelle).

Einstellung	Erläuterung
moralistisch	Sorge um Rechte der Tiere, starker Widerstand gegen Tierquälerei
humanistisch	Interesse an einzelnen Tierarten, übertriebene Tierliebe, insbesondere zu Heimtieren, große, attraktive Tiere stehen im Vordergrund
naturalistisch	Interesse und affektive Liebe zur Natur
ökoistisch	Betroffenheit über Umweltzerstörung, besonders über die von Tierlebensräumen
negativ	Kontakt zu Tieren wird automatisch gemieden
wissenschaftlich	Interesse an physischen Eigenschaften und biologischen Funktionen der Tiere
utilitaristisch	Beziehungen zu Tieren nur über deren praktischen oder materiellen Wert
dominierend	Befriedigung durch Herrschaft und Kontrolle über Tiere, Tierwettkämpfe

Im Zusammenhang mit dem Steinbock können wir die einzelnen Akteure Jäger, Vogelbeobachter (als Vertreter für Tierbeobachter) und Wanderer (Kellert 1996) identifizieren. Grundsätzlich sind alle Einstellungen bei allen Akteuren mehr oder weniger vorhanden. Dabei zeigen Jäger im Vergleich zu Nichtjägern eher eine utilitaristische und dominierende Einstellung. Die Vogelbeobachter zeigen eine stärker naturalistische, ökoistische und wissenschaftliche Einstellung zur Natur, haben dabei aber niedrige utilitaristische, negative und humanistische Werte. Wanderer sind naturalistischer eingestellt als andere Akteure. Diese Zuordnungen erfolgten aufgrund von Befragungen.

Bei der Umsetzung von Maßnahmen im *Wildlife Management* müssen Probleme ermittelt und Ziele festgelegt werden. In der Regel liegen heutzutage Konflikte vor, weil Wildtiere Schäden an menschlichen Kulturen verursachen, Menschen den

Das Managementmodell von Robin (2017) passt die Maßnahmen dem Entwicklungsstand der Population an.

Lebensraum der Wildtiere übermäßig beanspruchen, sodass diese darunter leiden, oder weil Menschen Wildtiere nutzen möchten. Für eine Betrachtung aus Sicht der Wildtiere kann das Modell von Robin (2017) zu Hilfe genommen werden, das sich an die Entwicklung von Populationen anlehnt. Im Verhältnis zur Lebensraumkapazität kann es wenige oder zu viele Tiere geben. Je nach Situation muss anders gehandelt werden. Sind die Bestände niedrig, hat der Artenschutz Vorrang. Wenn die Population über der für den Arterhalt notwendigen Größe liegt, kann sie auch genutzt werden. Im Bereich der Lebensraumkapazität haben die Schadensverhütung und die Regulation Vorrang. Für all diese Maßnahmen sind fachliche Grundlagen notwendig.

Die Rettung des Steinbocks im Spiegel des Wildlife Managements

Die Rettung und Wiederansiedlung des Steinbocks zeigt den Wandel im *Wildlife Management* sowie den Wandel der Werte. Trotz rigoroser Schutzbemühungen war der Steinbock praktisch ausgestorben (Zechner 2022). Obwohl die Steinbockjagd damals per Dekret im Kanton Graubünden verboten war, wurde 1751 im Totenregister von Trin der «Tod eines Steinbockjägers der höchsten Alpen» vermerkt (Bundi 1995). Dies zeigt, dass die Schutzbestimmungen nicht durchgesetzt wurden.

Auf dem Gebiet des heutigen Nationalparks Gran Paradiso erkannte der italienische König Vittorio Emanuele die Bedürfnisse der lokalen Bevölkerung, sowohl die physiologischen als auch die Geltungsbedürfnisse der Wilderer. Die Betroffenen wurden in die Umsetzung der Schutzbemühungen eingebunden, sodass aus ihnen Beteiligte wurden. Die notorischen Wilderer stellte der König in seine Dienste und stattete sie mit üppigen Uniformen aus; so bekamen sie auch soziales Ansehen. Die ganze Region profitierte vom Schutz der Steinböcke und den königlichen Jagden auf sie. Der Bau und Unterhalt der Infrastruktur sowie die Verköstigung der Gäste brachten Wertschöpfung für die Region.

Im Rückblick waren nicht alle Bemühungen erfolgreich – zumindest nicht im Sinne der italienischen Könige. Wie sonst wäre es möglich gewesen, dass Wilderer Steinkitze einfangen und in die Schweiz exportieren konnten? Ein wichtiger Aspekt dürfte die fehlende Einbindung der lokalen Bevölkerung in die Zielsetzung gewesen sein; die Ziele waren autoritär festgelegt. Die Stakeholder waren die Könige, während die lokale Bevölkerung indirekt profitiert hat. Ihre wirtschaftlichen Bedürfnisse wurden erfüllt; sie waren somit Nutznießer der königlichen Jagden. Trotzdem ist die Zustimmung der Bevölkerung brüchig geworden. Dabei dürfte auch die Auflehnung gegen Obrigkeiten und der damit verbundene Prestigegewinn für die Wilderer eine gewisse Rolle gespielt haben. Die soziokulturellen Aspekte sind in diesem Fall nicht berücksichtigt worden.

Wiederansiedlungen und Umsiedlungen

Bei der Wiederansiedlung der Steinböcke dürften bei den Akteuren in erster Linie naturalistische und ökoistische Wertvorstellungen eine wichtige Rolle gespielt haben. Eine aus ihrer Sicht zerstörte Natur sollte wiederhergestellt werden. Die lokale Bevölkerung war zwar nicht direkt in die Entscheidung für die Wiederansiedlungen eingebunden, aber die Entscheidungsträger waren demokratisch gewählt worden. Aspekte der Nachhaltigkeit spielten keine wesentliche Rolle.

Für die Wiedereinbürgerung von Tierarten legt die IUCN mittlerweile die notwendigen Richtlinien fest (IUCN 2013). Grundvoraussetzung ist, dass die Ursachen für das Aussterben beseitigt sind. Dies ist bei den ersten Wiedereinbürgerungen auch berücksichtigt worden, für die Jagdbanngebiete ausgewählt wurden. Hier waren sowohl der Schutz als auch die Aufsicht und das Monitoring gewährleistet. Die Wahl der Aussetzungsgebiete erfolgte nach bestem Wissen der damaligen Zeit. Die Entwicklung der Populationen wurde ständig überwacht, und allenfalls wurden auch weitere Maßnahmen getroffen. Für die ersten Wiederansiedlungen mussten Tiere aus Wildparks herangezogen werden, was zu gewissen Problemen führte. Später, als die ersten Populationen es ermöglichten, wurden Wildfänge transloziert.

Ein Problem der Steinbockpopulationen ist die fehlende genetische Breite. Um dies zu verbessern, werden aus geeigneten Populationen Tiere gefangen und in anderen Populationen freigelassen. Anhand von Markierungen und Sendern kann heute verfolgt werden, wie sich diese Tiere eingliedern und verhalten.

Im Nationalpark Hohe Tauern wurde das Verhalten zweier Böcke aufgezeigt, die in Wildparks geboren und für genetische Auffrischung freigelassen worden waren (Gressmann et al. 2013). Ein Bock wurde als Dreijähriger freigelassen, ein anderer als Zweijähriger. Der dreijährige Bock konnte nur während der ersten vier Monate verfolgt werden. In den ersten acht Wochen entfernte er sich kaum vom Freilassungsort und bewegte sich im Umkreis einer Felswand auf einer Fläche von wenigen Hek-

Freilassung von Steinböcken zur genetischen Auffrischung im Weisstannental 2011. Wiederansiedlungen erfreuen sich auch heute noch großer Beliebtheit und locken viele Zuschauer an. Die Ansiedlungen werden heute wissenschaftlich begleitet und einzelne Tiere markiert oder besendert.

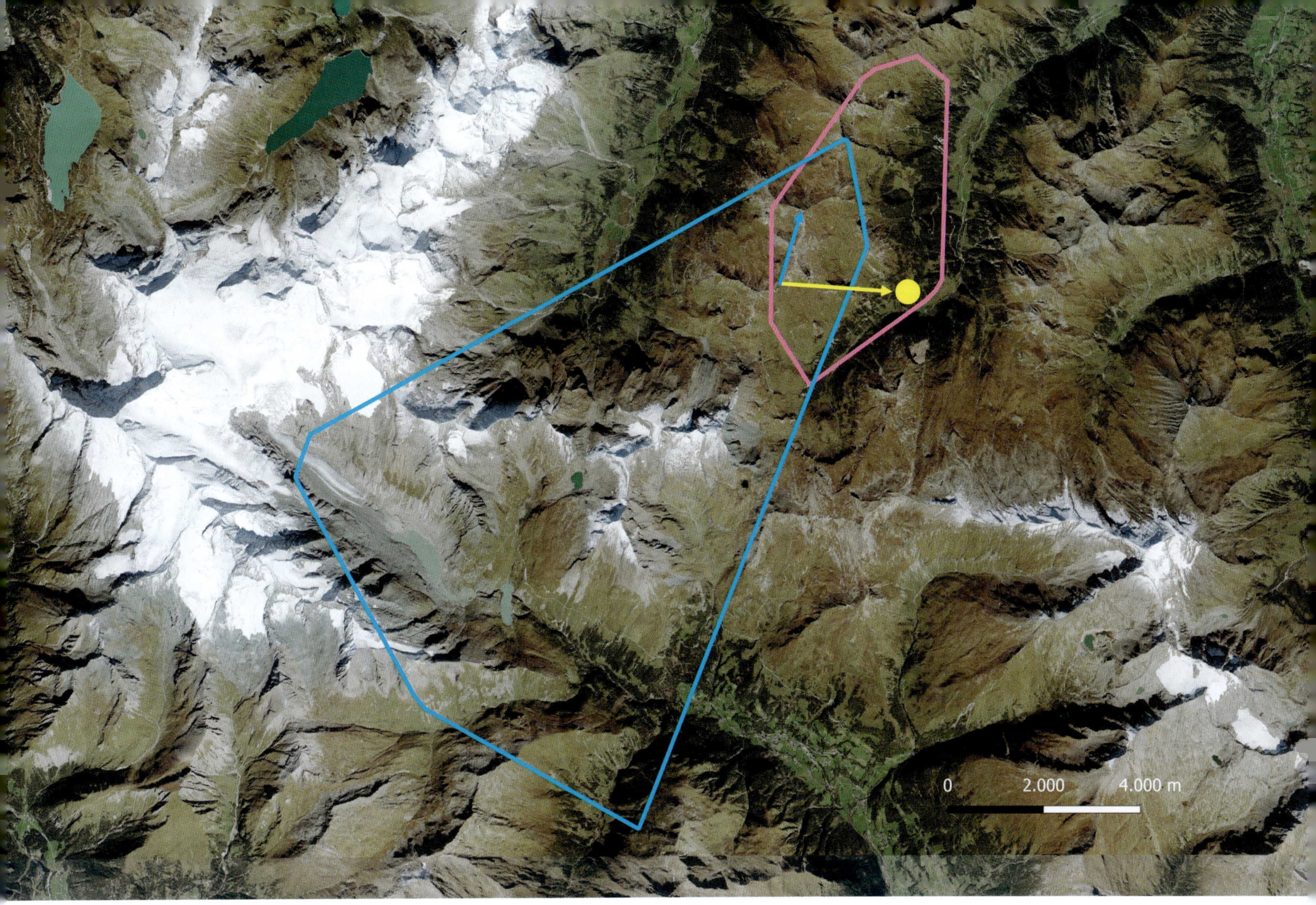

tar. Einzig eine viertägige Wanderung in einem begrenzten Umkreis ließ sein Aufenthaltsgebiet auf einen Quadratkilometer ansteigen. Anschließend kehrte er zu seinem angestammten Felsen zurück. Leider fiel der Sender dann aus und sein Verhalten konnte nicht weiterverfolgt werden. Der zweite Bock wurde im Alter von vier Jahren wieder eingefangen und besendert. Er hatte zwei Jahre nach seiner Auswilderung ein Streifgebiet von zehn Quadratkilometern. Im folgenden Jahr erweiterte er seinen Lebensraum um fast 50 Prozent. Dieser Bock ist gleichzeitig mit einem in freier Wildbahn geborenen Bock besendert worden. Während dieser nach dem Erwachen aufwärts in felsiges Gebiet zog, ging der ausgesetzte Bock zurück an seinen Freilassungsort. Wir können daraus schließen, dass in Parks geborene Tiere lange brauchen, bis sie sich im Lebensraum zurechtfinden. Der Freilassungsort scheint für diese Tiere eine bedeutende Rolle zu spielen.

In den meisten Fällen werden heute in freier Wildbahn geborene Tiere umgesiedelt. Im Marmolada-Massiv in den italienischen Alpen wurde eine Gruppe männlicher Steinböcke umgesiedelt. Diese Tiere verließen das Aussetzungsgebiet nicht; die Integration verlief jedoch langsam (Scillitani et al. 2012). Auch sie brauchten ein bis zwei Jahre, bis sie das Gebiet erkundet hatten und ihr Verhalten dem der ansässigen Böcke glich. Erst nach drei Jahren waren sie vollständig assimiliert.

Während ein in freier Wildbahn geborener Steinbock nach seiner Freilassung in die Höhe flieht, flüchtet ein ausgesetzter Steinbock zu seinem Freilassungsort (gelber Punkt).

Peider Ratti (1935–2018)

Der promovierte Veterinär Peider Ratti war von 1963 bis 2000 Jagd- und Fischereiinspektor des Kantons Graubünden. In dieser Funktion und in diesem für das moderne Wildtiermanagement wichtigen Zeitfenster gelang es ihm, die in den 1970er-Jahren schnell wachsenden Steinwildbestände der alpinen Kulturlandschaft der Zentralalpen mit einer nachhaltigen jagdlichen Nutzung zu begrenzen.

Dies wurde vor allem in der Kernkolonie Albris notwendig, weil große Konflikte mit den Schutzwäldern, der Alpwirtschaft und den anderen Schalenwildarten auftraten, dazu kamen auch Probleme mit dem Gesundheitszustand der Tiere. Diese Konflikte konnten zwar bis Anfang der 1970er-Jahre durch den Einfang und das Versetzen von Tieren begrenzt werden (1500 Einfänge, davon 1000 unter der Leitung von Ratti). Nachdem die Nachfrage nach Steinwild abnahm bzw. nicht mehr mit der Reproduktion in der Kolonie Schritt halten konnte, begann die Population exponentiell zu wachsen und es kam zu den beschriebenen Konflikten, mit entsprechendem politischem Druck. Anders als im angrenzenden Schweizerischen Nationalpark konnte hier nicht auf eine allfällige Selbstregulierung gewartet werden.

Peider Ratti ist im Bergell geboren und in Maloja auf 1820 m ü. M. aufgewachsen. Er studierte Veterinärmedizin in Zürich und doktorierte in Wien. Schon früh begann er sich mit dem Gams- und Steinwild zu befassen, inspiriert durch die umfassende Monografie von 1938 «Le Chamois» seines Berufskollegen Marcel Couturier, der 1962 mit «Le Bouquetin des Alpes» auch beim Steinbock nachdoppelte.

Nach seiner Berufung zum kantonalen Jagd- und Fischerei-Inspektor des Kantons Graubünden musste er sich ab 1963 intensiv mit den Populationsentwicklungen und der Bejagung von Rothirsch, Gämse und Reh widmen. Der Alpensteinbock war vorerst infolge des strengen Schutzes durch den Bund eine «geschützte Werkstatt», abgeschirmt gegenüber jeglichem jagdpolitischen Druck und jagdlichen Ansprüchen. Hier konnte er dank seiner guten internationalen Vernetzung und seiner Vielsprachigkeit fundamentale wissenschaftliche Arbeiten auslösen, in Auftrag geben, durch seine Mitarbeiter ausführen lassen oder mit Untersuchungsmaterial stark unterstützen. Er etablierte ein einheitliches Monitoring und die Untersuchung aller gefundenen und erlegten Tiere. Um das zu erreichen, legte er großen Wert auf eine gute Ausbildung seiner Mitarbeiter und ein einheitliches Arbeiten. Peider Ratti unterhielt intensive Beziehungen zu italienischen, österreichischen und deutschen Institutionen, aber auch zum Schweizerischen Nationalpark, zur Universität Zürich und zu einheimischen Wildbiologen. In diesem Netzwerk entstanden mehrere Dissertationen und viele wissenschaftliche Publikationen zu Themen wie Aussetzungsgeschichte, Einfang, Immobilisation (z.B. mit Rompun), Markierung, Wanderverhalten, Altersentwicklung/-bestimmung, Konstitution, Hornwachstum, Reproduktionsleistung, Populationsdynamik, Genetik, Parasitenbefall, Krankheiten mit Schwerpunkt IKK, aber auch zur Hege und nachhaltigen Bewirtschaftung, dem Management und Controlling. Er setzte damit zusammen mit seinen Kolleginnen und Kollegen sowie Institutionen wichtige Grundsteine für Langzeitstudien. Er selbst verfasste nach der Pensionierung zusammen mit Peter Meile und Marco Giacometti das Buch «Der Steinbock: Biologie und Jagd» (2003), in dem seine Publikationen aufgeführt sind.

Getrieben vom inzwischen hohen politischen Druck und der klaren Zielsetzung erarbeitete er 1976 zusammen mit seinen Mitarbeitern und der Bündner Jägerschaft das Konzept für die Hegeabschüsse auf das geschützte Steinwild. Die doch recht große Kritik seitens führender Wildbiologen und Naturschutzorganisationen führte dazu, dass deren Befürchtungen ernst genommen und berücksichtigt wurden. Die Hegeabschüsse konnten aber frei von jeglichen jagdlichen Traditionen nach wissenschaftlichen Grundsätzen geplant werden. Die Ausführung der Jagd wurde ganz im Sinne des liberalen Patentsystems umgesetzt, das allen Bündner Jägerinnen und Jägern unabhängig der finanziellen Möglichkeiten offensteht. Seit 1977 wurde dieses laufend verfeinert. Das akribische Controlling liefert dazu die notwendigen Fakten und daneben viel Untersuchungsmaterial für die Wissenschaft und die bereits erwähnten Publikationen.

Mit der Hegejagd auf Steinwild wurde Pionierarbeit geleistet. Zentrale Zielsetzungen neben der numerischen Reduktion waren

der Erhalt naturnaher Geschlechter-/Altersstrukturen und möglichst kurze Jagdzeiten. Diese wurde mit einer guten Instruktion, mit einer engen zeitlichen Begrenzung der Jagd, mit der Bestimmung «Geiß vor Bock» sowie der altersmäßigen Zuteilung der Abschüsse auf die Altersklassen der Jägerschaft erreicht. Die erfolgreiche Umsetzung beim Steinwild förderte bei allen Wildarten das Verständnis für eine Jagd nach wildbiologischen Kriterien und unterstreicht die Leuchtturmwirkung des Alpensteinbockes, dem Bünder Wappentier.

Hannes Jenny

Bejagung und Regulation

Kaum war der Steinbockbestand in einzelnen Populationen angewachsen, gab es erste Klagen über Verbiss- und Schlagschäden an Wald und Weide sowie Konkurrenz zu Gämsbeständen. Die Klagen waren mit der Forderung nach reduzierenden Eingriffen verbunden (Giacometti 1988, Lüps 2021). Für die Bejagung dieser in der Schweiz nach Bundesrecht geschützten Tierart musste eine Ausnahmeregelung verfasst werden. Es war das erste Mal, dass eine Jagd nach wildbiologischen Kriterien geplant wurde.

Die Einführung dieser Jagd führte anfänglich zu Diskussionen. Nievergelt (1977) wies darauf hin, dass sich nicht allein die Jäger mit dem Schicksal der Wildtiere beschäftigen würden und dass eine Mehrheit der schweizerischen Bevölkerung sich nur widerstrebend mit jagdlichen Eingriffen bei Steinböcken abfinden könne. Er formulierte gleichzeitig auch Wünsche seitens des Naturschutzes mit Blick auf die angestrebten Abschüsse:

- Alle Altersklassen sollten berücksichtigt werden. Die Verteilung soll einer natürlichen Dezimierung durch Raubtiere entsprechen. Das heißt, es sollen auch Jungtiere erlegt werden.
- Es sollen Schutzzonen als Rückzugsgebiete ausgenommen werden, in denen sich die Tiere auch weiterhin sicher fühlen können.
- Die notwendigen Abschüsse in den einzelnen Gebieten sollen vor den Eingriffen gründlich geprüft werden.

Krämer (1977) wies im gleichen Zusammenhang darauf hin, dass eine städtische Gesellschaft dem Anblick zutraulicher Wildtiere einen höheren Stellenwert beimäße als dem rein jagdlichen Vergnügen. In den Vereinigten Staaten von Amerika etwa genösse die Jagd in Städten mit weniger als 500 Einwohnern mehr Sympathien als in größeren Ortschaften (Peek 1986). Dabei wird in dieser Frage ein Stadt-Land-Gefälle festgestellt. Hunziker (2000) findet analog in einer Untersuchung über die Akzeptanz von Raubtieren in der Schweiz einen Stadt-Land-Unterschied. Dabei spielt nicht nur die direkte Betroffenheit eine Rolle, sondern grundsätzlich die Einstellung zu einer sich ausbreitenden Wildnis. Dieser Wertewandel zeigt eine Entwicklung von einer utilitaristischen und dominierenden Einstellung zur Natur in der ruralen Bevölkerung hin zu humanistischen, naturalistischen und ökoistischen Einstellungen in urbanen Bevölkerungen. Für diese Entwicklung könnten vier Ursachen verantwortlich sein (Muth und Jamison 2000):

- ein städtisches Weltbild, das sich von den natürlichen Wurzeln entfernt
- populäre Interpretationen von wissenschaftlichen Ergebnissen, die eine Grundlage für Rechte der Tiere bilden
- die Projektion von menschlichen Zügen auf Tiere
- eine Gleichstellung von Mensch und Tier

Die Bejagung oder Regulation der Steinböcke wird heute unterschiedlich umgesetzt. In der Schweiz erfolgt sie behutsam nach

Zwei Steinbockjäger auf der Pirsch.

Rechte Seite: Jeder Steinbockjäger muss im Kanton Graubünden vor der Ausübung der Jagd einen Einführungskurs besuchen.

den von Nievergelt (1977) geforderten Kriterien. Die Jagdstrecken werden ausgewertet (zum Beispiel: Giacometti 1988, Lüps 2007, Büntgen et al. 2018) und die Erkenntnisse in der weiteren Planung berücksichtigt. Der Planungskreislauf nach Robin (2017) wird umgesetzt. Als Ende des letzten Jahrhunderts im ganzen Alpenraum ein Rückgang der Steinbockbestände festgestellt wurde, stellte man zum Beispiel in der Schweiz ein großes Forschungsprojekt auf die Beine, das dieses Phänomen untersuchen sollte (Lüps 2021). Eine Überprüfung des Einflusses der Jagd am Beispiel der Population Albris (Saether et al. 2007) ergab, dass die jagdlichen Eingriffe keinen unkontrollierten Einfluss auf die Bestandsentwicklung hatte. Daraus folgten Empfehlungen für die weitere Jagdplanung (Saether 2006):

- Bestandszählungen sollen auch in Zukunft weitergeführt werden.
- Begleitende Feldstudien sollen die Zählfehler ermitteln.
- Es wäre von Vorteil für eine Population, wenn detaillierte, auf Individuen basierende demografische Daten vorlägen.

Ein weiteres Ergebnis des Forschungsprojekts war die Dokumentation der fehlenden genetischen Varianz der einzelnen Steinbockpopulationen in der Schweiz (Biebach und Keller 2009, Brambilla et al. 2015). Ähnliche Analysen erfolgen anschließend im ganzen Alpenraum. Die Arbeiten zur Winterökologie der Steinböcke (Signer et al. 2011) und die Verhaltensbeobachtungen zur Brunft der Steinböcke (Willisch 2009, Willisch et al. 2012) erfolgten ebenfalls in diesem Rahmen.

Eine selektive Bejagung könnte Einfluss auf die genetische Verarmung einer Art haben. Festa-Bianchett (2008) weist darauf hin, dass solche Fehler beim Dickhornschaf gemacht wurden. Büntgen et al. (2018) werteten Hornmessungen an 8355 Böcken aus, die auf der Steinbockjagd im Kanton Graubünden erlegt worden waren. Die Ergebnisse zeigen, dass ausgewachsene Böcke mit mittleren und längeren Hörnern bevorzugt erlegt werden. Dennoch blieben Merkmale wie Hornlänge sowie Körpergröße und -gewicht während des Untersuchungszeitraums gleich.

Umgang mit Störungen

Ein Aspekt, der nicht nur für Steinböcke immer wichtiger wird, ist das Fernhalten von menschlichen Störungen (Festa-Bianchett 2008). Die zunehmenden Freizeitaktivitäten im Gebirge werden immer mehr zu einer Belastung für Steinböcke (Willisch und Signer 2021) und andere Wildtiere. Die Bearbeiter des Steinbocks für die Rote Liste der IUCN schätzen dieses Risiko ebenso ein. Sie sehen die Zunahme von Freizeitaktivitäten wie Wandern, Klettern, Gleitschirmfliegen und des Einsatzes von Drohnen oder Hubschraubern als Störung, die sich negativ auf das Aktivitätsbudget der Steinböcke auswirken kann (Toigo et al. 2024).

Als Motivation für den Freizeitsport steht oft die Alltagsflucht an erster Stelle. Die eigene Aktivität ist dabei wichtig, während die Wildtierbeobachtung keine hohe Priorität hat. In Befragungen zu den Besuchsmotiven im Schweizerischen Nationalpark nahm das Motiv der körperlichen Betätigung um 22 Prozent in der Zeitspanne 1993 bis 2007 zu (Rupf 2015). Bei den heutigen Outdooraktivitäten steht die Nutzung – oder vielmehr Benutzung – der Landschaft im Vordergrund. Ein direkter Bezug der Aktivität zu Wildtieren ist in den meisten Fällen nicht oder nur wenig vorhanden. Welche Einstellung zur Natur vorliegt, kann für die einzelnen Aktivitäten nur schwer beschrieben werden. Da die Landschaft oft als «Spielwiese» dient, kann man vielleicht ausgeprägte dominante und utilitaristische Züge vermuten. Das Skitourengehen etwa hat sich zu einer Sportart entwickelt. Oft geht es nur darum, einen Berg zu bezwingen und dann den nächsten anzugehen. Eine achtsame Auseinandersetzung mit der Umwelt findet vielfach nur beschränkt statt. Die einzelnen Akteure sind nur schwer auszumachen und noch schwerer zu erreichen oder zu lenken. Vor allem stehen ihre Interessen oft in keinem Zusammenhang mit den betroffenen Wildtieren.

Eine Lösungsmöglichkeit ist das Schaffen von Ruhezonen. Das Bundesamt für Umwelt (BAFU 2010) hat Wildruhezonen wie folgt definiert:

> «Für Säugetiere und Vögel (alle oder nur spezifisch ausgewählte Arten) wichtige Gebiete, die während des ganzen Jahres oder nur während bestimmten Jahreszeiten (Winter, Brut- und Setzzeit usw.) von Freizeittouristen nicht genutzt werden sollen (Betretungs- oder Überflugsverbot). Die Ausscheidung von Wildruhezonen ist ein Nutzungslenkungsinstrument zur Vermeidung übermässiger Störung gemäss Art. 7 Abs. 4 des JSG als Antwort auf den zunehmenden Freizeittourismus. Um den Vollzug der Massnahmen zu stärken, sollten Wildruhezonen über den Rechtsetzungsprozess ausgeschieden werden (Wildruhezone nach eidg. oder kant. Jagdrecht, kommunale Zonenplanung usw.). Sie können auch über Vereinbarungen mit den Nutzern oder als Empfehlung einer Behörde ausgeschieden werden.»

Wildruhezonen werden heute vor allem im Waldbereich im Winter eingerichtet; hier hat der Wald mit den Forstorganen Stakeholder, die seine Interessen vertreten. Davon profitieren die Wildtiere indirekt. Für die Gebiete über der Waldgrenze fehlen oft Stakeholder, die sich direkt oder indirekt für die Wildtiere einsetzen würden. Die Schutzmaßnahmen können hier unterschiedlich sein: ein Betretungsverbot oder ein Wegegebot, eine Leinenpflicht für Hunde oder Überflugverbote. Für das Einrichten von Wildruhezonen gibt es in der Schweiz Grundlagen (BAFU 2010) und Praxishilfen (Robin et al. 2010). Wichtig sind die rechtliche Grundlage, das Einbeziehen der direkt und indirekt Betroffenen sowie eine Wirksamkeitskontrolle. Eine gute Informationsarbeit kann in diesen Fällen sehr bedeutend sein. Kampagnen wie «Respektiere deine Grenzen» sind erste Schritte in diese Richtung.

Steinbockmonitoring und Forschung

Ein langfristiges Monitoring und vertiefende Forschungsarbeiten leisten wichtige Grundlagen für das Wildlife Management. Auf ihrer Basis können die Zielsetzung formuliert und Maßnahmen wirkungsvoll umgesetzt werden. Huftierforschung ist aufgrund des langen Lebens der Tiere in erster Linie Langzeitforschung. Daher sollten die Gebiete, in denen diese Forschung möglich ist und eine entsprechende Tradition hat, gepflegt und gefördert werden, so etwa der Schweizerische Nationalpark (Filli 2006) oder das Gebiet am Augstmatthorn (Willisch et al. 2024).

Die wichtigste Grundlage für das Monitoring sind die Zählergebnisse. Laufend wird daran gearbeitet, indem versucht wird, die Methoden zu verbessern und die Zählfehler zu kennen (zum Beispiel: Largo et al. 2008, Panaccio et al. 2023). Die Ergebnisse müssen alpenweit verglichen und interpretiert werden.

Die Genetik ist ein weiteres Forschungsgebiet, das unmittelbar für den Erhalt der Steinbockbestände wichtig ist. Anhand von Forschungsarbeiten wurden die Problemfelder ermittelt und es wurden in verschiedenen Gebieten erste Maßnahmen zur Verbesserung der genetischen Diversität eingeleitet.

Kantonale Schutzgebiete dienen dem Schutz von Wildtieren, vor allem auch vor Störungen im Winter (Quelle: Jagdinspektorat des Kantons Bern).

Kantonale Wildhüter beobachten unter anderem auch die Entwicklung von Steinböckbeständen und leisten eine wichtige Grundlage für das Monitoring.

Kantonales Wildschutzgebiet
Justistal
Schutzzeit: ganzjährig, in Zone 1a gelten von 1. September bis 30. November besondere Bestimmungen.
Wildtiere im Justistal
Rotwild
Anfangs der 1980 Jahre wanderte im Justistal das erste Rotwild ein. Über die Jahre entwickelte sich ein stattlicher Bestand und das Tal dient den Hirschen als Sommereinstand. Dank dem jagdfreien Wildschutzgebiet (Zone 1) hat sich das Haupttal zu einem traditionellen Brunftplatz während der Paarungszeit der Hirsche entwickelt. Die Tiere wandern jedes Jahr über ihre traditionellen Wanderrouten ins Gebiet ein.
Steinwild
Die im Wildschutzgebiet Justistal beheimatete Steinwildkolonie wurde im Jahr 1949 mit dem Erstaussatz von drei Böcken aus der Berner Kolonie Augstmatthorn begründet. In mehreren Aussetzungen wurden bis ins Jahr 1957 insgesamt 11 Böcke und 15 Geissen angesiedelt. Die Kolonie erstreckt sich an den beiden Talgräten (Güggis- und Sigriswilergrat) über die Sieben Hengste bis zum Hohgant. Die Populationsgrösse schwankt zwischen 75 bis 100 Tiere (Stand 2018).
Weitere Wildtierarten im Justistal
Gämse, Reh, Luchs, Birkhuhn, Steinhuhn, Schneehuhn, Steinadler.
STIERE WÄHREND DER BRUNFT
Von Ende September bis Mitte Oktober ereignet sich hier im Justistal ein faszinierendes Schauspiel, die Rothirsch-Brunft. Starke Stiere buhlen um die Gunst der Hirschkühe in Rangkämpfen. Die Beobachtung der Hirschbrunft durch die Bevölkerung erfreut sich grosser Beliebtheit.
STEINBÖCKE IM JUSTISTAL
Der Alpensteinbock gehört zur Familie der Bovi-den, der Hornträger. Sowohl die weiblichen Tiere, die Steingeissen, wie die Steinböcke tragen zeitlebens ein Gehörn. Anhand des jährlichen Hornzuwachses lässt sich das Alter eines Tieres bestimmen. Steinböcke können imposante Gehörne bis zu 1 m Länge tragen.
STEINADLER
Für das lokal ansässige Steinadlerpaar bietet das Justistal ideale Lebensraumbedingungen. Das rund 40 km² grosse Jagdgebiet umfasst das ganze Justistal mit Sigriswiler- und Güggisgrat und reicht bis ins offene Hügelgelände des Alpenvorlandes. Erste dokumentierte Nachweise zum Steinadler reichen zurück ins Jahr 1907. Damals wurde ein besetzter Horst am Sigriswilergrat ausgenommen - ein zu dieser Zeit übliches Vorgehen gegen die grossen Beutegreifer. Seit 1941 ist der Steinadler im Kanton Bern geschützt und sein aktueller Bestand mit rund 40 Revierpaaren stabil (Stand 2018).
Zone 1a
Zone 1b
Zone 2a
Zone 2b
WILDTIERE BRAUCHEN RUHE
Wildschutzgebiete bezwecken den Schutz von Wildtieren vor übermässiger Störung durch den Menschen. Insbesondere der Winter stellt für die wildlebenden Tiere eine grosse Herausforderung dar. Mit rücksichtsvollem Freizeitverhalten tragen Sie massgeblich dazu bei, dass Wildtiere die kalte Jahreszeit schadlos überstehen.
Vielen Dank für Ihr Verständnis.
BEACHTEN SIE IM BESONDEREN:
Zone 1a:
• Hunde sind ganzjährig an der Leine zu führen.
• Das Gebiet darf vom 1. September bis zum 30. November nur auf den bezeichneten Wegen betreten und befahren werden.
• Das freie Campieren ist vom 1. September bis zum 30. November verboten.
Zone 1b:
• Hunde sind ganzjährig an der Leine zu führen.
Rechtsgrundlage:
Verordnung über den Wildtierschutz (WTSchV) vom 26.02.2003 (Stand 01.04.2018).
Jagdliche Bestimmungen (Zone 2a und 2b):
Gemäss den jährlichen Festlegungen für die Jagdperiode.
INFRASTRUKTUR
Ihr Standort
Parkplatz
WC
NATURINFORMATION
Zone mit Jagdverbot und Freizeitbestimmung
Zone mit Jagdbestimmung
Erlaubte Wege
0 0.5 1 2 km
N
Kanton Bern
Canton de Berne
Respektiere
deine Grenzen
www.respektiere-deine-grenzen.ch

Lukas Keller

Lukas Keller studierte Zoologie, Pflanzenökologie und Biomathematik an den Universitäten Zürich und Basel und promovierte in den USA in Wildtierökologie an der University of Wisconsin. Nach weiteren Forschungsjahren in den USA wurde er Assistenzprofessor an der University of Glasgow, bevor er 2003 als Professor für Evolutionsbiologie an die Universität Zürich berufen wurde. Lukas Keller forscht an Säugetieren und Vögeln in den Alpen, in Kanada, auf den Galápagos-Inseln und im östlichen und südlichen Afrika. Dabei ist ihm wichtig, dass seine Forschung auch für den Naturschutz relevant ist. Das Forschungsprojekt über Steinbockgenetik ist für ihn ein sehr schönes Beispiel dafür, dass Grundlagenforschung und Anwendung Hand in Hand gehen können.

Wie kam es zum Engagement in der Steinbockgenetik?
Kurz nach meinem Stellenantritt an der Universität Zürich hielt ich bei der Ornithologischen Arbeitsgruppe Graubünden einen Vortrag über Darwins Finken auf den Galápagos-Inseln. Dabei zeigte ich auch einige meiner Forschungsresultate über die gravierenden Auswirkungen der Inzucht auf diese faszinierenden Vögel.
Nach dem Vortrag kam der damalige Wildbiologe und stellvertretende Leiter des Amts für Jagd und Fischerei Graubünden, Hannes Jenny, zu mir und meinte: «Diese Effekte der Inzucht sollten wir auch mal beim Steinbock untersuchen.» Aus diesem Gespräch heraus entwickelte sich in enger Zusammenarbeit mit Bund und Kantonen das Steinbockgenetik-Projekt.

Wie viele Arbeiten hat es in diesem Rahmen gegeben?
Im Rahmen unseres Steinbockgenetik-Projekts wurden bisher zehn Masterarbeiten und sechs Doktorarbeiten durchgeführt. Zudem haben drei Postdoktorandinnen und ein Postdoktorand in diesem Projekt mitgearbeitet.

Wie ist das Interesse der Studierenden an solchen Fragestellungen?
Das Interesse der Studierenden an Fragestellungen in der Naturschutzgenetik ist sehr groß. Die Möglichkeit, im Studium erlernte genetische und ökologische Konzepte mit modernsten genomischen Methoden zu verbinden und an einer praxisrelevanten Fragestellung anzuwenden, inspiriert und motiviert viele Studierende. Natürlich fasziniert der Steinbock auch als charismatische Alpentierart.

Was kann die Genetik zum Artenschutz beitragen?
Genetische Konzepte und Methoden sind heute im Artenschutz unentbehrlich, genauso wie etwa in der landwirtschaftlichen Produktion oder der Medizin. Das rührt zum einen daher, dass die Forschung der letzten Jahrzehnte gezeigt hat, dass genetische Prozesse das Fortbestehen von Tier- und Pflanzenpopulationen und -arten direkt gefährden können. Zu diesen Prozessen zählen zum Beispiel die Inzucht, die Zunahme der Häufigkeit schädlicher Genvarianten oder der Verlust genetischer Vielfalt. Genetische Überlegungen sind im Naturschutz also wichtig, insbesondere bei Arten in Wiederansiedlungsprojekten, zu denen der Alpensteinbock ja gehört. Zum anderen können genetische Methoden aber auch dazu verwendet werden, um wichtige demografische und ökologische Parameter zu messen. So können Arten genetisch bestimmt werden, Bestandszahlungen bei schwierig zu erfassenden Arten dank genetischer Bestimmung der Individuen auch mit Kot gemacht werden oder die Vernetzung unterschiedlicher Populationen der gleichen Art mit genetischen Methoden quantifiziert werden.

Wie sieht die Zukunft des Steinbocks aus Sicht eines Genetikers aus?

Ich bin optimistisch, was die Zukunft des Alpensteinbocks angeht. Heute leben wieder über 50›000 Individuen im Alpenraum. Auch wenn es aus genetischer Sicht wünschenswert wäre, noch einige Zehntausend Tiere mehr zu haben, so ist das doch eine stattliche Zahl. Die Zahl ist groß genug und der Steinbock wieder genügend weit verbreitet, um das Aussterben der Art aufgrund katastrophaler Ereignisse wie einem Krankheitsausbruch oder einem Lawinenwinter zu verhindern. Somit sollte der Alpensteinbock viele Widrigkeiten der Natur überstehen können.

Genetisch ist die Art aber noch deutlich verarmt und die Inzucht reduziert das Populationswachstum vieler Populationen. Daher ist es angezeigt, eine genetische Blutauffrischung ins Auge zu fassen. So kann der durchschnittliche Inzuchtgrad einiger Population deutlich reduziert werden. Auf Artniveau müssen wir darauf warten, dass Mutationen wieder neue genetische Vielfalt generieren.

Solange sich die Population des Alpensteinbocks auf mehrere Zehntausend Tiere beläuft, wird sich die genetische Vielfalt in etwa 1000 Jahren zu einem guten Teil erholt haben. Das stimmt mich zuversichtlich.

Die Erforschung der Auswirkungen von menschlichen Störungen ist in den letzten Jahren in den Hintergrund getreten. Dabei ist sie in der Argumentation für Schutzmaßnahmen vor allem für sensible Wildtiere in extremen Lebensräumen wie dem Alpenraum sehr wichtig. In diesem Zusammenhang sollten nicht nur die Auswirkungen der Störungen auf das Verhalten und allfällige schädliche Folgen für den Wald im Vordergrund stehen. Physiologische Untersuchungen können darüber hinaus die Auswirkungen auf das Individuum dokumentieren. Hier sollten nicht noch zusätzliche Stressfaktoren die Wildtiere belasten.

Über die Auswirkungen des Klimawandels auf Wildtiere können bisher nur Annahmen getroffen werden. Diese gründen jeweils auf dem aktuellen Wissen. Damit bessere Voraussagen gemacht und allenfalls auch Maßnahmen durchgeführt werden können, muss diese Frage vor allem im Alpenraum ein Dauerthema sein. Neue Technologien wie Fernerkundung können hier eine große Hilfe sein.

Von besonderer Bedeutung ist der Wissens- und Erfahrungsaustausch zwischen Forschung und Praxis. Hier bietet die Alpine Ibex European Specialists Group – Gruppo Stambecco Europa (GSE) eine optimale Plattform. Diese Gruppe war ursprünglich als Austauschplattform für die Erfahrungen und Entwicklungen von mit Steinböcken aus Gran Paradiso gegründeten Populationen gedacht. Heute treffen sich in diesem Rahmen Forschende und Praktiker für einen internationalen Austausch. Die Finanzierung der Treffen ist jedoch schwierig, weil auf den ersten Blick kein unmittelbarer Nutzen zu sehen ist. Zudem scheuen viele Praktiker den Kontakt zur Forschungswelt oder sehen keinen unmittelbaren Nutzen im Erfahrungsaustausch. Doch dieser war vor allem in der Anfangsphase der Wiedereinbürgerung sehr wichtig – nur so konnten Fehler vermieden werden. Heute bringt der Dialog zwischen Forschung und Praxis die für die Wildtiere relevanten Forschungsfragen hervor.

Alice Brambilla

Alice Brambilla ist Wildbiologin im Nationalpark Gran Paradiso (Italien) und wissenschaftliche Mitarbeiterin an der Universität Zürich (Schweiz). Sie begann 2008 während ihres Masterstudiums an der Universität Pavia (Italien) mit der Erforschung der Alpensteinbockpopulation im Gran Paradiso. Für ihre Dissertation wechselte sie zur Genetik und analysierte Heterozygotie-Fitness-Korrelationen in derselben Population. Außerdem koordiniert sie die Europäische Fachgruppe für Alpensteinböcke (GSE-AISEG).

Was fasziniert Dich an Steinböcken?

Eine der faszinierendsten Eigenschaften der Alpensteinböcke ist meiner Meinung nach ihre Lebensgeschichte. Das langsame Wachstum, das besonders bei Männchen deutlich zu erkennen ist, führt zu einer konservativen Lebensstrategie, die es ihnen ermöglicht, viel länger zu überleben als die meisten anderen Berghuftiere. Dies bietet Forschern die Möglichkeit, die Tiere über viele Jahre hinweg zu beobachten und ihre Entwicklung sowohl aus physischer als auch aus verhaltensbezogener Perspektive zu verfolgen. Dadurch konnte ich über viele Jahre hinweg sehr interessante individuelle Merkmale, Vorlieben und soziale Dynamiken beobachten, die auf den ersten Blick nicht leicht zu erkennen sind. Ebenso interessant sind die Geschlechtertrennung und der Geschlechtsdimorphismus, da sich männliche und weibliche Steinböcke in ihrer Ökologie und ihrem Verhalten so stark unterscheiden, als gehörten sie verschiedenen Arten an. Sowohl Männchen als auch Weibchen weisen jedoch gemeinsame faszinierende Merkmale auf, darunter eine erstaunliche Kletterfähigkeit, die im Gegensatz zu ihrer Größe und Robustheit steht, und eine ebenso erstaunliche Widerstandsfähigkeit gegenüber rauen Bedingungen.

Und schließlich: Wie könnte man nicht von den Hörnern dieser Tiere fasziniert sein? Ihre Größe und Form, die Variabilität zwischen den einzelnen Tieren zeugen von der Plastizität dieses Merkmals. Wie alte Bücher erzählen sie viele Geschichten über die einzelnen Tiere und ihre Umgebung, und ich fühle mich privilegiert, dass ich die Möglichkeit habe, sie in meiner Forschung zu entschlüsseln.

Was ist derzeit der Schwerpunkt deiner Arbeit mit Steinböcken?

Mein Forschungsschwerpunkt liegt auf dem Zusammenhang zwischen Umweltveränderungen und der Ökologie von Steinböcken (Ernährungsqualität), ihrer Lebensgeschichte (Körpergewicht, Hornwachstum, Überlebensrate) und ihrer Populationsdynamik. Außerdem interessiere ich mich für die Auswirkungen geschlechtsspezifischer Unterschiede auf die Reaktion von Alpensteinböcken auf den Klimawandel und die möglichen Folgen für den Artenschutz.

Darüber hinaus beschäftige ich mich mit der Genetik von Steinböcken, wobei ich mich hauptsächlich auf die Populationsstruktur und den Genfluss, den Zusammenhang zwischen genetischer Vielfalt und Anfälligkeit für Krankheiten sowie die Hybridisierung zwischen Alpensteinböcken und Hausziegen konzentriere.

Wie unterscheiden sich Italien und die Schweiz in ihrer Behandlung von Steinböcken?

Der Hauptunterschied zwischen Italien und der Schweiz besteht in der Bewirtschaftung der Art, die in Italien streng geschützt ist und daher nicht bejagt wird. Dies ermöglicht es uns, die natürliche Dynamik der Art zu untersuchen und uns auf die natürlichen Abläufe zu konzentrieren, ohne den Einfluss der Jagd durch den Menschen zu berücksichtigen.

Darüber hinaus ist der Alpensteinbock in der Schweiz eine ikonische Art im ganzen Land, während er in Italien vor allem in der Alpenregion im Norden des Landes bekannt ist. Dies führt wahrscheinlich zu einer unterschiedlichen Beziehung zwischen den Menschen und dieser Art in den beiden Ländern.

Was sind die Herausforderungen für den Schutz der Steinböcke in den Alpen?

Die größte Herausforderung für diese Tierart besteht darin, sich an die raschen Veränderungen in ihrer Umwelt anzupassen. Aufgrund des Engpasses Mitte des 19. Jahrhunderts weist die Art eine sehr geringe genetische Vielfalt und einen hohen Inzuchtgrad auf. Eine geringe genetische Vielfalt ist nachteilig, da sie das Anpassungsvermögen der Populationen verringert. Dies kann für den Schutz der Steinböcke zu einem Problem werden, da der derzeitige Klimawandel die Umwelt, die zeitliche und räumliche Verteilung der Ressourcen sowie die Ausbreitung von Krankheiten rapide verändert.

Zukunft auf einem schmalen Grat

Der Steinbock hat sich während der letzten Eiszeiten entwickelt und die sich wandelnden Umweltbedingungen gemeistert. Er hat sich an die kargen Bedingungen der alpinen Zonen angepasst und nutzt diesen Lebensraum optimal. Die sexuelle Segregation ist eine wichtige Anpassungsleistung. Zu dieser Entwicklung wesentlich beigetragen hat die herausfordernde Brunft im Frühwinter.

Diese Anpassung ist den Steinböcken in den letzten 10 000 Jahren beinahe zum Verhängnis geworden. Verschiedene Einflüsse haben fast zum Aussterben geführt. Die Folge dieser Entwicklung ist eine sehr begrenzte genetische Diversität. Wie schmal dieser genetische Grat ist, zeigt die Tatsache, dass Steinböcke in einem für die Immunabwehr wichtigen Genkomplex nur noch zwei Varianten haben, während Wild- und Hausziegen deren 44 besitzen (Grossen et al. 2014). Die geringe genetische Diversität ist gegeben; Maßnahmen zur Verbesserung der Situation wurden in einzelnen Kolonien eingeleitet.

Die Rettung und Wiederansiedlung der Steinböcke im Alpenraum ist geglückt. Die IUCN (Toigo et al. 2024) stuft die Art in die Schutzkategorie *least concern*, nicht gefährdet, ein. Auch in der Schweiz wird der Steinbock in dieser Schutzkategorie geführt (Willisch und Signer 2021). Erfreulicherweise wachsen die Bestände weiter an. Trotzdem kommen in Zukunft viele Herausforderungen auf die Steinböcke zu.

Die wachsenden Freizeitaktivitäten im Alpenraum sind eine mögliche Gefährdung – dazu gehören Wanderer, Bergsteiger, motorisierte und nicht motorisierte Flieger. Ihre Aktivitäten beeinflussen das Verhalten und die Raumnutzung der Wildtiere mehr oder weniger stark. Wildtiere müssen ihr Verhalten anpassen; die passenden Lebensräume werden immer kleiner. Dies hat Auswirkungen auf die einzelnen Tiere. Die menschlichen Aktivitäten können in der Summe aber auch die Entwicklung ganzer Populationen negativ beeinflussen.

Der Klimawandel hat auf die an Kälte angepassten Tiere im Alpenraum große Auswirkungen. Viele Aktivitäten werden bei hohen Temperaturen in die Nacht verschoben. Die Lebensräume werden sich ändern – die Frage ist nur, wie die Steinböcke mit diesen sehr schnellen Veränderungen zurechtkommen werden. In höheren Lagen wird die Konkurrenz zwischen den einzelnen Arten größer werden. Das System der sexuellen Segregation, das dem Steinbock eine optimale Nutzung des Lebensraums ermöglichte, könnte sich nun auch nachteilig auswirken: Die innerartliche Konkurrenz zwischen Böcken und Geißen könnte zunehmen und die Geißen mit ihrem Nachwuchs könnten das Nachsehen haben.

Durch die klimatischen Veränderungen könnte sich auch die landwirtschaftliche Nutzung in die Höhe verschieben. Damit verbunden wäre wahrscheinlich auch ein erhöhter Stickstoffeintrag. Mehr Gülle in höheren Lagen bringt auch mehr und neue Krankheitserreger in diese Zone. Aufgrund der wärmeren Bedingungen können diese besser überleben und stellen so eine weitere Bedrohung für verschiedene Arten dar, nicht nur für den Steinbock.

Die Herausforderungen können nur durch ein gutes *Wildlife Management* gemeistert werden. Die heutige Form der Jagd stellt keine Bedrohung für die Steinböcke dar (Toigo et al. 2024) – sie erfolgt nachhaltig und wird wissenschaftlich überwacht. In diesem Bereich können allfällige Maßnahmen schnell umgesetzt werden. Die großen Herausforderungen stellen die restlichen Akteure im Alpenraum dar, vor allem mit ihren Freizeitaktivitäten. Diese Menschen haben keinen oder nur bedingten Bezug zu den Wildtieren; zudem sind sie schwer ansprechbar und kontrollierbar. In diesem Bereich werden in den nächsten Jahren die großen Aufgaben für das *Wildlife Management* liegen. Die Wildtiere müssen vor den Störungen der Menschen geschützt werden. Hier sind konkrete Maßnahmen gefragt, die auch umgesetzt werden, und eine Erfolgskontrolle ist zwingend notwendig.

Die Symbolkraft des Steinbocks hat sich bis heute erhalten. Es werden zum Beispiel immer noch Produkte mit Steinbockfett angepriesen. Dieses soll ein gutes Pflegemittel für die Haut sein und sich als Grundlage für verschiedene Salben eignen. In Graubünden findet sich der Steinbock im Kantonswappen und auf vielen Gemeindewappen; er ist aber auch ein Vermittler von Bündner Identität und Lifestyle für die Marke Graubünden. So sehen die zwei fiktiven Steinböcke Gian und Giachen alles, was nicht «Graubünden» ist, kritisch. Sie betrachten aus einer ländlichen Sicht der Bergbewohner das Leben der Städter im Unterland und während ihrer Freizeitaktivitäten im Kanton.

Der Steinbock ist heute ein Symbol für das Alpine. So verwendete die Buchhändlerin Simone Nuber in ihrer Laudatio für das Werk von Melara Mvogdobo anlässlich des Schweizer Buchpreises 2025 deren Formulierungen als *frasas da capricorns*, Steinbocksätze. Damit ist wohl eine klare, konzise, stoische Ausdrucksweise gemeint. Der Steinbock steht hier für Klarheit und Sicherheit im Gegensatz zum Geschwafel. Die Symbolik des Steinbocks kann also nicht nur für die touristische Werbung genutzt werden. Der von Steinböcken begeisterte US-amerikanische Künstler Edward Monovich nutzte sie, um mit seiner Kunst Wissen über das Leben der Art zu vermitteln. Die so entstandenen Werke begeistern jung und alt, sprechen urbane und rurale Menschen an.

Der Steinbock strahlt Ruhe und Gelassenheit aus. Aber seine Zukunft ist ein Tanz auf einem schmalen Grat. In naher Zukunft werden alle Lebewesen in den alpinen Lebensräumen durch die von Menschen verursachte Klimaerwärmung vor

Die Wiederansiedlung der Steinböcke kann als gelungen betrachtet werden. Trotzdem sind sie, wie auch viele andere Wildtiere im Alpenraum, den menschlichen Aktivitäten sowie der Klimaveränderungen ausgesetzt.

großen Veränderungen stehen. Die sich bis in entlegene Regionen ausbreitenden Freizeitaktivitäten sind eine weitere Herausforderung. Die Auswirkungen menschlichen Verhaltens können an Steinböcken als Vertreter aller Arten in diesem sensiblen Lebensraum erforscht werden. Für die Vermittlung der Ergebnisse und daraus folgender Maßnahmen eignet sich der Steinbock dank seiner Symbolkraft in einmaliger Weise.

Installation von Edward Monovich vor dem Besucherzentrum des Schweizerischen Nationalparks in Zernez, das zum Klettern wie ein Steinbock einlädt. Im Hintergrund der Piz Terza, an dem die ersten Steinböcke im Schweizerischen Nationalpark wieder angesiedelt wurden.

Edward Monovich (1970–2023)

Edward Monovich wurde 1970 in Michigan (USA) geboren und lebte bis zu seinem plötzlichen Tod 2023 mit seiner Frau Lauren und seinen Kindern Viola, Robert Green und Thea in Massachusetts. Edward Monovich war ein leidenschaftlicher Künstler und Professor am Massachusetts College of Art and Design in Boston (MA). Seine Werke verbanden Performancekunst, Zeichnung, Malerei, Skulptur und andere Medien.

Seit jeher fasziniert von der Beziehung zwischen Mensch und Natur, vertiefte er während eines Sabbaticals mit seiner Familie in der Schweiz sein Interesse für den Alpensteinbock, eine charismatische Tierart, die Edward so sehr faszinierte, dass sie seit 2016 zum Hauptthema seiner künstlerischen Arbeit wurde. Während seiner Forschungen zur Ökologie, zum Naturschutz, zur Wissenschaft und zur Folklore rund um den Alpensteinbock pflegte er berufliche und persönliche Beziehungen zu vielen Forschern und Naturpraktikern und wurde so Teil des «Steinbock-Ökosystems». Seine Begeisterung, Leidenschaft und Neugierde ermöglichten es ihm und den Menschen, mit denen er in Kontakt kam, Brücken zwischen sehr unterschiedlichen Forschungs- und Ausdrucksbereichen zu schlagen, was zu fruchtbaren Kooperationen zwischen Kunst und Wissenschaft führte.

Er nahm an Steinbockkonferenzen (GSE-AIESG) teil, stellte seine Arbeit vor und leitete einen «Alpine ibex Embodiment Workshop» für und mit Steinbockforschern (2019). Außerdem unterrichtete er beim Zeichenfestival «Voilà» im Nationalpark Gran Paradiso (2022) das Live-Zeichnen von Steinbockhörnern. Mit einigen seiner Kunstwerke startete er 2022 im Gran-Paradiso-Nationalpark das Projekt «Steinbockovich», um die Verhaltensreaktionen von Alpensteinböcken auf Hörner unterschiedlicher Größe zu untersuchen.

Seine Freunde und Kollegen halten seine Erinnerung lebendig, indem sie einige seiner Projekte fortsetzen.

Ausstellungen zum Thema Steinböcke:

«Displacements-Art, Science and the DNA of Alpine ibex», Besucherzentrum des Schweizerischen Nationalparks, Zernez, Schweiz.

«Bearded Cinematographer», Performance Art, Besucherzentrum des Schweizerischen Nationalparks, Zernez, Schweiz.

«Dadabex: Conservation Connection and Hybridity», Fog X Flo performances, Emerald Necklace, Boston MA.

« Steinbocklauf», performance, Montserrat College of Art, Beverly, MA.

«Entführungen – Kunst, Wissenschaft und die DNA des Steinbocks», Museum für Zoologie, Universität Zürich, Schweiz.

«Equilibrio: Art, Science and Alpine ibex», solo exhibition, 301 Gallery, Montserrat College of Art, Beverly, MAh (1970–2023)

Wanderungen

Steinböcke können gut beobachtet werden. Die folgenden Wandervorschläge führen durch Gebiete, in denen sich Steinböcke oft aufhalten und vergleichsweise häufig anzutreffen sind.
Steinböcke leben im Gebirge. Es ist angebracht sich vor der Tour mit dem Schwierigkeitsgrad der Wanderungen auseinanderzusetzen und sich entsprechend auszurüsten. Dazu gehört auch, die aktuelle Wettervorhersage zu kennen.
Für das Beobachten von Steinböcken ist ein guter Feldstecher oder sogar ein Spektiv zu empfehlen.
Störungen von wildlebenden Tieren sind möglichst zu vermeiden. Bitte verlassen sie die Wanderwege nicht und versuchen sie nicht, sich den Steinböcken anzunähern. Hunde sollen an die Leine geführt werden.

Folgende Personen und Institutionen haben Wandervorschläge zur Verfügung gestellt:

Schweizerischer Nationalpark: Hans Lozza
Albrisgebiet: Christine und Marco Salis
Val d'Err im Parc Ela: Franziska Perl, Parc Ela
Naturpark Beverin: Fabian Freuler, Naturpark Beverin
Naturpark Pfyn-Finges: Peter Oggier, Naturpark Pfyn-Finges
UNESCO Biosphäre Entlebuch: UNESCO Biosphäre Entlebuch/Bergbahnen Sörenberg
Naturpark Trient: Adrien Favre, Naturpark Trient
Calfeisental: Rolf Wildhaber
Naturpark Diemtigtal: Naturpark Diemtigtal

Wanderung im Schweizerischen Nationalpark

Ausgangspunkt:	Alp Trupchun–Fuorcla Trupchun
Aufstieg:	800 Höhenmeter
Zeitbedarf:	2 h
Schwierigkeit:	T3

Die Alp Trupchun ist von Prasüras bei S-chanf im Oberengadin in etwa zwei Stunden erreichbar. Von der Alp aus setzen wir unsere Wanderung auf einem schmalen, aber gut instand gehaltenen Weg fort. Wir steigen höher, traversieren mehrere Bachrinnen und halten immer wieder Ausschau nach Rothirschen auf der gegenüberliegenden Talseite. An warmen Tagen ruhen diese oft auf den kühlen Schneeresten. Im Frühsommer säumt eine prächtige Alpenflora den zunehmend steiler werdenden Weg. Murmeltiere überraschen uns mit ihrem scharfen Pfiff. Hier lohnt es sich auch, nach dem häufig kreisenden Bartgeier Ausschau zu halten. Bei trübem Wetter treffen wir bereits im Talboden oder im ersten Drittel unserer Route auf Steinböcke. Nicht selten nutzen diese den Wanderweg als Ruheplatz zum Wiederkäuen. Bei klarem, warmem Sommerwetter ziehen sich die großen Hornträger jedoch auf die Fuorcla Trupchun oder sogar auf den Grat zwischen Piz Trupchun und Piz Chaschauna zurück, wo sie im Kretenwind liegen. Häufig können wir sie auch in schattigen Höhlen entdecken, wo sie sich vor der Hitze schützen. Die letzten 300 Höhenmeter überwinden wir auf rutschigem Schutt und erreichen schließlich den Pass (Fuorcla Trupchun), von dem aus wir ein atemberaubendes Panorama genießen können. Im Westen grüßt der Piz Kesch (3417 m), im Südosten die Cima de Piazzi (3442 m). Der Übergang markiert die Grenze zwischen der Schweiz und dem italienischen Valle del Saliente, das in einer zweistündigen Wanderung steil nach Livigno hinunterführt. Entlang dieses Weges lassen sich oft Steinböcke beobachten, und wir können eine wunderbare Flora genießen. Achtung: Der Weg nach Livigno ist steil und an manchen Stellen ausgesetzt. Falls wir auf der Fuorcla umkehren, steigen wir über denselben Pfad wieder zur Alp Trupchun hinab.

Rundtour via Livigno:

Der italienische Silvestri-Bus fährt mehrmals täglich die Strecke Zernez – Livigno. (Halbtax- und Generalabonnemente sind gültig). Fahrplan (inkl. Silvestri-Bus): www.sbb.ch

Wanderung im Albrisgebiet oberhalb Pontresina

	Alp Languard – Fuorcla Pischa
Aufstieg:	500 Höhenmeter
Zeitbedarf:	2 h
Schwierigkeit:	T2

Die Alp Languard wird von Pontresina aus mit der Sesselbahn erreicht. Von der Bergstation beginnen wir unsere Wanderung Richtung Lej Languard. Der leicht ansteigende Weg führt durch das wunderschöne Val Languard, wo wir nebst einer reichhaltigen Flora zahlreiche Murmeltiere beobachten können.

Am See angekommen, suchen wir die Nordflanke des Piz Albris ab. Mit etwas Glück können wir dort Steingeißen und Kitze beobachten. Auch Gämsen sind oft zu sehen.

Weiter geht die Wanderung zur Fuorcla Pischa (2848 m). Nach einem kurzen, steilen (100 Höhenmeter) Aufstieg führt uns der Weg leicht ansteigend über ein offenes Gelände zur Fuorcla Pischa. Auf der linksseitigen Crasta Languard sind oft schon Steinböcke zu sichten. Im Gebiet Fuorcla Pischa können sich die Tiere überall auf den kargen Weiden oder im Geröll aufhalten. Oft sind die Steinböcke nach der Fuorcla in der Nähe der wunderbaren Pischaseen zu entdecken. Das Panorama von der Fuorcla Pischa aus belohnt den langen Aufstieg. Den Abstieg zurück zur Alp Languard können wir entweder über den gleichen Weg oder nach einer Querung am Fuße der Crasta Languard Richtung Piz Languard und dann runter zur Bergstation Sesselbahn antreten.

Rundtour via Bernina-Suot:
Von der Fuorcla Pischa steigen wir in südlicher Richtung in das Val da Fain ab. Nach dem anfänglich eher flachen Teilstück folgt ein steiler, langer Abstieg über den gut ausgebauten Wanderweg zur Alpstraße (2172m) hinunter, von wo aus wir Bernina Suot erreichen. Mit Bahn oder Bus kehren wir nach Pontresina zurück.

Wanderung in der Val d'Err im Parc Ela

	Pensa – Alp Viglia – Laiets – Pass d'Ela – Pass digls Orgels – Lai Tigiel – Pensa
Aufstieg:	1160 Höhenmeter
Zeitbedarf:	6 h
Schwierigkeit:	schwer

Im Parc Ela bietet uns die Val d'Err oberhalb von Tinizong in den wärmeren Monaten gute Möglichkeiten, Steinwild zu beobachten. Als Ausgangspunkt für unsere Wanderung eignet sich das Maiensäss Pensa auf 1667 m ü. M. Dorthin gelangen wir entweder mit dem eigenen Auto (Lösen einer Fahr-/Parkbewilligung zu Beginn der Straße oder bei den markierten Parkplätzen) oder mit dem Bike- und Wanderbus (bitte Fahrplan beachten). Die Steinböcke halten sich gerne im Gebiet um die Pizza Grossa, weiter über Piz Bleis Marscha und bis zum Piz Laviner auf. Diese Seite der Val d'Err gehört bereits zum Perimeter des Eidgenössischen Jagdbanngebiets Piz Ela. In diesem Gebiet sind Hunde ganzjährig an der Leine zu führen und freies Zelten und Campieren ist verboten. Vorsicht – während der Alpzeit können sich Mutterkühe im Gebiet aufhalten. Wenn wir auf den Wegen bleiben, halten wir Störungen für den Alpbetrieb sowie für das Steinwild und andere Wildtiere so gering wie möglich. Von Pensa starten wir unsere Wanderung über den Blumenweg via Bartg bis zur Alp Viglia. Danach folgt ein Aufstieg zu den Laiets. Die Strecke führt uns weiter über den Pass d'Ela, wo mit 2723 m ü.M. der höchste Punkt dieser Wanderung erreicht ist. Weiter geht's zum markanten Pass digl Orgels, der seinen Namen dem orgelpfeifenartig-verwitterten Dolomitgestein verdankt. Über den Lai Tigiel führt der Weg dem Ragn da Tigiel entlang wieder zurück nach Pensa.

Wer es gerne gemütlicher mag, kann im Boden des Hochtals bleiben. Dazu von Pensa her der Alpstraße über die Alp Viglia zur Alp d'Err folgen und bis auf die hinterste Melkplatte auf 2224 m ü. M. wandern. Dieselbe Strecke führt dann wieder zurück, wobei sich ein Zwischenstopp im Alp d'Err Agroturissem lohnt, um bei Speis und Trank die Aussicht zu genießen. Wer will, kann sogar hier übernachten, ist die Alp d'Err doch eines der Etappenziele des Parc Ela Treks.

Während der Wintermonate sollte auf Touren in die Val d'Err und ins Jagdbanngebiet verzichtet werden.

Wanderung im Naturpark Beverin

Ausgangspunkt:	Thalkirch, Turra– Wergenstein
Strecke:	18 km
Aufstieg:	1100 Höhenmeter
Abstieg:	1300 Höhenmeter
Zeitbedarf:	6 h 25 min
Schwierigkeit:	T3

Die dritte Etappe der Via Capricorn beginnt in Turra, dem letzten bewohnten Flecken im hintersten Safiental. Der Start ist noch gemütlich: Der Weg führt zunächst entlang des Talbodens, wo die Rabiusa in breiten Schleifen durch die Auenlandschaft fließt. Ab Piggamad beginnt der eigentliche Aufstieg – zuerst über steile Matten, dann durch den felsigen Höllgraba. Diese Schlüsselstelle verlangt absolute Trittsicherheit und Schwindelfreiheit.

Nach den rund 750 anstrengenden Höhenmetern wird der Aufstieg endlich flacher. Ein kleiner, klarer Bergsee lädt zur ersten Rast ein – ein idealer Ort, um die Beine zu kühlen und Kraft für den finalen Anstieg zu sammeln. Von hier aus sind es noch etwa 200 Höhenmeter bis zum höchsten Punkt der Tour: der Farcletta digl Lai Grand (2661 m ü. M.).

Oben angekommen, öffnet sich ein atemberaubendes Panorama. Doch der eigentliche Höhepunkt ist der Wildtier-Beobachtungspunkt auf der Farcletta. Wir befinden uns im Revier der Steinbockkolonie Safien-Rheinwald, welche rund 350 Tiere beheimatet. Die Böcke sind extrem scheu, aber mit etwas Geduld und dem Fernglas aus der Box des Beobachtungspunktes lassen sie sich an den gegenüberliegenden Felsgraten entdecken.

Nach der Pause führt der Weg, im Antlitz der imposanten Pizzas d'Anarosa, hinab zum Lai Grand, einem der schönsten Bergseen der Region. Sein türkisfarbenes Wasser kontrastiert spektakulär mit den umliegenden grauen Felswänden der Pizzas. Die Moorlandschaft rund um den See ist besonders im Frühsommer ein Farbspektakel, wenn das Wollgras seine weißen Büschel in den Wind streckt. Wer Zeit hat, sollte hier eine längere Pause einlegen – die Stille und die Weite der Landschaft wirken fast meditativ.

Der weitere Abstieg, begleitet von den Pfiffen der Murmeltiere, führt zur Alp Nurdagn. Nach einer Stärkung im sympathischen Agrotourismusbetrieb der Alp geht es weiter hinab nach Danis und Dumagns. Nach der Maiensäss-Siedlung Dumagns erreichen wir nach weiteren 300 Meter Abstieg das kleine Bergdorf Wergenstein. Auf der Terrasse des Restaurants Capricorns mit atemberaubendem Blick ins Tal erholen wir uns vom Wandertag.

Tipps:

- Ein Besuch der Steinbockausstellung im Center da Capricorns in Wergenstein ist ein Muss.
- Verkürzen Sie mit Bus alpin Beverin den Abstieg von Tguma oder Du-
- magns nach Wergenstein.
- Diese Wanderung ist eine der drei Etappen der «Via Capricorn» und mit der SchweizMobil Nr. 693 signalisiert. Die anderen zwei Etappen sind ebenfalls wärmstens zu empfehlen.

Wanderung im Naturpark Pfyn-Finges

	Gemmipass – Lämmerenhütte SAC
Aufstieg:	240 Höhenmeter
Zeitbedarf:	3 h hin und zurück
Schwierigkeit:	einfach

Der Ausflug startet in Leukerbad. Hier haben wir die Wahl, ob wir die Gemmi mit der Seilbahn (16 Minuten) oder zu Fuß (2 Stunden) erreichen wollen. Der Fußweg führt spektakulär durch die fast 1000 m hohe Gemmiwand und belohnt den Wanderer mit vielen tollen Ausblicken. Auf der Gemmi selber sollte man sich genügend Zeit für den Blick auf die gegenüberliegenden Viertausender mit Matterhorn, Weisshorn etc. lassen. Die vielen Fotografen westlich des Restaurants warten auf den Bartgeier – es gibt keinen besseren Ort in den Alpen, um diesen aus kurzer Distanz zu sehen! Also Augen auf! Nach der Gemmi wandert man Richtung Osten. Der Wanderweg zur fast ganzjährig bewirteten SAC Hütte Lämmeren ist gut ausgeschildert. Nach einem kurzen Ab- und Aufstieg erreichen wir den einzigartigen Lämmerenboden. Die Landschaft wird als alpine Aue bezeichnet und besteht aus verzweigten Bachläufen. Bei Gewittern kann der ganze Talboden unter Wasser stehen. An kühlen und trockenen Tagen sind die Bacharme fast ausgetrocknet. Diese schwankenden Wasserstände sind typisch für Auen. Alpine Auen werden durch Schmelzwasser fortwährend umgestaltet. Daher sind ständige Zerstörung und Neuanfänge für diese einzigartigen Lebensräume typisch. Die Schotterebene ist sogar eine Auenlandschaft von nationaler Bedeutung und bei genauerer Betrachtung voll von Leben. Am Ende des Lämmerenbodens erkennt man den Wildstrubelgletscherund auf der rechten Seite des Tals sieht man bereits die Lämmerenhütte. Es lohnt sich schon von der Hütte aus, nach Steinböcken Ausschau zu halten. Und natürlich sollte man sich auch bei den Gastgebern erkundigen, ob und wo sie die Tiere in letzter Zeit gesehen haben. So oder so lohnt sich aber auch ein Abstecher ins Lämmerental und/oder zum Lämmerensee.

Wanderung in der UNESCO Biosphäre Entlebuch

	2 Etappen
total Aufstieg:	1200 Höhenmeter
Abstieg:	1500 Höhenmeter
Zeitbedarf:	7 h 45 min
Schwierigkeit:	T3
Etappe 1:	Von Sörenberg über das Brienzer Rothorn zum Eisee
Etappe 2:	Vom Eisee über Schönbüel zurück nach Sörenberg (oder alternativ zum Glaubenbielenpass)

Steile Felsen, schroffe Grate, Geröllhalden und felsdurchzogene, alpine Weideflächen – in Sörenberg führt der zweitägige «Steinbock Trek» durch wunderschöne Naturlandschaften zu den Überlebenskünstlern des Hochgebirges. Nach vollbrachtem Aufstieg von der Rossweid zum Lättgässli geht es entlang der spektakulären Gratwanderung zum Gipfel des Brienzer Rothorns, wo sich ein bezauberndes Panorama eröffnet. Tief unten im Tal ruht der türkisblaue Brienzersee, und die nostalgisch pfeifende Dampfbahn erklimmt den Berg von der Berner Seite. Es ist ein Rundblick, der auch am zweiten Tag des Steinbock-Treks, der über den Eiseesattel und Arnihaaggen zurück nach Sörenberg führt, allgegenwärtig ist. Doch zuvor erwartet Sie noch ein Erlebnis der besonderen Art: Ein Abend im heimeligen Berghaus Eisee. Auf der Sonnenterrasse genießen Sie ein feines Abendessen und die schöne Bergwelt. Als Übernachtungsgast können Sie hier inmitten der faszinierenden Bergwelt wunderbar abschalten und Kraft für die nächste Etappe schöpfen.

Wer die Natur liebt, der kommt am Brienzer Rothorn auf seine Kosten. Vor hundert Jahren wurde der ausgerottete Steinbock wieder angesiedelt, unter anderem am Brienzer Rothorn. Und die Kolonie hat sich prächtig entwickelt. Wegen der Nähe zum Jagdbanngebiet Augstmatthorn beobachtet man hier besonders viele Steinböcke. Aber auch Gämsen sowie Murmeltiere können Sie erblicken, und nicht selten schrauben sich Steinadler im Aufwind hoch in die Lüfte.

Weitere Infos: : https://www.soerenberg.ch/de/sehen-erleben/sommer/wandern/steinbock-trek

Wanderung im regionalen Naturpark Trient-Tal

Ausgangspunkt:	Van d'en Haut – Les Marécottes
Aufstieg:	1460 Höhenmeter
Abstieg:	1350 Höhenmeter
Zeitbedarf:	8 h
Schwierigkeit:	T3

Das charmante Vallon de Van lässt sich dank der Busverbindung ab dem Bahnhof Les Marécottes den ganzen Sommer über bequem entdecken. Vom Campingplatz Van d'en Haut auf 1400 Metern Höhe führt ein kurzer Spaziergang von etwa zehn Minuten zur berühmten «Fontaine des Bouquetins». Im Frühling ist dies ein besonders schöner Ort, um junge Steinböcke zu beobachten, die unter den wachsamen Blicken der erwachsenen Tiere in den Felsen spielen. Der stellenweise steile Wanderweg führt weiter in Richtung Salanfe. Während des Aufstiegs lassen sich je nach Jahreszeit und Höhenlage Steinböcke und Gämsen beobachten. Im Herbst erfüllt das eindrucksvolle Röhren des Hirsches das Tal und verleiht dem Erlebnis eine wilde Note. In Salanfe heißt eine Berghütte die Wandernden im Sommer willkommen – ideal für eine genussvolle Pause bei einem köstlichen Heidelbeerkuchen oder auch für eine Übernachtung. Ein weiteres erstaunliches Schauspiel bietet die Staumauer von Salanfe: Nicht selten klettern Steinböcke am Mauerwerk empor, um dort Salpeter zu lecken, besonders früh am Morgen oder gegen Abend. Vom See aus stehen mehrere Möglichkeiten offen: eine Umrundung des Sees mit anschließendem Abstieg nach Van d'en Haut oder die Fortsetzung der Wanderung in Richtung Col d'Emaney. Unterwegs lohnt es sich, den Blick zu heben, um Steinadler und Bartgeier zu beobachten, die majestätischen Bewohner dieser Alpenregion. Die große floristische Vielfalt mit kalk- und silikathaltigen Arten zeugt von einer außergewöhnlichen Biodiversität. Der Ort wurde vom lokalen Schriftsteller Émile Javel als «ein Wunder» bezeichnet. Je näher man dem Col d'Emaney kommt, desto karger und felsiger wird die Landschaft – ein bevorzugtes Sommergebiet der Steinböcke. In den Geröllfeldern kann man mit etwas Aufmerksamkeit auch das scheue Alpenschneehuhn entdecken. Die letzten Schritte zum Pass eröffnen ein spektakuläres Panorama mit dem Mont Blanc im Hintergrund. Der Abstieg nach Emaney, einer schönen Alp unter steilen Felswänden, ist anspruchsvoll, belohnt jedoch mit herrlichen Ausblicken. Auf der Alp prägen Kühe, Ziegen und sogar Yaks das Bild. Die Käserei und die Alpbeiz laden dazu ein, ein Glas frische Milch oder Sérac, einen typischen Frischkäse der Region, zu genießen, bevor man über die Straße und Waldwege gemütlich nach Les Marécottes zurückkehrt.

Wanderung im idyllischen Calfeisental

Ausgangspunkt:	Autoparkplatz St. Martin. Öffentliche Verkehrsmittel: Von Bad Ragaz bis zur Staumauer Gigerwald fährt im Sommer täglich das Postauto (einmal morgens und einmal abends nach Fahrplan). Von Weisstannen nach Mels fährt der Bus täglich nach Linienfahrplan.
Aufstieg:	1200 Höhenmeter
Abstieg:	1200 Höhenmeter
Zeitbedarf:	ein ganzer Tag
Schwierigkeit:	T3

Unser Ziel ist der Hangsackgrat auf 2634 m ü. M. Der erste Teil der Bergwanderung verläuft vom Parkplatz St. Martin noch über die gekieste Bergstraße (Fahrverbot) bis zur Malanseralp. Vom Parkplatz St. Martin laufen wir auf der Calfeisentalstraße links der Tamina ca. 1,7 km taleinwärts. Dort gelangen wir an einen Straßenabzweiger, wo wir die Calfeisentalstraße verlassen und rechts weg auf der Malanseralpstraße weiter wandern. Auf dieser Malanseralpbergstraße bleiben wir ca.3,4 km, bis wir an den Alphütten vorbei auf (1980 m ü. M. Güllenboden) den Wanderweg erreichen. Von da an geht unsere Wanderung über den Wanderweg Richtung Heidelpass hoch. Wir folgen dem Wanderweg ca. 1,7 km bis zum Heidelsee (2300 m ü. M.). Da verlassen wir den offiziellen Wanderweg und steigen direkt Richtung Norden auf den Westgrat des Heidelspitzes. Auf dem Westgrat des Heidelspitzes betreten wir Steinbocksommerlebensraum. Da lohnt sich die erste Verschnaufpause und ein Blick durchs Fernglas. Im Sommer verweilen die Steinböcke gerne im Wind auf den umliegenden Gräten des Hangsackgrates. Wir wandern weiter über den Heidelwestgrat Richtung Westen bis unter den Vorgipfel des Hangsackgrates. Diesen Vorgipfel umgehen wir südseitlich, um anschließend auf den Südwestgrat des Hangsackgipfels zu gelangen. Der schweißtreibende Aufstieg wird mit einer atemberaubenden Aussicht auf die Nordalpen belohnt. In diesem Gebiet verweilt das Steinwild sehr gerne auf den Gräten und, wenn es zu warm wird, an den nördlichen Schattenhängen. Im Hochsommer liegen die Böcke um die Mittagszeit rum auch gerne in den Nischen der Felsbänder nördlich und westlich des Hangsackgipfels.

Der Abstieg geht über die Aufstiegsroute zurück nach St. Martin. Wer eine etwas längere Rundtour plant, kann den Abstieg auf dem Wanderweg über den Heidelpass nach Batöni und ins Dorf Weisstannen unter die Bergschuhe nehmen.

Wanderung im Naturpark Diemtigtal

	Rund um's Seehore
Aufstieg:	1193 Höhenmeter
Zeitbedarf:	7h 30 min.
Schwierigkeit:	T2

Eine riesen Palette an natürlicher Vielfalt erwartet dich. Unser Tipp: Lass dir Freiraum für eigene Eindrücke und Entdeckungen und schärfe deinen Blick für das Unscheinbare.

Genieße die Stille der Bergwelt und mach dich auf ins Naturschutzgebiet Spillgerte. Sobald du dich im Alpetli befindest, lohnt es sich, ab und an innezuhalten und mit dem Feldstecher hinüber zu den Felsen des Seehores zu spiegeln. Entdeckst du die Steinböcke und Gämsen? Ab der Scheidegg befindest du dich im Gemeindegebiet von Zweisimmen. Nachdem auch der Anstieg entlang des Fromattgrats hinter dir liegt, hast du den anstregendsten Teil der Wanderung geschafft. Eine kurze Stärkung im Berggasthaus Stierenberg ist fast schon Pflicht. Weiter gehts zum beliebten Seebergsee: Der mit Bergsturzblöcken, Arven, Fichten und Zwergsträuchern umgebene See ist vor dem bevorstehenden Abstieg dein letzter Zwischenhalt. Das beliebte Ausflugsziel ist an Spitzentagen stark frequentiert – sobald du ihn entdeckst, weißt du auch warum.
Genieß bei der Rückkehr zum Ausgangspunkt das Bergpanorama in vollen Zügen: Eine vielfältigere Landschaft findest du wohl auf kaum einer Höhenwanderung.

Tipps:

- Es lohnt sich bei dieser Wanderung ein Fernglas mitzunehmen, zwischendurch eine Pause zu machen und nach der Steinwildkolonie und anderen Wildtieren Ausschau zu halten.
- Sicherheitshinweis: Ein kleines Teilstück des Weges unterhalb des Gebiets Alpetli führt durch eine Sommerweide mit Yaks. Bitte die lokalen Hinweise beachten.
- Ausrüstung: Gute Bergschuhe, dem Wetter entsprechende Kleidung (Sonnen-/Regenschutz), evtl. Wanderstöcke, Feldstecher, Taschenapotheke, Rucksack mit Verpflegung und genügend Getränke für unterwegs.
- Anreise mit ÖV: Mit dem Zug nach Oey-Diemtigen. Danach mit dem Postauto bis zur Haltestelle «Schwenden i.D., Grimmialp» (Endstation). Von hier aus kurzer Fussmarsch (ca. 5 Min.) bis Senggiweid, Richtung Grimmimutzweg. Bitte unbedingt die Fahrzeiten des Postautos beachten: www.sbb.ch

Anhang

Literatur

Abderhalden, W. (2005). Raumnutzung und sexuelle Segregation beim Alpensteinbock Capra ibex ibex. Nat.park-Forsch. Schweiz 92

Aeschbacher, A. (1978). Das Brunftverhalten des Alpensteinwildes. Eine ethologische Beschreibung des Fortpflanzungsverhalten des Alpensteinwildes (Capra ibex ibex). Eugen Rentsch Verlag, Erlenbach/Zürich

Aeschbacher, S., Futschik, A. & M. A. Beaumont (2013). Approximate Bayesian computation for modular inference problems with many parameters: the example of migration rates. Molecular Ecology. https://doi.org/10.1111/mec.12165

Albrecht, L. (1989). Die Geschichte des Steinbocks im Kanton Wallis. Wildbiologie 4: 16. Zürich.

Amon, R. (1967). Klimatische Grenzen einer Wiederansiedlung des westalpinen Steinbocks in den Ostalpen. Z. Jagdwiss. 5: 132–137

Anderwald, P., Herfindal, I., Haller, R. M., Risch, A. C., Schütz, M., Schweiger, A. C. & F. Filli (2015). Influence of migratory ungulate management on competitive interactions with resident species in a protected area. Ecosphere 6(11): 228

Apollonio M., Brivio F., Rossi, I., Bassano, B. & Grignolio, S. (2013). Consequences of snowy winters on male matin strategies and reproduction in a mountain ungulate. Behavioral Processes 98: 44–50

Arlettaz, R., Nusslee, S., Baltic, M., Vogel, P., Palme, R., Jenni-Eiermann, S., Patthey, P. & Genoud, M. (2015). Disturbance of wildlife by outdoor winter recreation: Allostatic stress response and altered activity-energy budgets. Ecological Applications 25(5): 11971212.

Aublet, J. F., Festa-Bianchet, M., Bergerto, D. & Bassano, B. (2009). Temperature constraints on foraging behaviour of male Alpine ibex (Capra ibex) in summer. Oecologia (2009) 159: 237–247

Aussener, C. (1946). Der Alpensteinbock. Universum Verlagsgesellschaft, Wien

Bächler, E. (1919). Die Wiedereinbürgerung des Steinwildes in den Schweizeralpen. Buchdruckerei Fehr, St. Gallen

Bächler, E. (1935). Stand der Steinbockkolonien in den Schweizeralpen. Buchdruckerei Zollikofer, St. Gallen

Barbosa, I. C. R., Kley, M., Schäufele, R., Auerswald, K., Schröder, W., Filli, F., Hertwig, S. & Schnyder, H. (2009). Analysing the isotopic life history of the alpine ungulates Capra ibex and Rupicapra rupicapra rupicapra through their horns. Rapid Commun. Mass Spectrom (2009) 23: 2347–2356

Barbosa, I. C. R., Köhler, I. H., Auerswald, K., Lüps, P. & Schnyder, H. (2009). Last-century changes of alpine grassland water-use efficiency –a reconstruction through carbon isotope analysis of a time-series of Capra ibex horns. Global Change Biology, doi: https://doi.org/10.1111/j.1365-2486.2009.02018.x

Baumann, P. (2009). Der Alpensteinbock. Ein Leben über dem Abgrund. Ott Verlag, Thun/Gwatt

Baur, B. (2021). Naturschutzbiologie. Haupt Verlag, Bern

Bell, R. H. V. (1970). The use of the herb layer by grazing ungulates in the Serengeti. In: Watson, A. (ed.) Animal populations in Relation to their Food Ressources. Blackwell Scientific Publications, Oxford

Bergeron, P., Festa-Bianchet, M., von Hardenberg, A. & Bassano, B. (2008). Heterogeneity in male horn growth and longeviy in a highly sexually dimorphic ungulate. OIKOS 117: 77–82

Bergeron, P., Grignolio, S., Apollonio, M., Shipley, B. & Festa-Bianchet, M. (2010). Secondary sexual characters signal fighting ability and determine social rank in Alpine ibex (Capra ibex). Behav Ecol Sociolbiol 64: 1299–1307

Beutler, A. & Schilling, D. (1986). Säugetiere (ohne Fledermäuse und hochmarine Arten). In: Kaule, G. (ed.). Arten- und Biotopschutz. Verlag Eugen Ulmer, Stuttgart, 198–205

Bhatnagar, Y. V. & Manjrekar, N. (2015). The Himalayan Ibex. In: Johnsingh, A. J. T. & Manjrekar, N. (eds.). Mammals of South Asia. Volume 2: 433–449. Universities Press, Hyderabad

Bhatnagar, Y. V., Manjrekar, N., Stuewe, M., Rawat, G. S., & Johnsingh, A. J. T (1997). Grouping patterns of Asiatic ibex, Capra ibex sibirica in Pin Valley National Park, India. Paper presented in the 2nd World Conference on Mountain Ungulates, Saint Vincent

Biancardi, C. M. & Minetti, A. E. (2017). Gradient limits and safety of Alpine ibex (Capra ibex) locomotion. Hysterix

Biebach, I., Brambilla, A., Camenisch, G., Grossen, C., Just, M., Keller, L. & Waldvogel, D. (2022). Genetische Untersuchungen der Tiroler Steinbockpopulationen. Institut für Evolutionsbiologie und Umweltwissenschaften, Universität Zürich

Biebach, I. & L. F. Keller (2009). A strong genetic footprint of the re-introduction history of Alpine ibex (Capra ibex ibex). Mol. Ecol. 18:5046–5058.

Biebach, I. & Keller, L. F. (2010). Inbreeding in reintroduced populations: the effects of early reintroduction history and contemporary processes. Conservation Genetics 11: 527–538

Biebach, I. & Keller, L. F. (2012). Genetic variation depends more on admixture than number of founders in reintroduced Alpine ibex populations. Biological Conservation 147: 197–203

Biebach, I. & Keller, L. (2022). Ergebnisse der genetischen Erfolgskontrolle der Freilassungen von 2011 in der Population Pilatus. Institut für Evolutionsbiologie und Umweltwissenschaften, Universität Zürich

Bohren, F., Capt, S. & Juesy, P. (2019). Jagd und Wildtiere im Kanton Bern. Weber Verlag, Thun

Bon, R., Rideau, C., Villaret, J.-C. & Joachim, J. (2001). Segregation is not only a matter of sex in Alpine ibex, Capra ibex ibex. Animal Behaviour 62: 495–504

Bozzuto, C., Biebach, I., Muff, S., Ives, A. R. & Keller, L. F. (2019). Inbreeding reduces long-term growth of Alpine ibex populations. Nature Ecology & Evolution, 3: 1359–1364

Bragin, N., Amgalanbaatar, S., Wingard, G. & Reading, R. P. (2017). Creating a model of habitat suitability using vegetation and ruggedness for Ovis ammon, and Siberian ibex, Capra sibirica (Artiodactyla: Bovidae) in Mongolia. Journal of Asia-Pacific Biodiversity 10(3): 390–395

Brambilla, A., Hardenberg, A., Bassano, B., Ranghetti, L., Keller, L. & Festa-Bianchet, M. (2024). Climate drives body mass changes in a mountain ungulate: shorter winters lead to heavier Alpine ibex. OIKOS. doi: https://doi.org/10.1111/oik.10643

Brambilla, A., Biebach, I., Bassano, B., Bogliani, G. & von Hardenberg, A. (2015). Direct and indirect causal effects of heterozygosity on fitness-related traits in Alpine ibex. Proceedings of the Royal Society B-Biological Sciences: 282

Brambilla, A. & Brivio, F. (2018). Assessing the effects of helicopter disturbance in a mountain ungulate on different time scales. Mammalian Biology 90: 30–37

Brambilla, A., von Hardenberg, A., Canedoli, C., Brivio, F., Sueur, C. & Stanley, C.R. (2022). Long term analysis of social structure: evidence of age-based consistent associations in male Alpine ibex. OIKOS

Brambilla, A., von Hardenberg, A., Kristo, O., Bassano, B. & Bogliani, G. (2013). Don't spit in the soup: faecal avoidance in foraging wild Alpine ibex, Capra ibex. Animal Behaviour 86: 153–158

Brambilla, A., von Hardenberg, A., Nelli, L. & Bassano, B. (2020). Distribution, status, and recent population dynamics of Alpine ibex *Capra ibex* in Europe. Mammal Review. doi: https://doi.org/10.1111/mam.12194

Brambilla, A., Keller, L., Bassano, B. & Grossen, C. (2017). Heterozygosity-fitness correlation at the major histocompatibility complex despite low variation in Alpine ibex (Capra ibex). Evolutionary Applications. 2017: 1–14. doi: https://doi.org/10.1111/eva.12575

Breitenmoser, U. & Breitenmoser-Würsten, C. (2008). Der Luchs. Ein Grossraubtier in der Kulturlandschaft. Verlag Salm, Wohlen bei Bern

Brivio F., Grignolio, S. & Apollonio, M. (2010). To Feed or Not to Feed, Testing Different Hypotheses on Rut-Induced Hypophagia in a Mountain Ungulate. Ethology 116 : 406–415

Brivio, F., Grignolio, S., Brambilla, A., & Apollonio, M. (2014). Intra-sexual variability in feeding behaviour of a mountain ungulate: size matters. Behav Ecol Sociobiol 68: 1649–1660

Brivio, F., Appllonio, M., Anderwald, P., Filli, F., Bassano, B., Bertolucci, C. & Grignolio, S. (2024). Seeking temporal refugia to heat stress: increasing nocturnal activity despite predation risk. Proc. R. Soc. B 291: 20231587. https://doi.org/10.1098/rspb.2023.1587

Brivio, F., Zumbühl, M., Grignolio, S., von Hardenberg, J., Apollonio, M. & Ciuti, S. (2019). Forecasting the response to global warming in a heat-sensitive species. Scientific Reports 9: 3048. doi: https://doi.org/10.1038/s41598-019-39450-5

Bubenik, A. (1984). Ernährung, Verhalten und Umwelt des Schalenwildes. BLV Verlagsgesellschaft, München

Bundesamt für Meteorologie Klimatologie MeteoSchweiz (ed.) (2025): Klima CH2025 –Klimazukunft Schweiz, Zürich. doi: https://doi.org/10.18751/climate/scenarios/ch2025/brochure/1.0/de

Bundesamt für Umwelt BAFU ed. (2010). Wald und Wild –Grundlagen für die Praxis. Wissenschaftliche und methodische Grundlagen zum integralen Management von Reh, Gämse, Rothirsch und ihrem Lebensraum. Umwelt-Wissen Nr. 1013. Bern

Bundi, M. (1995). Der Steinbock: Geschichtliches und Symbolfigur in der staatlichen Entwicklung Graubündens. Cratschla, 3(1): 22–29

Bundi (2006): Frühere Verbreitung und Ausrottung. In: Giacometti, M. (ed.). Von Königen und Wilderern. Die Rettung und Wiederansiedlung des Alpensteinbocks. Verlag Salm, Wohlen bei Bern: 13–29

Bundi (2006): Projekte zur Wiederansiedlung im 19. Jahrhundert. In: Giacometti, M. (ed.). Von Königen und Wilderern. Die Rettung und Wiederansiedlung des Alpensteinbocks. Verlag Salm, Wohlen bei Bern: 77–106

Burckhardt, D. (1961). Aus dem Leben des Steinbockes. Schweiz. Naturschutz. Bd. XXVII, 1, Basel

Blankenhorn (2006). Die Rolle des Bundes. In: Giacometti, M. (ed.). Von Königen und Wilderern. Die Rettung und Wiederansiedlung des Alpensteinbock. Verlag Salm, Wohlen bei Bern. 191–203

Büntgen, U., Galván, J.D., Mysterud, A., Krusic, P. J., Hülsmann, L., Jenny, H., Senn, J. & Bollmann, K. (2018). Horn growth variation and hunting selection of the Alpine ibex. Journal of Animal Ecology. doi: https://doi.org/10.1111/1365-2656.1283

Büntgen, U., Greuter, L., Bollmann, K., Jenny, H., Liebold, A., Galván, J.D., Stenseth, N.C., Andrew, C. & Mysterud, A. (2014). Elevational range shifts in four mountain ungulate species from the Swiss Alps. Ecosphere 8(4). doi: https://doi.org/10.1002/ecs2.1761

Büntgen, U., Jenny, H., Galván, J.D., Piermattei, A., Krusic, P.J. & Bollmann, K. (2020). Stable body size of Alpine ungulates. R. Soc. Open Sci. 7 (2001): 96

Büntgen, U., Liebhold, A., Jenny, H., Mysterud, A., Nievergelt, D., Stenseth, N.C. & Bollmann, K. (2014). European springtime temperature synchronises ibex horn growth across the eastern Swiss Alps. Ecological Letters 17: 303–313

Caduff, G.A. (2017). Der Steinbock in der Darstellung Durich Chiampells. Viel Buchwissen und eine instrumentalisierte Etymologie. Bündner Monatsblatt (3): 257–285

Campell, D. (2021). Das alpine Rätien. Topographische Beschreibung von 1573. Raetiae alpestris topographica descriptio. Herausgegeben vom Institut für Kulturforschungss Graubünden. Chronos

Candreia, J. (1904). Zur Geschichte des Steinbocks in den Rätischen Alpen. Hermann Fiebig Verlag, Chur

Carcereri, A., Stancampiano, L., Marchiori, E., Sturaro, E., Ramanzin, M. & Cassini, R. (2021). Factors influencing gastrointestinal parasites in a colony of Alpine ibex (Capra ibex) interacting with domestic ruminants. Hysterix, 32(1): 95–101, 2021

Castelmur, A. (1931). Zur Geschichte der Steinbocks in den rätischen Alpen. Bündnerisches Monatsblatt: Zeitschrift für bünderische Geschichte, Landes- und Volkskude, 312–316

Castello, J.R. (2016). Bovids of the World. Princeton University, Princeton and London

Catania, L. (1995). Koordination des Verhaltens in Steinbockgruppen (Capra ibex ibex L.) in Bezug auf gemeinsames Ziehen im Schweizerischen Nationalpark. Diplomarbeit. Universität Zürich.

Caughley, G. (1970). Eruption of Ungulate Populations, with Emphasis on Himalayan Thar in New Zeeland. Ecology, 51(1):53–72

Chauveau, V., Garel, M., Toïgo, C., Anderwald, P., Beurier, M., Bouche, M., Bunz, Y., Cagnacci, F., Canur, M., Cavailhes, J., Champly, I., Filli, F., Frey-Roos, A., Gressmann, G., Herfindal, I., Jurgeit, F., Martinelli, L., Papet, R., Petit, E., Ramanzin, M., Semenzato, P., Vannard, E., Loison, A., Coulon, A. & Marchand, P. (2023). Identifiying the environmental drivers of corridors and predicting connectivity between seasonal ranges in multiple populations of Alpine ibex (Capra ibex) as tools for conserving migration. Diversity and Distributions. doi: https://doi.org/10.1111/ddi.13894

Cheuveau, V., Garel, M., Toïgo, C., Anderwald, P., Apollonio, M., Bassano, B., Beurier, M., Bouche, M., Brambilla, A., Brivio, F., Bunz, Y., Cagnacci, F., Canut, M., Cavailhes, J., Champly, I., Filli, F., Frey-Roos, A., Gressmann, G., Grignolio, S., Herfindal, I., Jurgeit, F., Martinelli, L., Maurino, L., Papet, R., Petit, E., Ramanzin, M., Semenzato, P., Vannard, E., Coulon, A., Loison, A. & Marchand, P. (2024). It's time to go – Drivers and plasticity of migration phenology in a short-distance migratory ungulate.

Choisy, J. P. (1994). Réintroduction de bouquetins capra sp.: condition de reussite, choix des massifs, enseignement. L'example du Vercors. IBEX, J.ME. 2: 15–34

Choler, P., Bayle, A., Carlson, B. Z., Randin, C., Filippa, G & Cremonese, E. (2021). The tempo of greening in the European Alps: Spatial variations on a common theme. Global Change Biology, doi: https://doi.org/10.1111/gcb.15820

Clutton-Brock, T. H., Guinness, F. E. & Albon, S. D. (1982). Red Deer. Behavior and Ecology of two Sexes. Edinburgh University Press, Edinburgh

Couturier, M. A. J. (1962). Le bouquetin des Alpes. Allier, Grenoble

Croci-Maspoli, M. & Essl, F. (2013). Klimatologische Grundlagen, Klimawandel, Beobachtungen, Szenarien. In: Essl, F. & Rabitsch, W. (ed.). Biodiversität und Klimawandel. Auswirkungen und Handlungsoptionen für den Naturschutz in Mitteleuropa. Springer Spektrum, Heidelberg: 4–29

Crum, S. (1996). People of the red earth. American Indians in Colorado. Ancient City Press, Santa Fe

Darwin, C. (1859). Die Entstehung der Arten. 7. Auflage (2008). Nicol Verlagsgesellschaft, Hamburg

Davatz, F. (1881). Die Akklimatisationsversuche der Sektion Räthia mit Bastard- und ächtem Steinwild. Buchdruckerei K. Stämpfli, Bern

Decker, D., Riley, S. J. & Siemer, W. F. (2012). Human dimensions of Wildlife Management. In: Decker, D., Riley, S. J. & Siemer, W. F. (eds.). Human Dimensions of Wildlife Management. Johns Hopkins University Press, Baltimore/MA

Deutz, A. & Deutz, U. (2011). Wildkrankheiten, Hundekrankheiten, Zoonosen. Erkennen –Vermeiden –(Be)handeln. Leopold Stocker Verlag, Graz

Deutz, A. & Gasteiner, J. (2017). Klimawandel. Einfluss auf Tier, Mensch und Umwelt. Wolfgang Hager Verlag, Stolzalpe

Deutz, A., Greßmann, G., Grünschachner-Berger, V. & Filli, F. (2017). Gams-, Stein- und Muffelwild. Biologie, Lebensweise, Besonderheiten. Leopold Stocker Verlag, Graz

Diamond, J. M. & May, M. (1980). Biogeografie von Inseln und Planung von Schutzgebieten. In: May, R. R. M. (ed.). Theoretische Ökologie. Verlag Chemie, Weinheim: 147–166

Dirnböck, T., Dullinger, S., Essl, F. & Rabitsch, W. (2013). Die Alpen im Klimawandel. In: Essl, F. & Rabitsch, W. (ed.). Biodiversität und Klimawandel. Auswirkungen und Handlungsoptionen für den Naturschutz in Mitteleuropa. Springer Spektrum, Heidelberg: 192–202

Diserud, O. & Engen, S. (2000). A general and dynamic species population model, embracing the log-normal and the gamma models. Am. Nat. 155: 497–511

Elsner-Schack, I. (1982). Zur Wiedereinbürgerung des Steinbocks in den Alpen. In: Kofler, H. (ed.). Der Steinbock: Ansprüche, Einbürgerung, Bejagung. Tagungsbericht Wildbiologische Gesellschaft München

Engländer, H. (1986). Capra pyrenaica Schinz 1838 –Spanischer Steinbock, Iberiensteinbock. In: Niethammer, J. & Krapp, F. (eds.). Handbuch der Säugetiere Europas. Bd. 2/II Paarhufer. Aula-Verlag, Wiesbaden

Escos, J. & Alados, C. L. (1991). Influence of weather and population chaaracteristics of free-ranging Spanih ibex in the Sierra de Cazorla y Segura and in the eastern Sierra Nevada. Mammalia, 55 (1): 67–78

Fedosenko, A. K. & Blank, D. A. (2001). Capra sibirica. Mammalian Species 675: 1–13

Festa-Bianchet, M. (2008). Ecology, Evolution, Economics & Ungulate Management. In: Fulbright, T. E. & Hewitt, D. G. (eds.). Wildlife Science. Linking Ecological Theory and Management Applications. CRC Press, Boca Raton/FL

Feuerstein, G. C. (1997). Analyse von Stammverletzungen durch den Alpensteinbock (Capra i. ibex). Diplomarbeit ETH Zürich.

Filli, F. (1995). Wie entwickelte sich die Steinbockkolonie im Schweizerischen Nationalpark?. CRATSCHLA 3(1): 30–35

Filli, F. (2001). Die Wiederansiedlung des Steinbocks im Spiegel von Theorie und Management. Dissertation. Technische Universität München

Filli, F. (2006). Huftierforschung im Schweizerischen Nationalpark: Entwicklung, aktuelle Fragestellungen und zukünftige Herausforderungen. In: Filli, F. & Suter, W. (eds.). Huftierforschung im Schweizerischen Nationalpark. Nat.park.-Forsch. Schweiz 93: 9–29

Fontana, F., Visentin, D., Bertola, S. & Cristiani, E. (2023). Investigating the Early-to-Late Mesolithic Transition in Northeastern Italy: A Multifaceted Regional Perspective. Open Archaeology (2023) 9(1). doi: https://doi.org/10.1515/opar-2022-0284

Forstner, M., Reimoser, R., Lexer, W., Heckl, F. & Hackl, J. (2006). Nachhaltigkeit der Jagd. Prinzipien, Kriterien und Indikatoren. avbuch, Wien

Forsyth, D. M. & Caley, P. (2006). Testing the irruptive Paradigm of large Herbivore-Dynamics. Ecology, 87(2): 297–303

Freese, C. H. (1998). Wild Spedies as commodieties. Managing Markets and Ecosysems for Sustainability. Island Press, Washington DC.

Fryxell, J. M., Sinclair, A. R. E. & Caughley, G. (2014). Wildlife Ecology, Conservation and Management. Wiley-Blackwell, Hoboken/NJ

Garcia-Gonzalez, R., Herrero, J., Adevedo, P., Arnal, M. C. & Fernandes de Luco, D. (2022). Iberian Wild Goat *Capra pyrenaica* Schinz, 1838. In: Corlatti, L. & Zachos, F. E. (ed.). Terrestrial Cetartiodactyla. Springer, Berlin

Geist, V. (1971). Mountain Sheep. The University of Chicago Press, Chicago

Giacometti, M. (1988). Zur Bewirtschaftung der Steinbockbestände (Capra i. ibex L.). Mit einem geschichtlichen Abriss der Steinbockkolonien im Kanton Graubünden. Dissertation, Universität Zürich

Giacometti, M. (2006). Illegaler Steinbockhandel. In: Giacometti, M. (ed.). Von Königen und Wilderern. Die Rettung und Wiederansiedlung des Alpensteinbocks. Verlag Salm, Wohlen bei Bern: 57–74

Giacometti, M., Nicolet, J., Frey, J., Krawinkler, M., Meiera, W., Wellea, M., Johansson, K.E. & Degiorgis, M.-P. (2009). Susceptibility of alpine ibex to conjunctivitis caused by inoculation of a sheep-strain of Mycoplasma conjunctivae. Veterinary Microbiology 6: 27–288

Giacometti, M. & Ratti, P. (1994). Zur Reproduktionsleistung des Alpensteinbockes (Capra i. ibex L.) in der Freilandkolonie Albris (Graubünden, Schweiz). Z. Säugetierkunde 59: 174–180

Giacometti, M., Willing, R. & Defilla, C. (2002). Ambient temperature in spring affects horn growth in male alpine ibexes. Journal of Mammalogy 83(1): 245–251

Girtanner, A. (1878). Der Alpensteinbock (Capra Ibex L.) mit besonderer Berücksichtigung der letzten Steinbockkolonie in den grauen Alpen. Verlag der Linz'schen Buchhandlung

Gleirscher, P. (2015). Heilige Berge und Berggötter. Eine archäologische Spurensuche in den Alpen mit Ausblicken in den ostmediterranen Raum. Rudolfinum –Jahrbuch des Landesmuseums für Kärnten: 25–59

Gressmann, G., Duscher, A., Eisank, N., Lainer, F. & Reimoser, F. (2013). Der Alpensteinbock –Raumnutzung des Alpensteinbocks in den Hohen Tauern. Nationalpark Hohe Tauern, Matrei in Osttirol

Grignolio, S., Brivio, F., Sica, N. & Apollonio, M. (2019). Sexual differences in the behavioural response to a variation in predation risk. Ethology 125: 603–612. doi: https://doi.org/10.1111/eth.12887

Grignolio, S., Parrini, F., Bassano, B., Luccarini S. & Apollonio, M. (2003). Habitat selection in adult males of Alpine ibex, *Capra ibex ibex*. Folia Zool. 52(2): 113–120

Grignolio, S., Rossi, I., Bassano, B., Parrini, F. & Apollonio, M. (2004). Seasonal variations of spatial behaviour in female Alpine ibex (Capra ibex ibex) in relation to climatic conditions and age. Ethology Ecology & Evolution 16: 255–264

Grignolio, S., Rossi, I., Bertolotto, E., Bassano, B. & Apollonio, M. (2007). Influence of the Kid on Space Use and Habitat Selection of Female Alpine Ibex. Journal of Wildlife Management 71(3): 713–719

Grossen, C., Guillaume, F., Keller, L.F. & Croll, D. (2020). Purging of highly deleterious mutations through severe bottlenecks in Alpine ibex. Nature Communications 11: 1001

Grossen, C., Keller, L., Biebach, I., Croll, D. & The International Goat Genome Consortium (2014). Introgression from domestic goat generated variation at the major histocompatibility complex of Alpine ibex. PLOS genetics 10(6): 1–16

Grotan, V., Saether, B. E., Filli, F. & Engen, S. (2008). Effects of climate on population fluctuations of ibex. Global Change Biology 14: 218–228

Gruas, L., Loison, A., Moussa, B. & Perrin-Malterre, C. (2023). «If we really disturbed them, they would leave»: Mountain sports participants and wildlife disturbance in the northern French Alps. Journal of Outdoor Recreation and Tourism 42 (2023). doi: https://doi.org/10.1016/j.jort.2023.100610

Habibi, K. (1994). The desert Ibex. Immel Publishing, London

Haller, H. (1983). Die Termikabhängigkeit des Bartgeiers *Gypaetus barbatus* als mögliche Mitursache für sein Aussterben in den Alpen. Orn. Beob. 80: 263–272

Haller, H. (1996). Der Steinadler in Graubünden. Langfristige Untersuchungen zur Populationsökologie von *Aquila chrysaetos* im Zentrum der Alpen. Orn. Beob, Beiheft 9

Haller, H. (1996). Prädation und Unfälle beim Steinbock *Capra ibex* im Engadin. Z. Jagdwiss. 42: 26–35

Haller, H. (2016). Wilderei im rätischen Dreiländereck. Grenzüberschreitende Recherchen mit einer Spurensuche bis nach Tibet. Haupt Verlag, Bern

Hardenberg, A., Bassano, B., Festa-Bianchet, M., Luikart, G., Lanfranchi, P. & Coltman, D. (2007). Age-dependent genetic effects on a secondary sexual trait in male Alpine ibex, Capra ibex. Molecular Ecology 16: 1969–1980

Hardenberg, A., Bassano, B., del Pilar Zumel Arranz, M. & Bogliani, G. (2004). Horn growth but not asymmetry heralds the onset of senescence in male Alpine ibex (Capra ibex). J. Zool. 263: 425432

Harris, M. (1989). Kulturanthropologie. Campus Verlag, Frankfurt am Main

Henderson, G., Cox, F., Ganesh, S., Jonker, A., Young, W., Global Rumen Census Collaborators & Janssen, P. H. (2015). Rumen microbial community composition varies with diet and host, but a core microbiome is found across a wide geographical range. Scientific Reports 5: 12567, doi: 10.1038/srep14567

Herfindal, I. (2013). Veränderungen in der Raumnutzung. CRATSCHLA 3: 24–25

Herfindal, I., Anderwald, P., Filli, F., Campell Andri, S. & Rempfler, Th. (2019). Climate, competition and weather conditions drive vertical displacement and habitat use of an alpine ungulate in a highliy topographic landscape. Landscape Ecol 34: 2523–2539

Hildebrand, M. & Goslow, G.E. (2004). Vergleichende und funktionelle Anatomie der Wirbeltiere. Springer Verlag, Berlin

Hitz, F. (2000). Gesellschaft und Wirtschaft im Spätmittelalter (Mitte 14. bis 15. Jahrhundert). In: Simonett, J. (ed.). Handbuch der Bündner Geschichte. Band 1, Frühzeit bis Mittelalter. Verlag Bündner Monatsblatt, Chur: 215–244

Hofmann, R.R. (1989). Evolutionary steps of ecophysiological adaptation and diversification of ruminants: a comparative view of their digestive system. Oecologia 78: 443–457

Hofmann, R.R. (2007). Wildtiere in Bildern zur vergleichenden Anatomie. M & H Schaper Verlag, Hannover

Hofmann, A. & Nievergelt, B. (1972). Die jahreszeitlichen Verteilungsmuster und der Äsungsdruck von Alpensteinbock, Gemse, Rothirsch und Reh in einem begrenzten Gebiet im Oberengadin. Z. Jagdwiss. 18: 185–212

Hoffmann, F. (2024). Steinwild-Wiedereinbürgerung. Steinwildhegegemeinschaft Blühnbach –Hagengebirge –Steinernes Meer. Medienfabrik Graz-Wien, Graz

Hunziker, M. (2000). Warum sind Raubtiere willkommen –warum nicht? In: Eidg. Foschungsanstalt WSL (ed.). Das Jahr 1999. Jahresbericht der Eidg. Forschungsanstalt WSL: 22–23

Hurni, H. & Ludi, E. (2000). Reconciling Conservation with Sustainable Development. A participatory Study Inside and Around the Simen Mountains National Park. Center for Development and Environment (CDE), Universität Bern

IUCN Species Survival Commission (2013). Guidelines for Reintroductions and Other Conservation Translocations. Version 1.0. Gland.

Jacobson, A., Provenzale, A., von Hardenberg, A., Bassano, B. & Festa-Bianchet, M. (2004). Climate forcing and density dependence in a mountain ungulate population. Ecology 85(6): 1598–1610

Jarmann, P.J. (1974). The social organization of antelope in relation to their ecology. Behaviour 48: 215–267

Jung, J. (2019). Das Laboratorium des Fortschritts. Die Schweiz im 19. Jahrhundert. NZZ Libro, Schwabe Verlag, Basel

Kaech, R. (2007). Die Steinbockkolonie am Pilatus. Platinum-Verlag, Alpnach

Kaiser, R. (2000). Das Frühmittelalter (Ende 5. bis Mitte 10. Jahrhundert). In: Simonett, J. (ed.). Handbuch der Bündner Geschichte. Band 1, Frühzeit bis Mittelalter. Verlag Bündner Monatsblatt, Chur: 99–137

Kamal A. et al. (2024). Neonatal antipredator tactics shape female movement patterns in large herbivores. nature ecology & evolution. doi: https://doi.org/10.1038/s41559-024-02565-8

Klansek, E., Vaavra, I. & Onderscheka, K. (1995). Die Äsungszusammensetzung des Alpensteinwildes (Capra i. ibex L.) in Abhängigkeit von Jahreszeit, Alter und Äsungsangebot in Graubünden. Z. Jagdwiss. 41: 171–181

Kofler, H. (1981). Ökologisch-Vegetationskundliche Untersuchungen zur Nahrungswahl und Konkurrenz von Gams (Rupicapra rupicapra L.) und Steinbock (Capra ibex ibex L.) im Hochlantschstock/Steiermark. Dissertation, Karl-Franzens-Universität Graz

Korshunov, V.M. (1994). Ecology of the bearded goat (Capra aegagrus Ersleben, 1777) in Turkmenistan. In: Fet V. and Atamuradov Kh. I. (eds), Biogeography and Ecology of Turkmenistan, pp. 231-246. Kluwer Academic Publishers, Dordrecht –Boston –London.

Johanson, Ö., Mishra, C., Lkhagvajav, P., Samelius, G., Alexander, J. S. & Low, M. (2025). Snow leopard prey selection on the mountain-adapted ibex: seasonal switching between prime-aged males and newborn kids. Journal of Zoology 327: 159–169

Kellert, S. R. (1980). Knowledge, Affection and Basic Attitudes towards Animals in American Society. Fish and Wildlife Services, Washington DC

Kellert, S. R. (1996). The Value of Life. Island Press, Washington DC.

Kofler, H. (1983). Gams und Steinbock: Konkurrenz und Koexistenz am Beispiel Hochlantschstock. In: Kofler, H. (ed.). Der Steinbock: Ansprüche, Einbürgerung, Bejagung. Tagungsbericht Wildbiologische Gesellschaft München

Kotov, V.A. (1968). The Kuban tur; its ecology and economic significance. Caucasus State Reserve Proceedings 10: 201–293

Krämer, A. (1977). Jagd heute. Schweizerischer Naturschutz 77 (6): 10–12

Kunz, F., Mas-Carrio, E., Surer, P., Zimmermann, F., Christe, P., Fumagalli, L. & Gerber, N. (2025). DNA metabarcoding reveals wolf dietary patterns in the northern Alps and Jura Mountains. Wildlife Biology. doi: https://doi.org/10.1002/wlb3.01511

Kuster, A. (1966). Rückwanderung und Wiedereinbürgerung von Wildarten. In: Schenk, P. (ed.). Jagd und Naturschutz in der Schweiz. Pharos-Verlag, Basel

Lande, R., Engen, S. & Saether, B.E. (2003). Stochastic population dynamics in ecology and conservation. Oxford University Press

Largo, E., Gaillard, J. M., Festa-Bianchet, M., Toigo, C., Bassano, B., Cortot, H., Farny, G., Lequette, B., Gauthier, D. & Martinot, J. P. (2008). Can ground counts reliably monitor ibex Capra ibex populations? Wildl. Biol. 14: 489–499

Leoni, G. (1985). Nahrungswahl des Steinbocks auf alpinen Silikatrasen bei Davos, mit Vergleich zur Gemse. Diplomarbeit, ETH Zürich

Leopold, A. (1933). Game Management. Scribner, New York

Leuzinger, U. (2011). Archäologische Steinbockfunde aus dem Kanton Thurgau. In: Archäologischer Dienst Graubüden (ed.). Vom Steinbeil zur Flintenkugel. Festschrift zur Pensionierung von Jürg Rageth, Chur

Lima, M. & Berryman, A. (2006). Predicting nonlinear and non-additive effects of climate: the Alpine ibex revisited. Climate Research 32: 129–135

Loison, A., Toigo, C., Appolinaire J. & Michallet, J. (2002). Demografic processes in colonizing populations of isard (Rupicapra pyrenaica) and ibex (Capra ibex). J. Zool. 256: 199–205

Lüps, P. (2021). Die schwer gehörnten Böcke –100 Jahre Steinböcke im Kanton Bern und deren Erforschung. Mitteilungen der Naturforschenden Gesellschaft in Bern: 64–91

Lüps, P., Blöchlinger, B., Schmid, P. & Zuber, M. (2007). Ontogenese und Variabilität verschiedener Körpermerkmale des Steinwildes Capra i. ibex im Berner Oberland (Schweizer Alpen). Beiträge zur Jagd und Wildforschung 32: 495–510

Magomedov, M.R.D., Akhmedov, E. G., Yarovenko, Yu. A. & Nasrulaev, N.I. (2014). Wild goat in Daghestan: population structure and peculiarities of ecology. Companionship of scientific publications KMK, Moskau

Marchand, P., Risser, N., Petit, E., Garel, M. (2025). Disturbance by massive sporting events in mountain areas: When and where matters for the protected Alpine ibex Capra ibex. People and Nature 1–15

Martin-Kilcher, S. & Schaer, A. (2000). Graubünden in römischer Zeit. In: Simonett, J. (ed.). Handbuch der Bündner Geschichte. Band 1, Frühzeit bis Mittelalter. Verlag Bündner Monatsblatt, Chur: 61–98

Martinez-Jauregui, M., San Miguel-Ayanz, A., Mysterud, A., Rodriguez-Vigal, C., Clutton-Brock, T., Langvatn, R. & Coulson, T. (2009). Are local weather, NDVI and NAO consistent determinants of red deer weight across three contrasting European countries? Global Change Biology, 15: 1727–1738

Maslow, A.H. (1954). Motivation and Personality. Harper and Row, New York

Mathieu, J. (1987). Bauern und Bären. Eine Geschichte des Unterengadins von 1650 bis 1800. Octopus Verlag, Chur

Mathieu, J., Bachmann, E. & Butz, U. (2018). Majestätische Berge. Die Monarchie auf dem Weg in die Alpen 1760–1910. Verlag Hier und Jetzt, Baden

Meile, P., Giacometti, M. & Ratti, P. (2003). Der Steinbock. Biologie und Jagd. Verlag Salm, Wohlen bei Bern

Merkle, J.A., Monteith, K.L., Aikens, E. O., Hayes, M.M., Hersey, K.R., Middleton, A.D., Oates, B.A., Sawyer, H., Scurlock B.M. & Kauffman, M.J. (2016). Large herbivores surf waves of green-up during spring. Proc. T. Soc. B (2016) 283: 20160456. doi: https://doi.org/10.1098/rspb.2016.0456.

Messner, C. (2015). Teufelsböcke. Der Anblick 69, 12: 34

Michel, S. & Rosen Michel, T. (2015). Capra falconeri. In: The IUCN Red List of Threatened Species. doi: http://dx.doi.org/10.2305/IUCN.UK.2015-4.RLTS.T3787A82028427.en

Mignatti, A., Casagrandi, R., Provenzale, A., von Hardenberg A. & Gatto, M. (2012). Sex- and age-structured models for Alpine ibex *Capra ibex ibex* population dynamics. Wildl. Biol. 18: 318–332

Moroni, B., Brambilla, A., Rossi, L., Meneguz, P. G., Bassano, B. & Tizzani, P. (2022). Hybridization between Alpine Ibex and Domestic Goat in the Alps: A Sporadic and Localized Phenomenon? Animals 12, 751. https://doi.org/10.3390/ani12060751

Moyes, K., Nussey, D.H., Clements, M.N., Guinness, F.E., Morris, A., Morris, S., Pemberton, J.M., Kruuk, L.E. B., & Clutton-Brock, T.H. (2011). Advancing breeding phenology in response to environmental change in a wild red deer population. Global Change Biology, 17: 2455–2469

Münger, X., Robin, M., Dalén, L., & Grossen, Ch. (2023). Facilitated introgression from domestic goat into Alpine ibex at immune loci. Molecular Ecology. 2024;33:e17429. | 1 of 16 https://doi.org/10.1111/mec.17429

Muth, R. M. & Jamisaon, W. V. (2000). On the density of deer camps an dck blinds: the rise of the animal rights movement and the future of wildlife conservation. Wildlife Society Bulletin 28: 841–851

Nagaraja, T. G. (2016). Microbiology of the Rumen. In: Millen, D. D., Arrigoni, M.B. & Pacheco, R.D.L. (eds.). Rumenology. 39–62

Nanetti, E., Scicchitano, D., Palladino, G., Interino, N., Corlatti, L., Pedrotti, L., Zanetti, F., Pagani, E., Esposito, E., Brambilla, A., Grignolio, S., Marotti, I., Turroni, S., Fiori, J., Rampelli, S. & Candela, M. (2024). The Alpine ibex (Capra ibex) gut microbiome, seasonal dynamics, and potential application in lignocellulose bioconversion. iScience 27(7). doi: https://doi.org/10.1016/j.isci.2024.110194

Neuhaus, P. & Ruckstuhl, K. (2002). Foraging behaviour in Alpine ibex (Capra ibex): consequences of reproductive status, body size, age and sex. Ethology Ecology & Evolution 14: 373–381

Niederberger, J. (1993). Reaktion der Steinböcke auf künstlich angelegte Salzlecken. CRATSCHLA 1/1: 35–39

Nievergelt, B. (1966). Der Alpensteinbock (Capra ibex L.) in seinem Lebensraum. Verlag Paul Parey, Singhofen

Nievergelt, B. (1966). Unterschiede in der Setzzeit beim Alpensteinbock. Revue Suisse de Zoologie 26 : 446–454

Nievergelt, B. (1967). Die Zusammensetzung der Gruppen beim Alpensteinbock. Z. Säugetierkunde 32: 129–144

Nievergelt, B. (1977). Ökologische und ethologische Gesichtspunkte zur Jagd und zu Reduktionsabschüssen in Steinbockkolonien. Schweizerischer Bund für Naturschutz 77(6): 4–6

Nievergelt, B. (1981). Ibexes in an African Environment. Springer Verlag, Berlin/Heidelberg/New York.

Nievergelt, B. (1986). Capra aegagrus Erxleben, 1777 –Bezoarziege. In: Niethammer, J. & Krapp, F. (eds.). Handbuch der Säugetiere Europas. Band2/II Paarhufer. Aula-Verlag, Wiesbaden

Nussey, D.H., Clutton-Brock, T.H., Albon, S.D., Pemberton, J. & Kruuk, L.E.B. (2005). Constraints on plastic responses to climate variation in red deer. Biology Letters, 1: 457–460

Onderscheka, K. & Hartl, G.B. (1989). Steinwild. In: Stubbe, H. (ed.). Das Buch der Hege. Band 1. Verlag Harri Deutsch, Frankfurt am Main

Palmegiani, I., Gazzola, A. & Apollonio, M. (2013). Wolf diet and its impact on the ungulates community in a new recolonized area of Western Alps: Gran Paradiso National Park. Folia Zool. 62: 59–66

Panaccio, M., Brambilla, A., Bassano, B., Smith, T. & von Hardenberg, A. (2023). Monitoring wildlife population trends with sample counts: a case study on the Alpine ibex (Capra ibex). Wildlife Biology. doi: https://doi.org/10.1002/wlb3.01162

Papaionnou, H. & Lovari, S. (2022). Mediterranean Feral Goat *Capra hircus* Linnaeus, 1758. In: Corlatti, L. & Zachos, F. E. (ed.). Terrestrial Cetartiodactyla. Springer, Berlin/Heidelberg/New York

Parrini, F., Grignolio, S., Luccarini, S., Bassano, B. & Apollonio, M. (2003). Spatial behaviour of adult male Alpine ibex *Capra ibex ibex* in the Gran Paradiso National Park, Italy. Acta Theriologica 48: 411–423

Passerin d'Entrèves, P. (2000). Le Chasses Royales in valle d'Aosta. Umberto Allemandi, Turin

Passerin d'Entrèves, P. (2006). Königliche Jagden im Gran Paradiso. In: Giacometti, M. (ed.). Von Königen und Wilderern. Die Rettung und Wiederansiedlung des Alpensteinbocks. Verlag Salm, Wohlen bei Bern: 31–55

Peek, J. (1986). A review of Wildlife Management. Prentice-Hall, New Jersey

Peréz, J. M., Mesa-Peréz, F., Fernàndez-Munoz, M.J., Granados, J.E., Fandos, P., Soriguer, R.C., Acevedo, P., Refoyo, P., Barrenada, E., Peral, J.C., Fernàndez-Arias, A., Martinez, J.A., Vargas, M.J., Rubio, M., Lopez-Martin, J.M., Olivé-Boix, X., Serrano, J.J., Carro, F., Modesto, M.J., Lara, J., Gil-Carrera, A. & Lopez-Montoya, A.J. (2025). Hunting Iberian ibex: from a threat factor to a conservation tool. European Journal of Wildlife Research (2025) 71: 21. doi: doi.org/10.1007/s10344-025-01905-8

Peterhans, E. (2015). Der Sehsinn der Tiere. Einführung in die neuronalen Grundlagen des Sehens. Haupt Verlag, Bern

Peterson, E.C. (2016). Modeling Siberian ibex (Capra sibirica) occupancy in Ikh Nart Nature Reserve, Mongolia. Senior Thesis. University of Vermont, Burlington/VT

Pettorelli, N., Pelletier, F., von Hardenberg, A., Festa-Bianchet, M. & Côte, S.D. (2007). Early onset of Vegetation growth vs. Rapid Green-up. Ecology 88 (2): 381–390

Pfister, C. (1980). Klimageschichte der Schweiz 1525–1860. Das Klima der Schweiz von 1525–1860 und seine Bedeutung in der Geschichte von Bevölkerung und Landwirtschaft. Band I. Verlag Paul Haupt, Bern

Pflumm, W. (1996). Biologie der Säugetiere. Paul Parey Verlag, BerlinPlank, M. (2013). Habitat modelling of the Alpine ibex –*Capra ibex* –in the Swiss National Park and the National Park Hohe Tauern –a comparison. Masterarbeit. Universität für Bodenkultur, Wien

Plöger, K. (2023). Das Engadin. Biografie einer Landschaft. Hier und Jetzt Verlag, Zürich

Puorger, A. (2017). How do habitat use and activity patterns relate to habitat characteristics in Alpine ibex (Capra ibex)? A comparison of three Alpine regions. Master Thesis. Universität für Bodenkultur, Wien

Rabitsch, W. & Herren, T. (2013). Klimaeffekte heute: Welche Änderungen finden bereits statt? In: Essl, F. & Rabitsch, W. (ed.). Biodiversität und Klimawandel. Auswirkungen und Handlungsoptionen für den Naturschutz in Mitteleuropa. Springer Spektrum, Heidelberg: 52–58

Rageth, J. (2000). Die Urgeschichte. In: Simonett, J. (ed.). Handbuch der Bündner Geschichte. Band 1, Frühzeit bis Mittelalter. Verlag Bündner Monatsblatt, Chur: 15–60

Raillard, M. (1985). Nahrungswahl der Gemse auf alpinen Silikatrasen bei Davos mit Vergleich zum Steinbock. Diplomarbeit, ETH Zürich

Ratti, P. (1994). Zur Hege des Steinwildes im Kanton Graubünden. C.I.C. Eigenverlag, Pontresina.

Rauch, A. (1937). Der Steinbock wieder in den Alpen. Orell Füssli, Zürich

Reading, R. P., Amgalanbaatar, S., Kenny, D., DeNicola, A. & Tuguldur, E. (2007). Siberain ibex (Capra sibirica) home ranges in Ikh Nart Nature Reserve, Mongolia: preliminary findings. Mongolian Journal of Biological Sciences 5: 29–37

Reichler, C. (2020). Anthropogener Einfluss auf das Raumnutzungsverhalten des Alpensteinbocks (Capra ibex). Masterarbeit. Universität für Bodenkultur, Wien

Robin, K., Bächtiger, M., Boldt, A., Graf, R. F., Liechti, T., Rempfler, T. & Suter, S. (2010). Praxishilfeinstrument zur Ausscheidung von Wildruhezonen. Kurzversion. Im Auftrag des Bundesamtes für Umwelt, Abt. Artenmanagement, Sektion Jagd, Wildtiere und Waldbiodiversität

Robin, K., Graf, R. F. & Schnidrig, R. (2017). Wildtiermanagement. Eine Einführung. Haupt Verlag, Bern

Robin, M. (2022). Genetics of Bottlenecked Species Through Time: Insights from Ancient Genomes of the Alpine ibex. Dissertation. Universität Zürich

Robin, M., Ferrari, G., Akgül, G., Münger, X., von Seth, J., Schuenemann, V. J., Dalén, L. & Grossen, C. (2022). Ancient mitochondrial and modern whole genomes unravel massive genetic diversity loss during near extinction of Alpine ibex. Molecular Ecology, 31: 3548–3565

Ruckstuhl, K. & Neuhaus, P. (2001). Behavioral Synchrony in Ibex Groups: Effects of Age, Sex and Habitat. Behaviour 138: 1033–1046

Ruckstuhl, K. & Neuhaus P. (2005). Activity asynchrony and social Segregation. In: Ruckstuhl, K. & Neuhaus, P. (eds.). Sexual Segregation in Vertebrates: Ecology of the two Sexes. Cambridge University Press

Rughetti, M., Dematteis, A., Meneguz, P. G. & Festa-Bianchet, M. (2015). Age-specific reproductive success and cost in female Alpine ibex. Oecologia 178: 197–205

Ruhlé, Ch., Looser, B. & Tschirky, R. (1995). Die Steinbock-Kolonie Churfirsten: eine Neugründung. CRATSCHLA 36–46

Rupf, R. (2015). Planungsinstrumente für Wandern und Mountainbiking in Berggebieten –unter besonderer Berücksichtigung der Biosfera Val Müstair. Nationalpark-Forschung in der Schweiz 104

Rupf, R., Haegeli, P., Karlen, B. & Wyttenbach, M. (2019). Does Perceived Crowding Cause Winter Backcountry Recreationists to Displace? Mountain Research and Development. doi: https://doi.org/10.1659/MRD-JOURNAL-D-18-00009.1

Ryser-Degiorgis, M.-P., Bischof, D.-F., Marreros, N., Willisch, C., Signer, C., Filli, F., Brosi, G., Frey, J. & Vilei, E. M. (2009). Detection of Mycoplasma conjunctivae in the eyes of healthy, free-ranging Alpine ibex: Possible involvement of Alpine ibex as carriers for the main causing agent of infectious keratoconjunctivitis in wild Caprinae. Veterinary Microbiology 134 (2009): 368–374

Ryser-Degiorgis, M.-P., Ingold, P., Tenhu, H., Tébar Less, A. M., Ryser, A. & Giacometti, M. (2002). Encounters between Alpine Ibex, Alpine Chamois and domestic Sheep in the Swiss Alps. Hystrix, 13(1–2): 1–11

Saether, B. E. (2006). Die Bedeutung von langen Zeitreihen für das Management von Huftierpopulationen. In: Filli, F. & Suter, W. (eds.). Huftierforschung im Schweizerischen Nationalpark. Nat.park.-Forsch. Schweiz 93: 31–43

Saether, B. E., Engen, S., Filli, F., Aanes, R., Schröder, W. & Andersen, R. (2002). Stochastic Population Dynamics of an introduced Swiss Population fo the Ibex. Ecology 83 (12): 3457–3465

Saehter, B. E., Lillegard, M., Grotan, V., Filli, F., & Engen, S. (2007). Predicting fluctuations of reintroduced ibex populations: the importance of density dependence, environmental stochasticity and uncertain population estimates. Journal of Animal Ecology 76: 326–336

Schaller, G. B. (1977). Mountain Monarchs: Wild Sheep and Goats of the Himalaya. The University of Chicago Press, Chicago

Schwarz, R. (2016). Auswertung der Hornvermessungen von männlichen Alpensteinböcken *(Capra ibex ibex)* im Nationalpark Hohe Tauern. Bachelorarbeit. TU Dresden

Scherzinger, W. (1994). Faunistische Befunde zum Konzept «Kleinstmögliche Populationen». In: Remmert, H. (ed.). Kleinstmögliche Populationen bei Tieren Forschungsbericht 27. Nationalpark Berchtesgaden: 32–41

Schindler, N. (2001). Wilderer im Zeitalter der Französischen Revolution. Ein Kapitel alpiner Sozialgeschichte. C. H. Beck, München

Schneider, J. (2006). Zucht in Gehegen und Aussetzungen bis 1938. In: Giacometti, M. (ed.). Von Königen und Wilderern. Die Rettung und Wiederansiedlung des Alpensteinbocks. Verlag Salm, Wohlen bei Bern: 109–158

Schütz, C., Ingold, P. & Pfister, U. (1995). Zum Einfluss der Altersstruktur in Gruppen von männlichen Alpensteinböcken Capra ibex ibex auf deren Reaktionsempfindlichkeit. Orn. Beob. 92: 249–250

Schultz, W. (1985). Einstellungen zur Natur. Dissertation. Ludwig-Maximilians-Universität München.

Schwaiger, A. K., Schütz, M., Anderwald, P., Schaepman, M. E., Kneubühler, M., Haller, R. & Risch, A. C. (2015). Foraging ecology of three sympatric ungulate species –Behavioural and resource maps indicate differences between chamois, ibex and red deer. Movement Ecology 3, 6 (2015). doi: https://doi.org/10.1186/s40462-015-0033-x

Scillitani, L., Sturaro, E., Menzano, E., Rrottis, L., Viale C. & Ramanzin, M. (2012). Post-release spatial and social behaviour of translocated male Alpine ibexes (Capra ibex ibex) in the eastern Italian Alps. Eur J Wildl Res (2012) 58: 461–472

Scillitani, L., Sturaro, E., Monco, A., Rossi, L. & Ramanzin, M. (2012). Factors affecting home range size of male Alpine ibex (Capra ibex ibex) in the Marmolada massif. Hystrix. doi: https://doi.org/10.4404/hystrix-23.2-4622

Semenzato, P., Cagnacci, F., Ossi, F., Eccel, E., Morellet, N., Hewison, A. J. M., Sturaro, E. & Ramanzin, M. (2020). Behavioural heat-stress compensation in a cold-adapted ungulate: Forage-mediated responses to warming Alpine summers. Ecology Letters. doi: https://doi.org/10.1111/ele.13750

Shaffer, M. L. (1981). Minimum population sizes for species consservation. Bio Science 31: 131–134

Shams, B., Hemami, M., Karami, M. & Riazi, B. (2010). Habitat associations of wild goat in central Iran: implications for conservation. European Journal of Wildlife Research 55(6): 838–849

Signer, C., Ruf, T. & Arnold, W. (2011). Hypometabolism and basking: the strategies of Alpine Ibex to endure harsh over-wintering conditions. Functional Ecology 25: 537–547

Signer, C., Ruf, T., Schober, F., Fluch, G., Paumann, T. & Arnold, W. (2010). A verstile telemetry system for continous measurement of heart rate, body temperature and locomotor activity in free-ranging ruminants. Methods in Ecoloy and Evolution 1: 75–85

Stolz, O. (1922). Das Steinwild in Tirol. Verlag des Museum Ferdinandeum, Innsbruck

Stoner, J. A. & Freeman, R. E. (1989). Management. Prentice Hall, Upper Saddle River/NJ

Stopher, K. V., Bento, A. I., Clutton-Brock, T. H., Pemberton, J. M., & Kruuk, L. E. B. (2014). Multiple pathways mediate the effects of climate change on maternal reproductive traits in a red deer population. Ecology 95: 3124–3138

Suter, W. (2017). Ökologie der Wirbeltiere. Haupt Verlag, Bern

Szemkus, B., Ingold, P. & Pfister, U. (1998). Behaviour of Alpine ibex (Capra ibex ibex) under the influence of paragliders and other air traffic. Z. Säugetierkunde 63: 84–89

Tataruch, F. & Onderscheka, K. (1996). Chemische Analysen der Panseninhalte von Steinwild in Graubünden. Z. Jagdwiss. 42: 18–25

Tataruch, F., Steineck, T., Klansek, E.,Vavra, I., Ratti, P. & Giacometti, M. (1991). Untersuchungen an Steinwild aus Graubünden (Schweiz). I. Analysen der Nahrungszusammensetzung, der Aktivität der Schilddrüsen und Nebennieren sowie der Reproduktion. Wien. Tierärztl. Mschr. 78, 351–356

Ten Houte de Lange, D. (1978). Zur Futterwahl des Alpensteinbockes (Capra Ibex L.). Eine Untersuchung an der Steinbockkolonie am Piz Albris bei Pontresina. Z Jagdwiss. 24: 113–138

Tettamanti, F. & Viblanc, V. A. (2014). Influences of Mating roup Composition on the Behavioral Time-Budget of Male and Female Alpne Ibex (Capra ibex) during the Rut. PLOS One 9(1). doi: https://doi.org/10.1371/journal.pone.0086004

Thenius, E. (1980). Grundzüge der Faunen- und Verbreitungsgeschichte der Säugetiere. Gustav Fischer Verlag, Stuttgart

Theus, M. (2006). Ausmass und zeitliche Dynamik der Schlagschäden von Steinböcken (Capra i. ibex) in der Val Trupchun im Schweizerischen Nationalpark. Diplomarbeit. ETH Zürich.

Toigo, C., Brambilla, A., Grignolio, S. & Pedrotti, L. (2024). Capra ibex. The IUCN Red List of Threatened Species 2024. doi: https://dx.doi.org/10.2305/IUCN.UK.2024-2.RLTS.T42397A219261343.en

Toigo, C., Gaillard, J. M. & Loison, A. (2012). Alpine ibex males grow large horns at no survival cost for most of their lifetime. Oecologia (2013) 173: 1261–1269

Toigo, C., Gaillard, J. M. & Michallet, J. (1999). Sex- and age-specific survival of the highly dimorphic Alpine ibex: evidence for a conservative life-history tactic. Journal of Mammology 80 (3): 1021–1027

Toigo, C., Gaillard, J. M., Festa-Bianchet, M., Largo, E., Michallet, J. & Maillard, D. (2007). Sex- and age-specific survival of the highly dimorphic Alpine ibex: evidence for a conservative life-history tactic. Journal of animal Ecologgy 76: 679–686

du Toit, J. (2005). Sex differences in the foraging ecology of large mammalin herbivores. In: Ruckstuhl, K. & Neuhaus, P. (eds.). Sexual Segregation in Vertebrates. Ecology of the two sexes. Cambridge University Press: 35–52

Trepet, S. A. (2014). Ungulates of the North-West Caucasus. Contemporary status and mechanisms of stability of populations. Rob Kuban, Krasnodar

Tschudi, F. (1890). Das Tierleben der Alpenwelt. J. J. Weber Verlag, Leipzig

Villaret, J. C. & Bon, R. (1995). Social and Spatial Segregation in Alpine Ibex (Capra ibex) in Bargy, French Alps. Ethology 101: 291–300

Villaret, J. C., Bon, R. & Rivet, A. (1991). Sexual Segregation of Habitat by the alpine Ibex in the French alps. Journal of Mammology 78(4): 1273–1281

Villaret, J. C., Bon, R. & Rivet, A. (1997). Sexual Segregation of Habitat by the Alpine Ibex in the French Alps. Journal of Mammalogy 78(4): 1273–1281

Weinberg, P. (1984). Daghestan Tur. Nauka, Moskau

Weinberg, P. (1999). The present state and biology of the wild goat (Capra aegagrus Erxleben) Dagestan population. Bulletin of Moscow Naturalist Society, Biological Section 104 (4): 2–21

Weinberg, P. & Lortkipanidze, B. (2022). Caucasian Tur *Capra caucasica* Güldenstaedt et Pallas, 1783. In: Corlatti, L. & Zachos, F. E. (ed.). Terrestrial Cetartiodactyla. Springer, Berlin/Heidelberg/New York: 434–443

Weinberg, P. & Lovari, S. (2022). Wild Goat *Capra aegagrus* Erxleben, 1777. In: Corlatti, L. & Zachos, F. E. (ed.). Terrestrial Cetartiodactyla. Springer, Berlin/Heidelberg/New York

Weissbrodt, M. (2003). Bouquetins du Creux du Van. Les Editions du Château, Colombier

Wiersema, G. (1982). Zur Wiedereinbürgerung des Steinbocks. Jahrbuch des Vereins zum Schutz der Bergwelt e. V., München: 9–15

Wiersema, G. (1989). Climate and Vegetation characteristics of Ibex Habitats in the european alps. Mountain Reseach and Development 9(2): 119–128

Wiersema, G. & Schröder, W. (1985). How to Find Suitable Ibes (Capra ibex L.) Habitat Using Landsat Imagery. In Lovari, S. (ed.). The Biology and Management of Mountain Ungulates. Croom Helm, London: 226–230

Willisch, C.S., Biebach, I., Koller, U., Bucher, T., Marreros, N., Degiorgis, M. P. R., Keller, L-F. & Neuhaus, P. (2012). Male reproductive pattern in a polygynous ungulate with a slow life-history: the role of age, social status and alternative mating tactics. Evol Ecol 26: 187–206

Willisch, C.S., Biebach, I., Marreros, N., Ryser-Degiorgis, M.-P. & Neuhaus, P. (2015). Horn growth and reproduction in a long-lived male mammal: no compensation for poor early-life horn growth. Evolutionary Biology 42: 1–11

Willisch, C., Bieri Willisch, K., Grüter, M. & Marreros, N. (2024). Gämsen am Augstmatthorn. Forschungsrückblick und Auswertung der Monitoring-Daten 1990–2021. Berner Fachhochschule

Willisch, C .S. & Neuhaus, P. (2009). Alternative Mating tactics and their Impact on Survival in aduld Male Alpine Ibex (Capra ibex ibex). Journal of Mammology 90(6): 1421–1430

Willisch, C. S. & Neuhaus, P. (2009). Social dominance and conflict reduction in rutting male Alpine ibex, *Capra ibex*. Behavioral Ecology 21(2). doi: https://doi.org/10.1093/beheco/arp200

Willisch, C. & Signer, C. (2021). Alpensteinbock. In: Graf, R.F. & Fischer, C. (eds.). Atlas der Säugetiere. Schweiz und Lichtenstein. Schweizerische Gesellschaft für Wildtierbiologie SGW, Haupt Verlag, Bern: 292–295

Wirz, D. (1991). Das Fegeverhalten des Alpensteinbockes (Capra ibex L.). Diplomarbeit. Universität Zürich

Wüst, M. (1994). Reaktionen von Steinböcken auf das experimentelle Abschirmen von künstlichen Salzlecken. CRATSCHLA, 2/1: 50–55

Zalikhanov, M. Ch. (1967). Tur in Kabardin-Balkaria. Kabardin-Balkarian Publishers, Nal'chik

Zanette, L.Y. & Clinchy, M. (20219). Ecology of fear. Current Biology 29, R301–R316,

Zechner, A. (2022). Steinbock, Mensch und Klima. Das Ende der letzten autochthonen Steinwildpopulation der Ostalpen im Zillertal, 1687–1711. Böhlau Verlag, Wien/Köln

Ziegler, P. (1963). Die Verbreitung des Steinbocks in der Schweiz in prähistorischer und historischer Zeit. Capra ibex. L. Schweizerische Stiftung für Alpine Forschung, Bd. 6

Zingg, A. (2009). Seasonal variability in the diet composition of Alpine ibex (Capra ibex ibex L.) in the Swiss National Park. Masterarbeit. Universität Zürich

Zlator, N.B. (2022). Alpine ibex (Capra ibex Linnaeus, 1758) in Bulgaria – Fossil Records, Distribution and Extinction. Bull. Nat. Hist. Mus. Plo v div 7: 13–20

Zumbühl, H.J. (1980). Die Schwankungen der Grindelwaldgletscher in den historischen Bild- und Schriftenquellen des 12. bis 19. Jahrhunderts. Birkhäuser Verlag, Basel

Dank

Die Idee zu diesem Buch hatte Martin Lind. Seine Geduld und Beharrlichkeit haben sehr zum Gelingen beigetragen. Meine Frau Dora hat in all den Jahren viel Verständnis für mein Interesse an wilden Huftieren gezeigt. Sie hat im historischen Teil wesentlich zur Bildauswahl beigetragen. Wolf Schröder stand mir in all den Jahren nicht nur fachlich, sondern auch als Freund zur Seite.

Armin Deutz hat Texte gegengelesen. Iris Biebach hat Texte gegengelesen und Abbildungen gemacht. Gunther Greßmann stellte Karten und Daten des Nationalparks Hohe Tauern zur Verfügung. Lukas Keller hat viele Informationen und Grafiken bereitgestellt. Diese Fachleute haben sich als geduldige Freunde bewiesen.

Daten und Karten wurden vom Schweizerischen Nationalpark und dem Nationalpark Hohe Tauern bereitgestellt. Die Jagdverwaltungen der Kantone Wallis, Luzern, Bern und St. Gallen gaben wertvolle Hinweise. Philippe Choler hat freundlicherweise seine Daten für eine Karte zur Verfügung gestellt, die Christian Rossi erstellt hat. Dietlind Grüne hat sich um das Lektorat gekümmert und Christoph Settele und Laura Dal Ben von pooldesign haben das hervorragende Layout erstellt.

Was wäre ein Steinbockbuch ohne schöne Bilder? Allen, die Bilder und Grafiken zur Verfügung gestellt haben, gebührt ein herzlicher Dank. Insbesondere gilt dies für Claudio Gotsch, Klaus Robin und Fabian Riedi.

Ein Buch kann vieles theoretisch beschreiben. Schöner sind jedoch die Erfahrungen in der freien Natur. Ein spezieller Dank gilt den Autoren der Wandervorschläge, den Forschenden, die sich für die Interviews Zeit genommen haben, und den Autoren der Kurzbiografien der verstorbenen Steinbockpioniere.

Die Publikation dieses Buches wurde durch die großzügige finanzielle Unterstützung der folgenden Institutionen ermöglicht:

Lotteriefonds Kanton Bern/SWISSLOS

SWISSLOS Lotteriefonds Kanton Bern

Kulturförderung Kanton Graubünden/SWISSLOS

Kulturförderung Graubünden. Amt für Kultur
Promoziun da la cultura dal Grischun. Uffizi da cultura
Promozione della cultura dei Grigioni. Ufficio della cultura
SWISSLOS

Kulturförderung Kanton Wallis/SWISSLOS

Le Canton du Valais encourage la culture
Der Kanton Wallis fördert Kultur

Bildnachweis

Abderhalden, Walter: S. 46
Anderwand, Pia: 72
Archiv Gallus Eberle-Dullaert, Engelburg: S. 125 rechts
Archiv Institut für Fisch- und Wildtiergesundheit, Universität Bern: S. 87
Archiv Naturmuseum St. Gallen: S. 125 links, 128
Biebach, Iris: S. 91, 123, 133
Blickwinkel: S. 145 oben (McPHOTO), S. 145 unten (P. Royer)
Bonaglia, Adeline: S. 42
Bollmann, Kurt: S. 44
Brambilla, Alice: S. 102, 162, 169
Capt, Simon: S. 181
Deutz, Armin: S. 84 (beide), 85 (beide)
Dommuseum Salzburg/J. Kral: S. 115
Favre, Adrien: S. 179
Feuerstein, Gian Cla: S. 142
Florineth, Curdin: S. 112 links
Forschungsinstitut für Wildtierkunde und Ökologie, Wien: S. 54 (beide)
Giacometti, Marco: S. 131, 141 oben
Greßmann, Gunther: S. 25, 26 (alle), 27 oben, 33 unten, 58–59, 70 oben
Grossen, Christine: S. 96
Gotsch, Claudio: S. 22–23, 24 links, 29, 31, 33 oben, 39 oben, 41, 43, 49, 50–51, 60, 61, 65, 74–75, 82, 83, 90, 94–95, 99 unten, 106–107, 116, 144, 148, 156, 157, 164–165, 182–183
Hohl, Samira: S. 176
Keller, Lukas: S. 161
Kurz, Sirpa: S. 28
Lozza, Hans: S. 99 oben, 101, 168, 173, 174
Oggier, Peter: S. 177
Parco Nazionale Gran Paradiso: S. 120, 121 (beide), 127
Ratti, Fadri: S. 155
Riedi, Fabian: S. 35, 39 unten, 66, 76, 143, 170–171
Robin, Klaus: S. 8–9, 24 rechts, 36, 70 unten, 78–79, 136–137, 139, 167
Robin, Mathieu: S. 109
Salzburg Museum: S. 113 rechts (Inv. Nr. 453-31), S. 114 beide (Inv. Nr. 201-29 (links), 351-25 (rechts)), S. 114 (Inv. Nr. 201-29 (links), 351-25 (rechts))
Scherz, Stefan: S. 141 unten
Signer, Claudio: S. 54 (beide), 55
Stähli, Markus P.: S. 151 (beide) , 152 (beide)
UNESCO Biosphäre Entlebuch/Saskia Dugon: S. 178
Victoria and Albert Museum, London: S. 112 rechts, 113 links
Wien Museum: S. 111 (Inv. Nr. 305226)
Wildhaber, Rolf: S. 159 unten, 180
Wildpark Peter und Paul, St. Gallen: S. 130, 132
Wikicommons: S. 11 (CC 4.0, Kevin Floyd), S. 14 (CC 4.0, Grisha Hasanov), S. 15 (CC 4.0, Kevin Floyd), S. 16 (CC 4.0, Godot), S. 17 (CC 4.0, Thomas Holbach), S. 18 (CC 4.0, Kaschpi13), S. 19 (CC 4.0, Pafnutevich), S. 20 (CC 4.0, Alexander Malkhasyan), S. 21 (CC 3.0 Rufus46), S 27 unten (CC 4.0 Zaufensgraben), S. 175 (CC 4.0 Capricorn)
Willisch, Christian: 39 Mitte, 62

Register

Haupt ist ein unabhängiger Verlag, in dem wir
mit Freude hochwertige Bücher veröffentlichen.
Auf den folgenden Seiten empfehlen wir Ihnen weitere
ausgewählte Titel aus unserem Programm, unser aktuelles
Gesamtverzeichnis finden Sie auf **www.haupt.ch**.

Hansruedi Weyrich, Hansjakob Baumgartner, Daniel Hegglin, Franziska Lörcher

Der Bartgeier

Seine erfolgreiche Wiederansiedlung in den Alpen

2021, 248 Seiten, 206 Fotos, 2 Tabellen
ISBN: 978-3-258-08192-2

Wer heute wandernd in den Alpen unterwegs ist, hat gute Chancen, einem Bartgeier zu begegnen. Ein Jahrhundert nach seiner Ausrottung als «Lämmergeier» brüten hier wieder mehrere Dutzend Paare des imposanten Greifvogels, der sich - wie wir mittlerweile wissen - nicht von Lämmern, sondern nahezu ausschließlich von Knochen toter Tiere ernährt.
Die Rückkehr der größten in den Alpen heimischen Vogelart ist das Ergebnis eines internationalen Artenschutzprojekts, das vor über 40 Jahren lanciert wurde und in absehbarer Zeit zu seinem erfolgreichen Abschluss kommen dürfte. Menschen aus ganz Europa haben dafür über Jahre gearbeitet, modernste Methoden der wildtierbiologischen Wissenschaft angewandt und sich mit viel Herzblut dafür eingesetzt.

David Jenny, Serge Denis, Heinrich Haller, Lea Gredig (Illustrationen)

Der Steinadler

Eine Rückeroberung im Alpenraum

2025, 280 Seiten, 185 Fotos, 45 Grafiken, 30 Karten, 20 Tabellen
und 20 grossformatige Illustrationen
ISBN: 978-3-258-08361-2

Kaum eine andere Vogelart fliegt majestätischer durch die Lüfte und wird mehr bewundert als der Steinadler. Seine Größe und sein «Charakterkopf» beeindrucken - nicht umsonst ziert er zahlreiche Wappen und wird mit Stärke sowie Freiheit assoziiert. Dieses Image ist ihm allerdings nicht immer gut bekommen: Noch bis weit ins 20. Jahrhundert wurde der Steinadler dämonisiert und rigoros bejagt - man unterstellte ihm gar Kinderraub. Kein Wunder, dass die Bestände vielerorts zusammenbrachen. Dank seiner Unterschutzstellung und neuer wissenschaftlicher Erkenntnisse zu seinen Bedürfnissen haben sich die Populationen mittlerweile vollständig erholt, sodass er heute in allen alpinen Lebensräumen und auch in Teilen des Juras zu finden ist. Dieses reich bebilderte Buch gewährt Einblick in das Leben und die Biologie des Steinadlers, sein Sozialverhalten und die Entwicklung der Jungvögel mit einem Fokus auf die Schweiz. Es fasst die neuesten Forschungsergebnisse zusammen und zeigt, wie ein Nebeneinander von Steinadler und Mensch im Alpenraum auch in Zukunft funktionieren kann.

Haupt

Haupt Verlag Bern
verlag@haupt.ch • www.haupt.ch

Heinrich Haller

Der Wolf

Ein Grenzgänger zwischen Natur und Kultur

2025, 216 Seiten, durchgehend farbig bebildert
ISBN: 978-3-258-08432-9

Der Wolf, vor langer Zeit bei uns ausgerottet, ist zurückgekommen. Auf leisen Pfoten, doch sorgt er immer wieder für lautstarke Diskussionen, da er als kräftiger Beutegreifer Nutztieren gefährlich werden kann. Obwohl der Wolf zu den am besten untersuchten Wildtierarten gehört und zahlreiche Monografien über ihn erschienen sind, gibt es weiterhin erheblichen Aufklärungsbedarf. Dieses Buch zeigt den Wolf in erster Linie im Alpenraum und insbesondere aus der Perspektive der Schweiz. Fotos aus anderen Teilen des riesigen Verbreitungsgebiets verschaffen Eindrücke der voneinander abweichenden Lebensbedingungen. Die Texte informieren und interpretieren, leuchten Hintergründe aus und beschreiben den Wolf als vielfältiges, verborgenes Wildtier, das in seiner Umwelt einschließlich des Menschen erhebliche Resonanzen auszulösen vermag.

Carl'Antonio Balzari / Andreas Gygax

Vogelarten der Schweiz

Der Bestimmungsführer

2., überarbeitete und erweiterte Auflage 2019. 464 Seiten,
rund 725 Farbfotos, 245 Tabellen, Flexobroschur
CHF 49.00 (UVP) / € 52.00

Die Vogelwelt der Schweiz ist dank vielen unterschiedlichen Lebensräumen auf kleinem Raum ausserordentlich reich: Von den wärmeliebenden Arten am Jurasüdfuss über die Wasservögel im Mittelland bis hin zu den hochalpinen Bewohnern kommen mit wenigen Ausnahmen fast alle mitteleuropäischen Arten in der Schweiz vor.
«Vogelarten der Schweiz» beschreibt die Bestimmungsmerkmale, Verwechslungsmöglichkeiten, die Verbreitung, den Lebensraum sowie zahlreiche weitere spannende Charakteristika der regelmässigen Brutvögel sowie alljährlich auftretenden Durchzügler und Wintergäste. Ergänzt werden die Porträts durch zahlreiche Fotos, welche die Tiere in den verschiedenen Federkleidern zeigen.

1. Auflage: 2026

ISBN 978-3-258-08465-7

Gestaltung und Satz: pooldesign, CH-Zürich

Cover Vorderseite: Claudio Gotsch. Rückseite: Fabian Riedi

Wir drucken mit mineralölfreien Farben und verwenden FSC®-zertifiziertes Papier.
FSC® sichert die Nutzung der Wälder gemäß sozialen, ökonomischen und ökologischen Kriterien.

Gedruckt in Estland

FSC www.fsc.org MIX Papier | Fördert gute Waldnutzung FSC® C129413

Diese Publikation ist in der Deutschen Nationalbibliografie verzeichnet. Mehr Informationen dazu finden Sie unter http://dnb.dnb.de.
Der Haupt Verlag wird vom Bundesamt für Kultur für die Jahre 2026–2028 mit einem Strukturbeitrag unterstützt.

© Shutterstock, Huza Studio

Sie möchten nichts mehr verpassen?

Folgen Sie uns auf unseren Social-Media-Kanälen und bleiben Sie via Newsletter auf dem neuesten Stand.

www.haupt.ch/informiert

Wir verlegen mit Freude und großem Engagement unsere Bücher. Daher freuen wir uns immer über Anregungen zum Programm und schätzen Hinweise auf Fehler im Buch, sollten uns welche unterlaufen sein.

Haupt Verlag AG
Falkenplatz 14
CH-3012 Bern
herstellung@haupt.ch
www.haupt.ch

Verantwortlich in der EU (GPSR):
Brockhaus Kommissionsgeschäft GmbH
Kreidlerstr. 9
DE-70806 Kornwestheim
haupt@brocom.de